职业教育大数据技术专业系列教材

Hadoop 生态案例详解与项目实战

主　　编　王　盟　王新强
副 主 编　孔瑞平　许春秀　沈金强　徐丽丽
参　　编　马子龙　田燕军　张　兵
　　　　　张占孝　李福安　高　淋

机械工业出版社

本书按照大数据开发流程系统介绍了Hadoop生态系统的核心开发技术，包括环境准备、文件存储与数据采集、数据处理与分析、数据库存储与数据迁移，并通过实际案例，详细直观地介绍了大数据分析的实现过程。本书从Hadoop的概念开始，深入浅出地讲解了Hadoop组件的作用及使用方法，内容系统全面，可帮助开发人员快速实现大数据的离线分析。

本书可作为各类职业院校大数据技术及相关专业的教材，也可作为相关技术人员的参考用书。

本书配有电子课件和习题，选用本书作为授课教材的教师可登录机械工业出版社教育服务网（www.cmpedu.com）免费注册后进行下载，或联系编辑（010-88379194）咨询。

图书在版编目（CIP）数据

Hadoop生态案例详解与项目实战/王盟，王新强主编．—北京：机械工业出版社，2023.5

职业教育大数据技术专业系列教材

ISBN 978-7-111-73237-2

Ⅰ．①H… Ⅱ．①王… ②王… Ⅲ．①数据处理软件—职业教育—教材 Ⅳ．①TP274

中国国家版本馆CIP数据核字（2023）第092168号

机械工业出版社（北京市百万庄大街22号 邮政编码100037）

策划编辑：李绍坤 责任编辑：李绍坤 张翠翠

责任校对：韩佳欣 梁 静 封面设计：鞠 杨

责任印制：刘 媛

北京中科印刷有限公司印刷

2023年7月第1版第1次印刷

184mm×260mm・14印张・285千字

标准书号：ISBN 978-7-111-73237-2

定价：45.00元

电话服务

客服电话：010-88361066

010-88379833

010-68326294

网络服务

机 工 官 网：www.cmpbook.com

机 工 官 博：weibo.com/cmp1952

金 书 网：www.golden-book.com

机工教育服务网：www.cmpedu.com

前言

随着信息化技术的日渐普及、宽带网络的快速兴起，以及云计算、移动互联和物联网等新一代信息技术的广泛应用，全球数据的增长速度进一步加快。与此同时，数据收集、存储、处理技术及其应用快速发展并逐渐汇聚。软件运用的技术越来越尖端，结合不断提高的计算能力，从数据中提取有价值信息的能力显著提高，大体量的数据不再是无序而又没有价值的。

Hadoop 是公认的行业大数据标准开源软件，由 Apache 基金会开发，可以在不了解分布式底层细节的情况下开发分布式程序，充分利用集群的作用实现海量数据的高速处理和存储。

本书为 Hadoop 的应用提供技术指导，可帮助开发人员快速实现大数据的离线分析。

党的二十大报告指出，“教育、科技、人才是全面建设社会主义现代化国家的基础性、战略性支撑。必须坚持科技是第一生产力、人才是第一资源、创新是第一动力，深入实施科教兴国战略、人才强国战略、创新驱动发展战略，开辟发展新领域新赛道，不断塑造发展新动能新优势。”

为满足数字中国建设人才需求，培养高技能大数据技术人才，本书以 Hadoop 生态体系为主线，通过大数据离线项目讲解各组件的功能和使用方法，以及数据采集、存储、分析等知识。本书知识点的讲解由浅入深，结构清晰、内容详细。除项目 1 中无实战强化模块外，其余项目都通过项目描述、学习目标、任务分析、任务技能、任务实施、任务拓展和实战强化 7 个模块进行相应知识的讲解。其中，项目描述模块能够使读者了解项目学习的主要内容，学习目标模块对项目内容的学习提出要求，任务分析模块对当前任务的实现进行概述，任务技能模块对当前项目所需知识进行讲解，任务实施模块对项目中的案例进行了步骤化的讲解，任务拓展模块对当前知识进行补充，实战强化模块对项目技术的使用进行升级，帮助学生全面掌握所讲内容。

本书共有 4 个项目。

项目 1　从 Hadoop 的概念开始，分别讲述了 Hadoop 的核心组件、Hadoop 环境配置。

项目 2　详细介绍了文件存储与数据采集，包括 HDFS 分布式存储数据文件、Flume 收集流量数据。

项目 3　详细介绍了数据处理与分析，包括 MapReduce 清洗计算流量数据、Hive 分析流量数据。

项目 4　详细介绍了数据库存储与数据迁移，包括 HBase 数据库存储流量数据、Sqoop 迁移数据库数据。

教学建议：

项　　目	动手操作学时	理 论 学 时
项目 1　环境准备	6	6
项目 2　文件存储与数据采集	6	6
项目 3　数据处理与分析	6	6
项目 4　数据库存储与数据迁移	6	6

本书由王盟、王新强任主编，孔瑞平、许春秀、沈金强、徐丽丽任副主编，马子龙、田燕军、张兵、张占孝、李福安、高淋参加编写。其中，天津工业职业学院王盟和天津中德应用技术大学王新强负责教材项目架构设计和各项目目标，确定教材的指导思想和内容总编纂工作。天津工业职业学院王盟主要负责编写项目 1 和项目 2，天津工业职业学院孔瑞平主要负责编写项目 3，山东劳动职业技术学院许春秀、嘉兴技师学院沈金强、山东劳动职业技术学院徐丽丽、广西机电职业技术学院马子龙主要负责编写项目 4 和测试工作，山西经贸职业学院田燕军、宣化科技职业学院张兵、西安职业技术学院张占孝、浙江工商职业技术学院李福安、天津市经济贸易学校高淋负责测试工作。

由于编者水平有限，书中难免出现疏漏或不足之处，敬请读者批评指正。

编　者

目录

Project 1

项目1 环境准备

项目描述

Hadoop 其实很简单！

开发工程师：唉！

项目经理：怎么唉声叹气？

开发工程师：没什么，最近有一个大数据的项目，不知道用什么语言。

项目经理：你可以试一试 Hadoop。

开发工程师：Hadoop？但是不太了解，难吗？

项目经理：不难，很容易的。你可以先试试 Hadoop 环境的部署。

开发工程师：好的，我这就去学习。

普通的集群不仅难以满足长时间、高强度的计算需求，而且极易出现故障，因此搭建 Hadoop 高可用集群成为广大企业迫切的需求。本项目主要结合 Hadoop 生态体系组件 Hive、HBase 等进行高可用环境的搭建与部署，为移动端流量数据分析项目提供运行环境。

学习目标

通过对项目 1 相关内容的学习，了解 Hadoop 集群的相关概念，熟悉 Hadoop 生态体系中不同组件的功能，掌握在不同环境下搭建 Hadoop 高可用集群的方法，具有在 Linux 平台上搭建大数据项目集群环境的能力。思维导图如下：

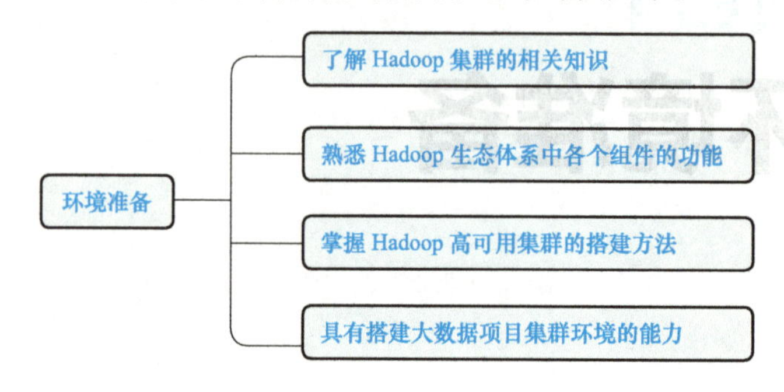

任务 Hadoop 环境部署

任务分析

本任务主要实现大数据项目 Hadoop 高可用环境的搭建与部署，之后实现 Hadoop 集群启动并进行相关组件的测试。在任务实现过程中，简单讲解 Hadoop 环境搭建所需的各个组件，详细说明在搭建过程中各个组件是如何配置及如何作用的。

任务技能

技能点一 Hadoop 初识

1. Hadoop 简介

Hadoop 是由 Apache 基金会基于 Java 语言开发的用于大规模数据分布式处理的软件平台，可以在用户不了解分布式底层详细内容的情况下实现程序的分布式开发，并能够通过集群的性能高速地进行运算和存储。Hadoop 图标如图 1-1 所示。

图 1-1　Hadoop 图标

经验分享

Hadoop 创建者 Doug Cutting 解释说：“这个名字是我的孩子给一个棕黄色的大象玩具起的。我的命名标准就是简短、容易发音和拼写，没有太多的意义，而且不会被用于别处，小孩子恰恰是这方面的高手。”

Hadoop 由 Apache Lucene 项目下的搜索引擎的子项目 Nutch 演变而来，并逐渐发展为最受欢迎的大数据处理框架之一，尽管被很多开发者所使用，但其只有短短十几年的发展。Hadoop 发展过程中的大事件见表 1-1。

表 1-1　Hadoop 发展过程中的大事件

时　间	事　件
2002 年 10 月	由 Doug Cutting 和 Mike Cafarella 开始进行 Nutch 的开发
2003 年 10 月	Google 对《Google 文件系统》论文进行发布
2004 年 6 月	Doug Cutting 和 Mike Cafarella 尝试将分布式文件系统包含的功能加入 Nutch
2004 年 10 月	关于 MapReduce 的《MapReduce：大型集群中简化的数据处理》论文被发布，MapReduce 出现在世界上
2005 年 2 月	MapReduce 成功在 Nutch 上运行
2006 年 1 月	Doug Cutting 加入雅虎，并将 Hadoop 代码从 Nutch 上剥离，Hadoop 项目诞生
2006 年 2 月	Apache Hadoop 项目正式启动以支持 MapReduce 和 HDFS 的独立发展
2006 年 5 月	雅虎建立了一个 300 个节点的 Hadoop 研究集群
2007 年 1 月	雅虎的研究集群到达 900 个节点
2007 年 9 月	Apache 发布第一个 Hadoop
2008 年 1 月	Hadoop 成为顶级 Apache 项目
2008 年 2 月	雅虎推出当时最大的 Hadoop 应用
2008 年 6 月	Hive 成为 Hadoop 的子项目之一
2008 年 7 月	雅虎测试节点增加到 4000 个
2008 年 8 月	第一个 Hadoop 商业化公司 Cloudera 成立
2008 年 9 月	Pig 成为 Hadoop 的子项目之一
2009 年 5 月	雅虎的团队使用 Hadoop 对 1TB 的数据进行排序只花了 62s 的时间
2009 年 8 月	Doug Cutting 加入 Cloudera 公司
2009 年 10 月	在纽约举行大型 Hadoop 世界会议
2010 年 5 月	HBase 脱离 Hadoop 项目，成为 Apache 顶级项目
2010 年 9 月	Hive、Pig 脱离 Hadoop 项目，成为 Apache 顶级项目
2012 年 3 月	HDFS HA 并入 Hadoop 分支项目
2012 年 8 月	YARN 成为 Hadoop 的子项目之一
2013 年 11 月	Hadoop 技术峰会召开，标志着 Hadoop 进入 2.0 时代
2014 年 2 月	MapReduce 的补充，Apache Spark 成为 Apache 顶级项目
2015 年 10 月	Kudu 加入 Hadoop 生态体系
2015 年 12 月	Impala 和 Kudu 成为 Apache 孵化项目
2016 年 1 月	Apache 官方所标注的最新版本也是目前为止被广大企业所使用的最广泛的版本
2018 年 4 月	Apache 推出 Hadoop 3.0 稳定版本
2021 年 12 月	Hadoop 修复了 Log 4j 重大安全漏洞

Hadoop 以势不可挡的发展趋势成为大数据中一个比较流行的分布式开源项目，相比于 Java、C 语言来说，只用了短短的十几年时间，从无到有再到现在，其在核心代码、提交数据、项目数量等方面有着很大的突破，如图 1-2 所示。

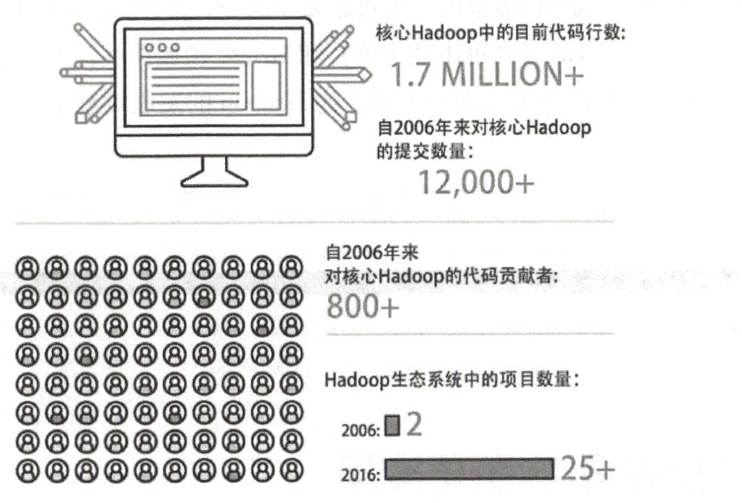

图 1-2　Hadoop 发展

随着大数据在各行各业的广泛应用，Hadoop 由于其易用性和开源的特点，被国内外的众多企业所使用，如奇虎 360、华为、中国移动等。

（1）奇虎 360

目前，奇虎 360 开发的 360 搜索的网页记录数据量非常庞大，达到 PB 级别，为此，使用 Hadoop 提供的 HBase 组件作为其项目底层的数据存储系统，集群节点超过 30 个，region 数量超过 10 万个。项目所需组件版本为：

- HBase（facebook 0.89-fb）。
- HDFS（facebook Hadoop-20）。

奇虎 360 使用 Hadoop 解决了大数据存储方面的问题，而且为了满足项目需要，对 Hadoop 进行相关优化，使得 HBase 集群启停时间和 RS 异常退出后的恢复时间大大缩减。360 搜索主页如图 1-3 所示。

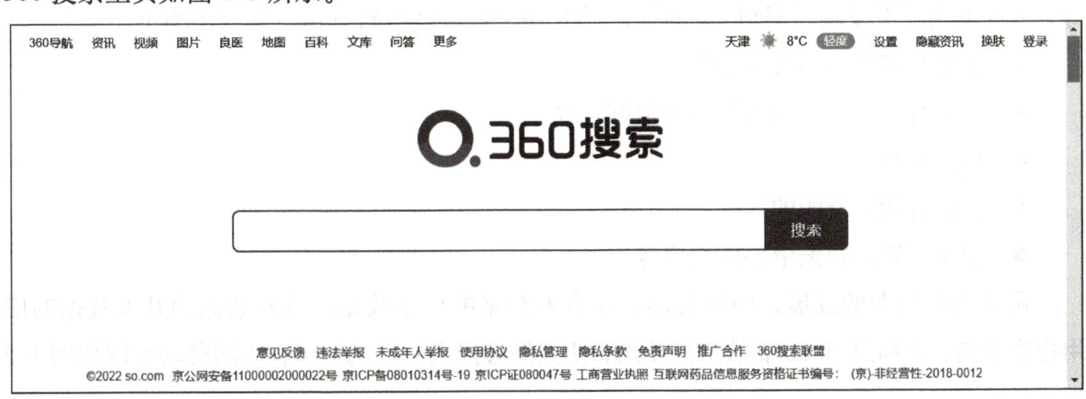

图 1-3　360 搜索主页

（2）华为

华为作为我国著名的通信公司，其在信息化技术方面有着很大建树，在大数据方面同样是不可或缺的存在，是Hadoop的重要贡献公司之一，其贡献度排在Google和Cisco之前。华为不仅在Hadoop的HA（高可用性集群）和HBase领域深度发展，而且已经将自己的基于Hadoop的大数据解决方案推向全世界，为Hadoop的发展贡献了巨大力量。华为官方网站如图1-4所示。

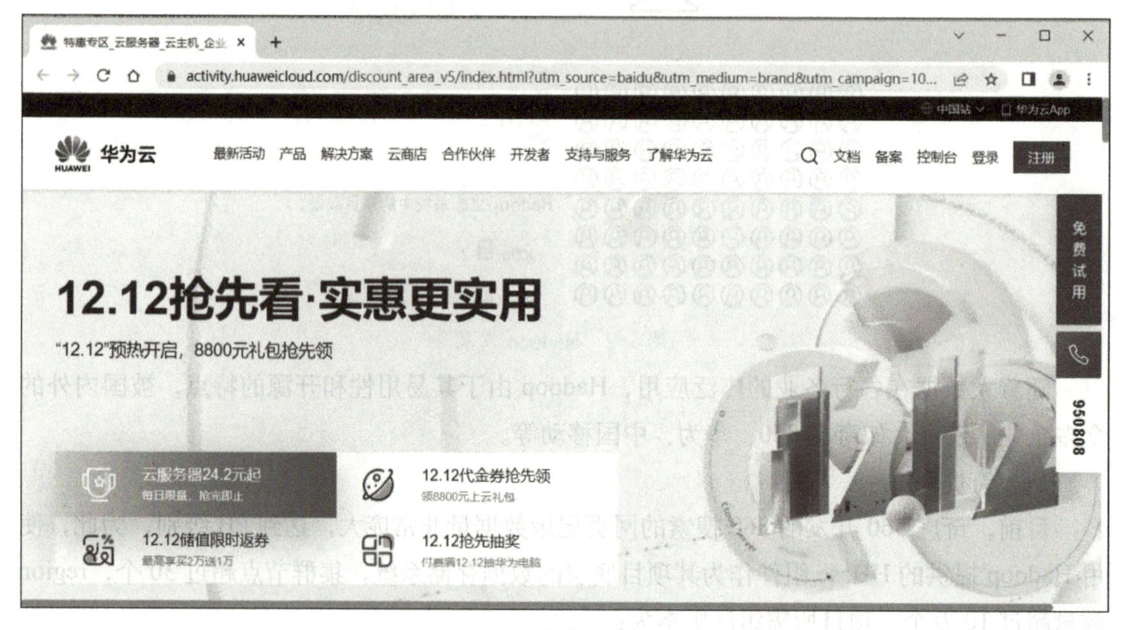

图 1-4　华为官方网站

（3）中国移动

中国移动基于Hadoop的MapReduce和HDFS数据计算存储功能研发了名为BigCloud（大云）的系统，集群节点达到了1024个。之后还开发了名为HugeTable的数据仓库系统、BC-PDM并行数据挖掘工具集、BC-ETL并行数据抽取转化工具、BC-ONestd对象存储系统等，并将其用于开发项目Hadoop的优化版本BC-Hadoop进行开源。其应用如下。

- 关键绩效指标的集中运算。
- 经营分析系统的数据挖掘和数据转存。
- 信息交换。
- 云计算所需资源的分配。
- 提供互联网数据中心所需服务。

由于电信行业的发展，中国移动公司有着海量的信息数据，这些数据为其大数据的应用提供支持，并通过Hadoop的广泛使用，使其能够提供更多的服务。中国移动官网如图1-5所示。

图 1-5 中国移动官网

另外，Hadoop 不仅提供了存储和处理海量数据的功能，而且可以分析数据，从海量数据中得到有用信息，为决策提供参考。其除了易用性外，还包含以下几个优势。

1）扩展性好。Hadoop 是在可用的计算机集群间分配数据并完成计算任务的，这个集群包含的节点数量可以方便地扩展到数以千计。

2）成本低。Hadoop 是一个开源项目，与一体机、商用数据仓库相比，在项目的软件成本方面会大大降低。

3）效率高。通过分发数据，Hadoop 可以在数据的所有节点上并行处理，这使得处理变得快速、高效。

4）容错性强。Hadoop 的关键优势就是具有很强的容错能力。Hadoop 能自动地维护数据的多份副本，一般默认备份 3 份，一旦某个节点上的数据损坏或丢失，就会立刻将失败的任务重新分配，并能够自动地重新部署（Redeploy）计算任务。

尽管 Hadoop 在大数据处理方面有着诸多的优势，但其同样存在着一些不可忽视的缺点。

- 不适合低延迟数据访问。
- 无法高效存储大量小文件。
- 不支持多用户写入及任意修改文件。

2. Hadoop 核心

Hadoop 是一系列数据处理技术的总称，包括 HDFS、MapReduce、HBase、Hive、YARN、ZooKeeper、Sqoop、Flume 和 Kafka 等组件，Hadoop 生态体系结构如图 1-6 所示。

其中，HDFS 和 MapReduce 是 Hadoop 的核心组成，能够自动完成大任务计算和大数据存储的分隔工作。

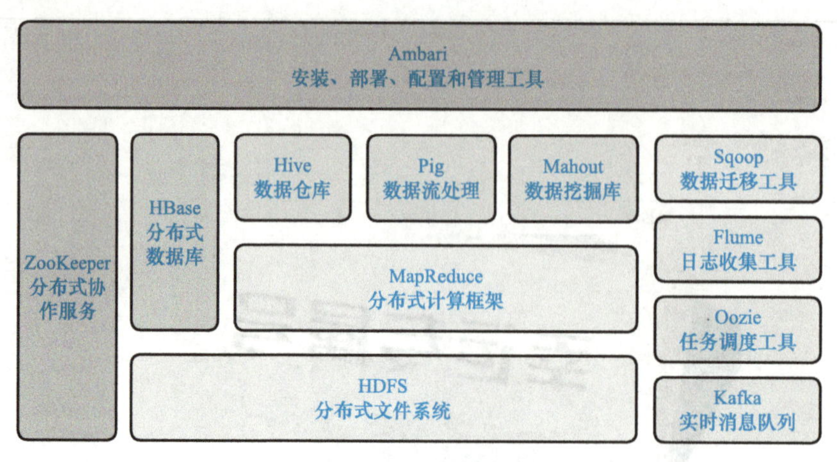

图 1-6 Hadoop 生态体系结构

（1）ZooKeeper

ZooKeeper 一词最早出现在 2006 年 11 月发表的一篇 Chubby 论文中，其通过对 Chubby 克隆解决了分布式环境下的统一命名、状态同步、集群管理、配置同步等问题，是一种分布式、高可用的协调服务，提供分布式锁之类的基本服务，用于构建分布式应用，为 HBase 提供了稳定服务和失败恢复机制。ZooKeeper 被 Hadoop 中的很多组件所依赖，主要用于 Hadoop 相关操作的管理。ZooKeeper 图标如图 1-7 所示。

图 1-7 ZooKeeper 图标

（2）HDFS

HDFS 是 Hadoop 的分布式文件存储系统，主要用来实现文件创建、文件删除和文件移动等功能，提高了 Hadoop 数据读写的吞吐率。

（3）Flume

Flume 是开源的、可扩展的、适合复杂环境的海量日志收集系统，具有分布式、高可靠、高容错、易于定制和扩展的特点。Flume 图标如图 1-8 所示。

（4）Kafka

Kafka 是一种由 Scala 和 Java 编写的高吞吐量的分布式消息发布订阅系统，主要用于实现数据的高效率传输，具有高性能、持久化、多副本备份、横向扩展等功能。Kafka 图标如图 1-9 所示。

图 1-8　Flume 图标

图 1-9　Kafka 图标

（5）MapReduce

MapReduce 是一种并行编程模型，能够将任务分发到由上千台计算机组成的集群上，并以一种高容错的方式并行处理大量的数据集，实现 Hadoop 并行任务处理的功能。

在 Hadoop 中，尽管 HDFS 和 MapReduce 非常重要，但其他组件同样是 Hadoop 中不可或缺的部分，对 HDFS 和 MapReduce 起到了良好的补充作用。

（6）YARN

YARN，即 MRv2，在 MapReduce 基础上演变而来，是一个通用的运行框架。用户可以编写自己的计算框架，并在该运行环境中运行。该框架在提供运行环境的同时，还包含了很多好用的功能，如资源双层调度、可扩展到上万个节点、各个组件均考虑容错性等。YARN 图标如图 1-10 所示。

（7）Hive

Hive 是建立在 Hadoop 基础之上的数据仓库工具，能够对存储在 HDFS 文件系统中的数据集进行数据整理、特殊查询和分析等操作。Hive 图标如图 1-11 所示。

图 1-10　YARN 图标

图 1-11　Hive 图标

（8）HBase

HBase 在整个 Hadoop 生态体系中位于结构化存储层，是一个分布式的列存储数据库，数据存储量非常大。HBase 图标如图 1-12 所示。

图 1-12　HBase 图标

（9）Sqoop

Sqoop 的全称为 SQL-to-Hadoop，是一款数据库操作工具，主要用于关系数据库和Hadoop之间转移数据。Sqoop 图标如图 1-13 所示。

图 1-13 Sqoop 图标

技能点二 环境配置说明

1．Hadoop

Hadoop 的配置均是通过配置文件的修改完成的，所以用户需要对其中的配置文件和目录结构有一定的了解，这会对前期环境搭建和后期维护工作起到很大的帮助。在下载、解压并进入安装包之后，会出现图 1-14 所示的安装包文件。

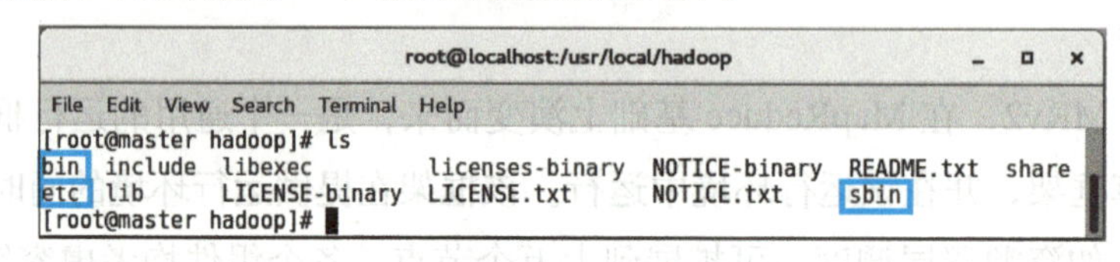

图 1-14 Hadoop 安装包文件

其中，Hadoop 较为常用且重要的目录有 etc 目录、sbin 目录和 bin 目录。

（1）etc 目录

etc 目录是 Hadoop 用于存放相关配置文件目录的目录，Hadoop 的该目录名为 hadoop，Hadoop 相关配置文件就存储于这个目录，通过相关配置文件的修改可以进行 HDFS、MapReduce、YARN 的配置。hadoop 目录包含内容如图 1-15 所示。

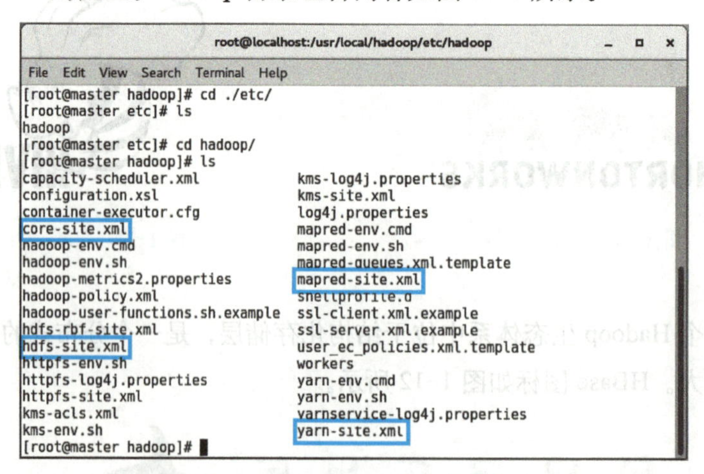

图 1-15 hadoop 目录包含内容

其中有很多配置所必需的文件，具体如下。

- core-site.xml：Hadoop 核心配置文件，可以进行 Hadoop 的相关内容的全局配置，如指定 Hadoop 临时目录、指定 ZooKeeper 地址等。

- hdfs-site.xml：HDFS 配置文件，可进行 HDFS 文件系统本地的真实存储路径设置、隔离机制配置等。
- mapred-site.xml：MapReduce 配置文件，可指定执行 MapReduce 的运行程序、配置 JobHistory 地址等。
- yarn-site.xml：YARN 配置文件，可指定 RM 的 cluster id、指定 ZooKeeper 集群、设置状态存储类等。

（2）sbin 目录

sbin 目录主要实现 Hadoop 相关服务脚本文件的存放，如 Hadoop 全部服务的启动、停止等脚本文件的存放。sbin 目录包含的脚本文件如图 1-16 所示。

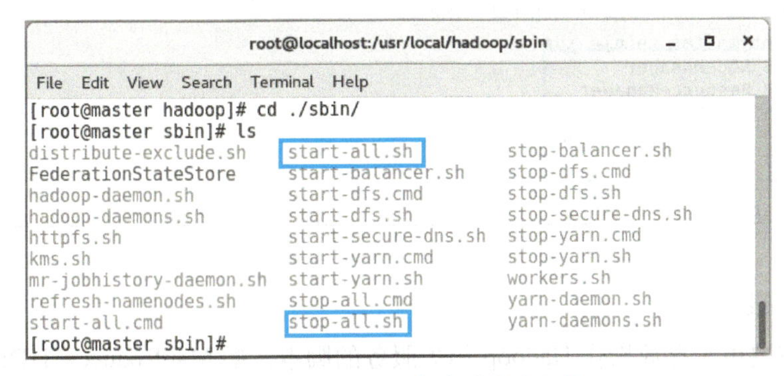

图 1-16　sbin 目录包含的脚本文件

其中，start-all.sh 脚本主要用于启动 Hadoop 的全部服务，而 stop-all.sh 脚本则是用于将 Hadoop 全部服务进行关闭。sbin 目录包含的脚本文件在使用时非常简单，只需执行指定脚本即可，语法格式如下。

```
./start-all.sh
```

启动 Hadoop 全部服务如图 1-17 所示。

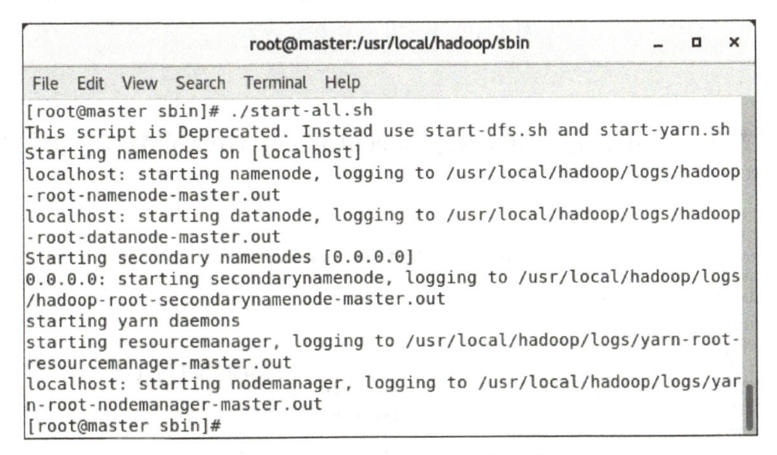

图 1-17　启动 Hadoop 全部服务

Hadoop 服务启动完成后，可通过查看当前节点的进程确定服务是否已全部开启。Hadoop 服务进程如下。

- NodeManager：负责 Hadoop 单个计算节点上的用户作业和工作流。
- NameNode：实现 HDFS 元数据信息的保存，如命名空间信息、块信息等。
- SecondaryNameNode：将 NameNode 中的 edit logs 合并到 fsimage 文件中。
- DataNode：文件系统的工作节点，可根据 NameNode 进行存储调度和数据检索。
- ResourceManager：用于统一管理和分配所有资源。

查看 Hadoop 服务进程，如图 1-18 所示。

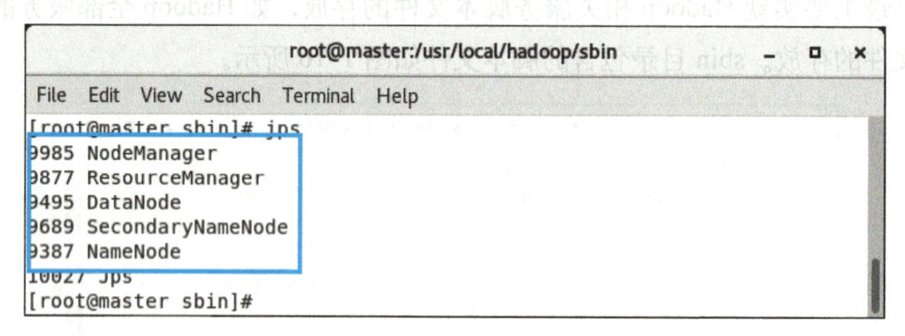

图 1-18　查看 Hadoop 服务进程

(3) bin 目录

bin 目录主要用于存放操作 Hadoop 相关服务的脚本，如 MapReduce、HDFS、Hadoop、YARN 等脚本。bin 目录包含的脚本如图 1-19 所示。

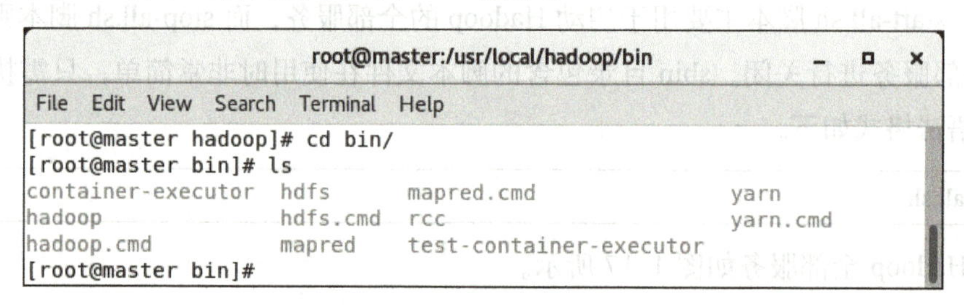

图 1-19　bin 目录包含的脚本

2. Hive

Hive 的配置非常简单，包含 bin 目录和 conf 目录。Hive 安装包包含的文件和目录如图 1-20 所示。

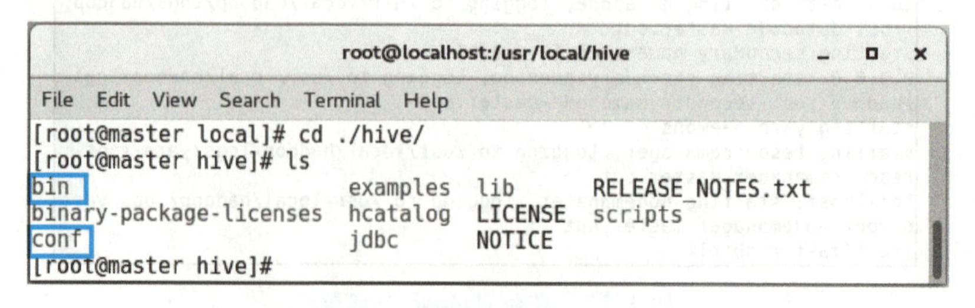

图 1-20　Hive 安装包包含的文件和目录

（1）bin 目录

在 ZooKeeper 中，bin 目录用于存储内置脚本文件，而在 Hive 中，bin 目录主要用于保存 Hive 工具，其包含多个 Hive 的内置工具，如图 1-21 所示。

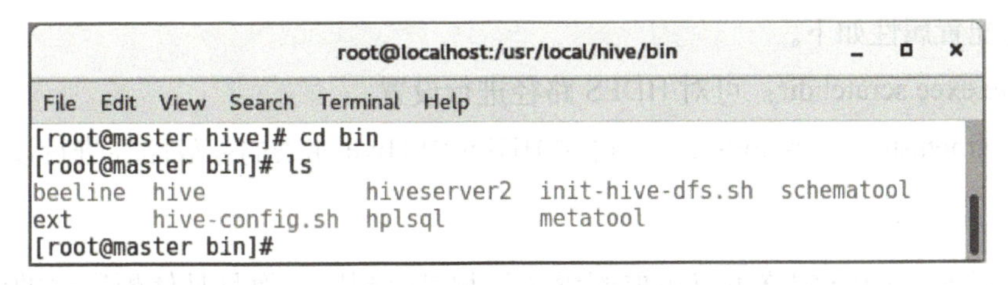

图 1-21　bin 目录包含的内容

其中，hive 和 beeline 是经常使用的 Hive 工具，hive 是 Hiveserver1 中提供的命令行工具，beeline 是 Hiveserver2 中提供的命令行工具。在配置完成后，可通过 hive 工具启动 Hive 服务并进入 Hive 相关操作的命令窗口。启动 Hive 服务并进入 Hive 操作窗口，如图 1-22 所示。

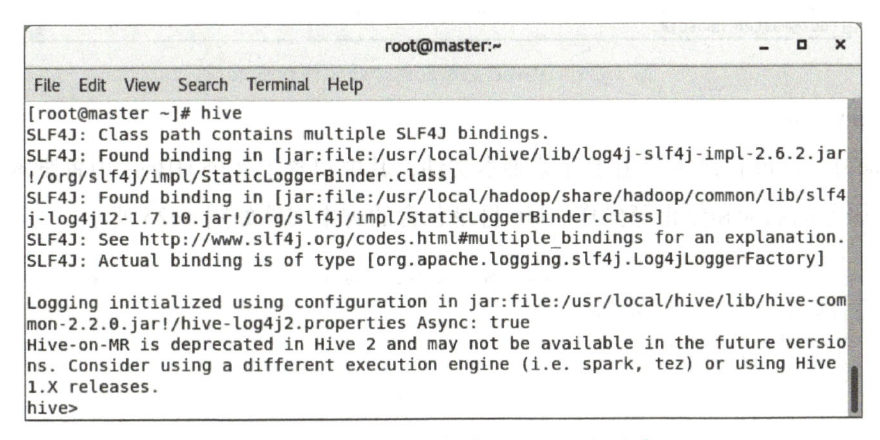

图 1-22　启动 Hive 服务并进入 Hive 操作窗口

之后可以通过 Hive 提供的方法及属性进行 Hive 的操作，验证 Hive 是否配置成功。但需要注意的是，Hive 在启动时必须保证 Hadoop 相关服务已经启动。

（2）conf 目录

Hive 中 conf 目录的作用与 ZooKeeper 中 conf 目录的作用相同，都是用于配置文件的存储。conf 目录包含的内容如图 1-23 所示。

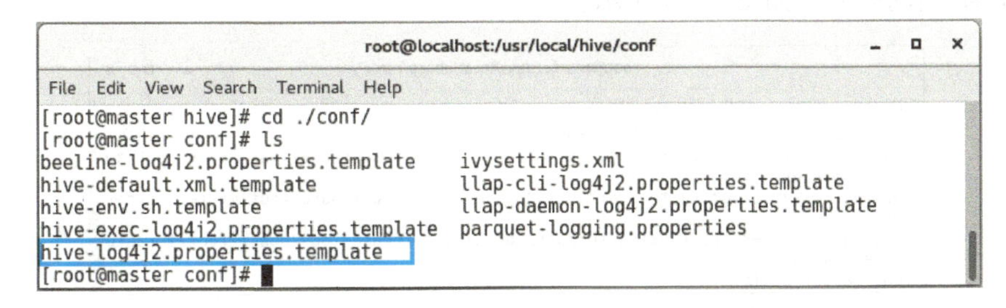

图 1-23　conf 目录包含的内容

其中，hive-site.xml 和 hive-log4j2.properties.template 文件是配置文件中最重要的两个。hive-site.xml 是 Hive 的主配置文件，包含 HDFS 路径、Hive 库表在 HDFS 中的存放路径等，hive-log4j2.properties.template 主要用于记录器级别、存放器等内容的设置。hive-site.xml 中可以使用的配置属性如下。

- hive.exec.scratchdir：可对 HDFS 路径进行设置。
- hive.metastore.warehouse.dir：可对 HDFS 中 Hive 库表的存放路径进行设置。

3．HBase

HBase 配置与 Hive 配置不仅主要配置文件和目录相同，而且具体配置时的语法格式也相同。HBase 安装包包含的文件和目录如图 1-24 所示。

图 1-24　HBase 安装包包含的文件和目录

（1）bin 目录

HBase 中的 bin 目录主要用于存储脚本文件，其中包含了多个 HBase 内置脚本，可以实现 HBase 服务的启动和停止等操作。bin 目录包含的脚本文件如图 1-25 所示。

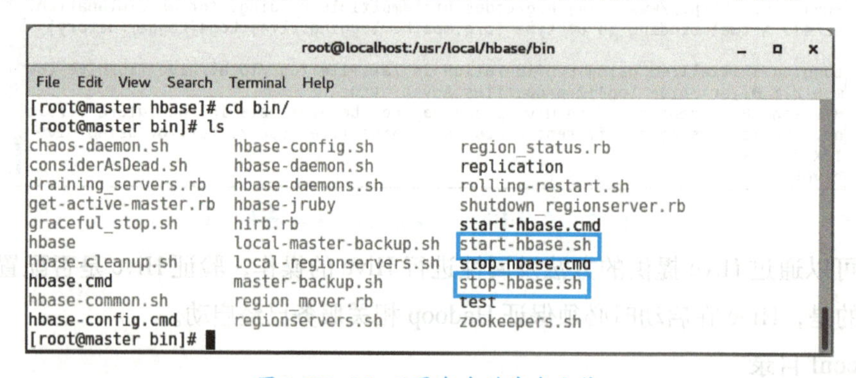

图 1-25　bin 目录包含的脚本文件

其中，start-hbase.sh 用于启动 HBase 服务，stop-hbase.sh 用于关闭 HBase 服务。使用 start-hbase.sh 启动服务，如图 1-26 所示。

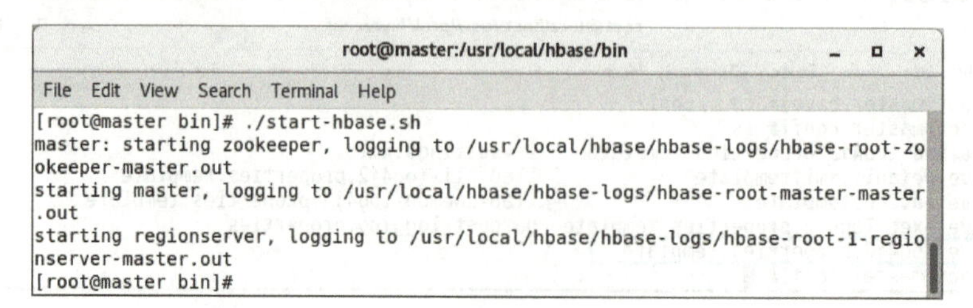

图 1-26　使用 start-hbase.sh 启动服务

之后进行进程的查看以判断 HBase 服务是否启动成功，出现图 1-27 所示的服务则说明 HBase 服务启动成功。

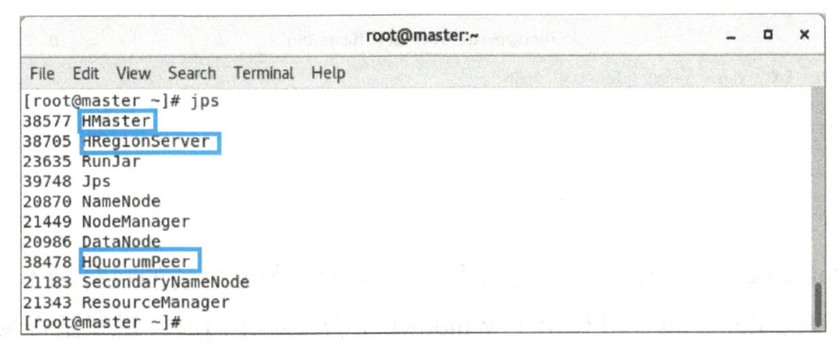

图 1-27　HBase 服务启动成功

（2）conf 目录

conf 目录主要用于存储 HBase 的相关配置文件，如 hbase-site.xml、hbase-env.sh。conf 目录包含的内容如图 1-28 所示。

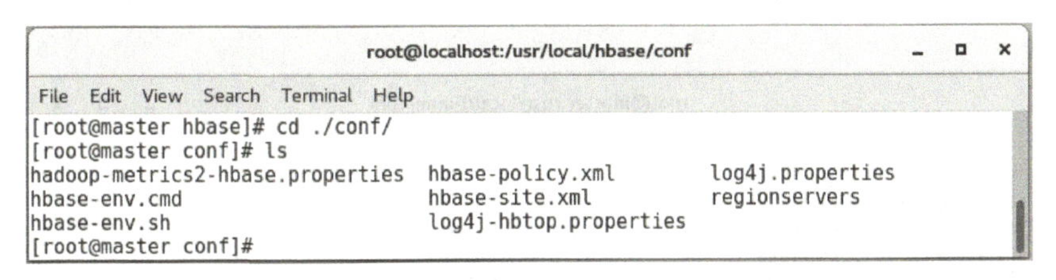

图 1-28　conf 目录包含的内容

其中，hbase-site.xml 为 HBase 主配置文件，可以对运行模式、ZooKeeper 主机等进行设置；hbase-env.sh 则用于实现 Java 与 Hadoop 路径的设置。hbase-site.xml 中可以使用的配置属性如下。

- hbase.cluster.distributed：可进行运行模式设置。
- hbase.zookeeper.quorum：可进行 ZooKeeper 主机设置。

4．Flume 和 Sqoop

（1）Flume

在 Hadoop 中，Flume 与 Sqoop 是两个非常重要的工具，主要用于协调大数据组件之间的合作。Flume 与 Sqoop 的配置同样需要目录，其中，Flume 较为常用且重要的目录有 bin 目录、conf 目录。Flume 安装包包含的目录如图 1-29 所示。

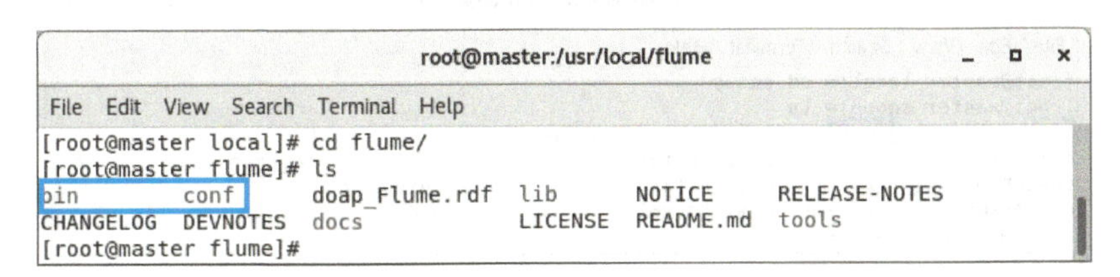

图 1-29　Flume 安装包包含的目录

1）bin 目录。bin 目录是 Flume 中脚本文件存储的目录，在目录中只包含了 3 个脚本文件，如图 1-30 所示。

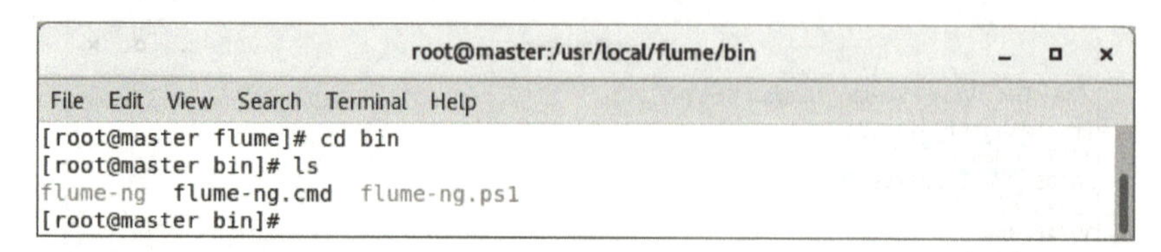

图 1-30　bin 目录包含的内容

其中，flume-ng 和 flume-ng.cmd 是不同平台 Flume 服务启动的执行脚本，flume-ng 作用于 Linux 平台，flume-ng.cmd 作用于 Windows 平台。在使用时，需要结合参数实现需要的效果。

2）conf 目录。conf 目录是 Flume 配置包文件存放目录，其包含 4 个文件，flume-conf.properties.template 是主配置文件，可以实现拦截器类型、是否压缩、格式化文件方式等设置。在使用 flume-conf.properties.template 文件时，需要将其重命名为 flume.conf。重命名效果如图 1-31 所示。

```
root@master:/usr/local/flume/conf
File Edit View Search Terminal Help
[root@master flume]# cd conf/
[root@master conf]# ls
flume-conf.properties.template  flume-env.sh.template
flume-env.ps1.template          log4j.properties
[root@master conf]# mv flume-conf.properties.template flume.conf
[root@master conf]# ls
flume.conf  flume-env.ps1.template  flume-env.sh.template  log4j.properties
[root@master conf]#
```

图 1-31　flume-conf.properties.template 文件重命名效果

配置文件重命名后，通过相关的配置参数即可进行配置。配置参数如下。

- a1.sources.r1.spoolDir：指定采集数据的目录。
- a1.sinks.k1.hdfs.fileType：进行是否压缩设置。
- a1.sinks.k1.hdfs.writeFormat：进行采集方式设置。
- a1.sinks.k1.hdfs.path：指定 HDFS 数据保存的目录。

（2）Sqoop

在 Sqoop 中，bin 目录、conf 目录同样是环境配置时常用且重要的两个目录，Sqoop 安装包包含的目录如图 1-32 所示。

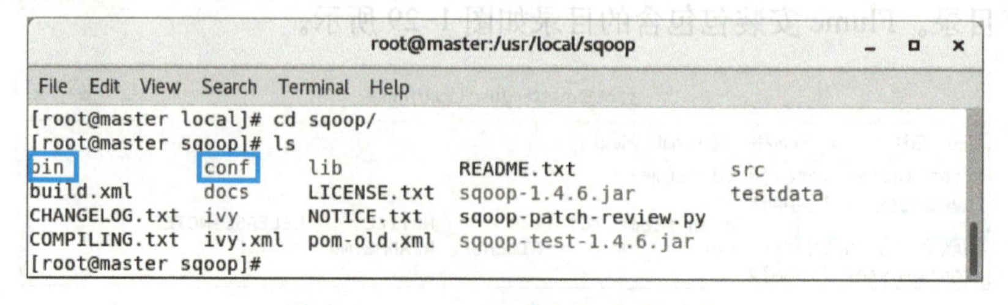

图 1-32　Sqoop 安装包包含的目录

1）bin 目录。bin 目录中包含了多个 Sqoop 的可执行脚本文件，能够实现对数据的导入、导出操作等。bin 目录包含的脚本文件如图 1-33 所示。

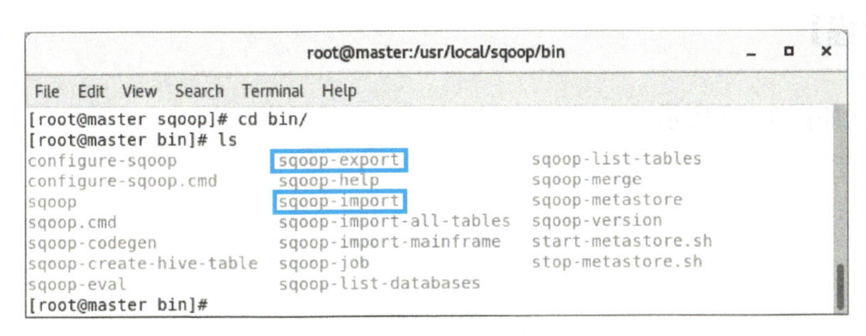

图 1-33 bin 目录包含的脚本文件

其中：

- sqoop-export：可进行数据导出。
- sqoop-import：可进行数据导入。

在具体实现时，需在可执行脚本文件后面添加具体的参数进行设置。

2）conf 目录。Sqoop 的配置文件主要存储在 conf 目录中，其中，sqoop-env-template.sh 是 Sqoop 的主配置文件，可以实现 Hadoop、HBase、Hive 等运行目录的设置，在使用时，同样需要将其复制并重命名为 sqoop-env.sh，效果如图 1-34 所示。

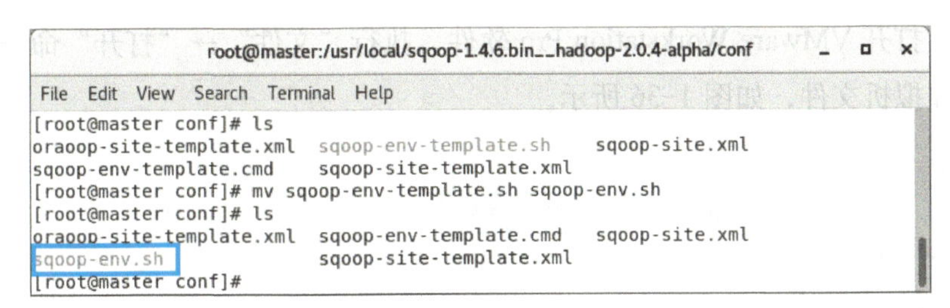

图 1-34 sqoop-env-template.sh 文件重命名效果

配置文件重命名后，通过相关的配置参数即可进行配置。配置参数如下。

- export HADOOP_COMMON_HOME：设置 Hadoop 运行目录。
- export HBASE_HOME：设置 HBase 运行目录。
- export HIVE_HOME：设置 Hive 运行目录。

任务实施

【任务目的】

通过以下几个步骤可实现 Hadoop 基础环境的导入，并进行 Hadoop、Hive、HBase 等组件服务的启动。

【任务流程】

任务流程如图 1-35 所示。

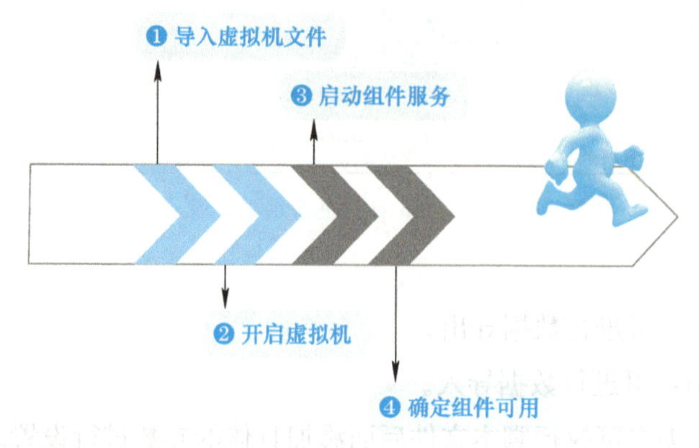

图 1-35　任务流程

【任务步骤】

第一步：打开 VMware Workstation Pro 软件，执行“文件”→“打开”命令，之后选择需要安装的虚拟机文件，如图 1-36 所示。

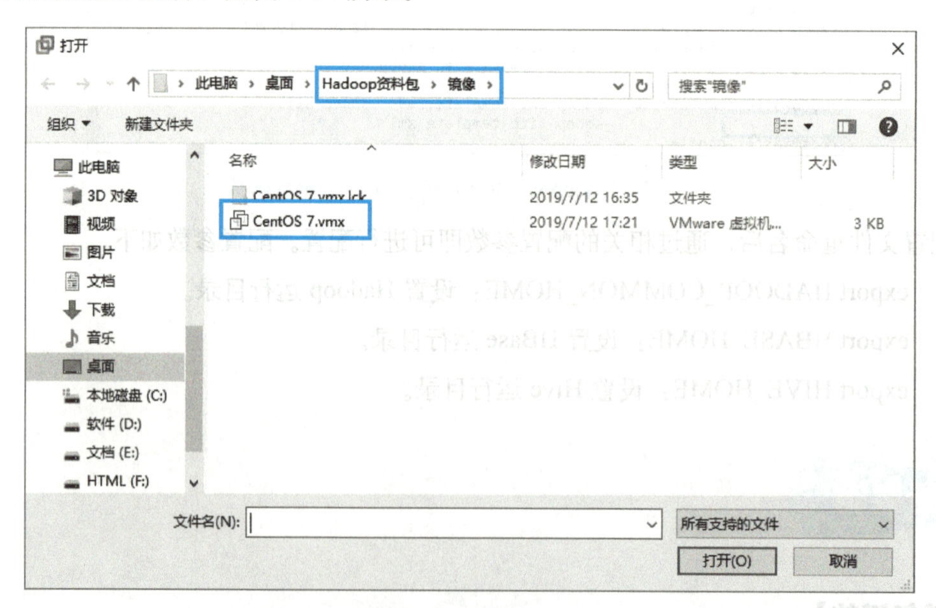

图 1-36　选择需要安装的虚拟机文件

第二步：在软件的左侧单击刚刚安装的镜像，之后选择“开启此虚拟机”，如图 1-37 所示。此时会出现安全询问提示框，单击“我已复制该虚拟机”按钮，如图 1-38 所示。

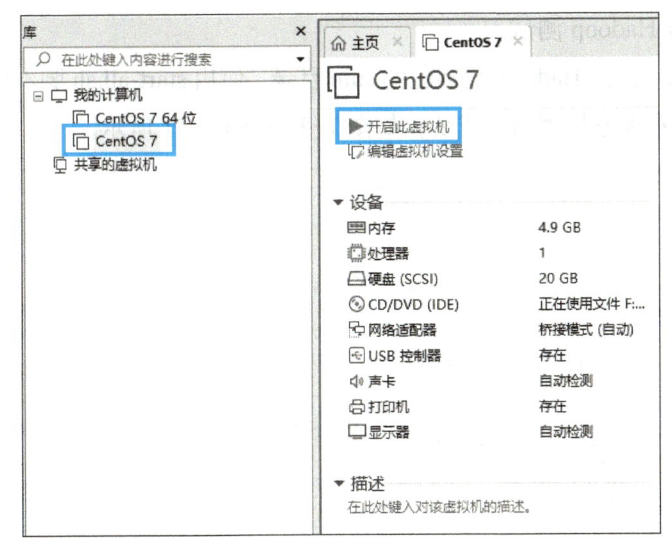

图 1-37　开启虚拟机

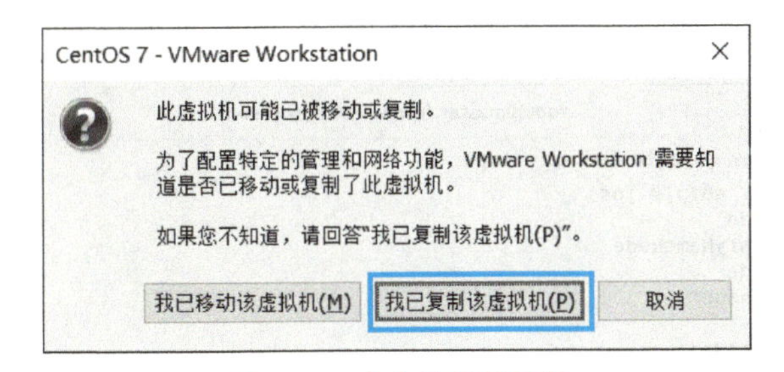

图 1-38　安全询问提示框

第三步：此时即可进入当前虚拟机，虚拟机桌面如图 1-39 所示。

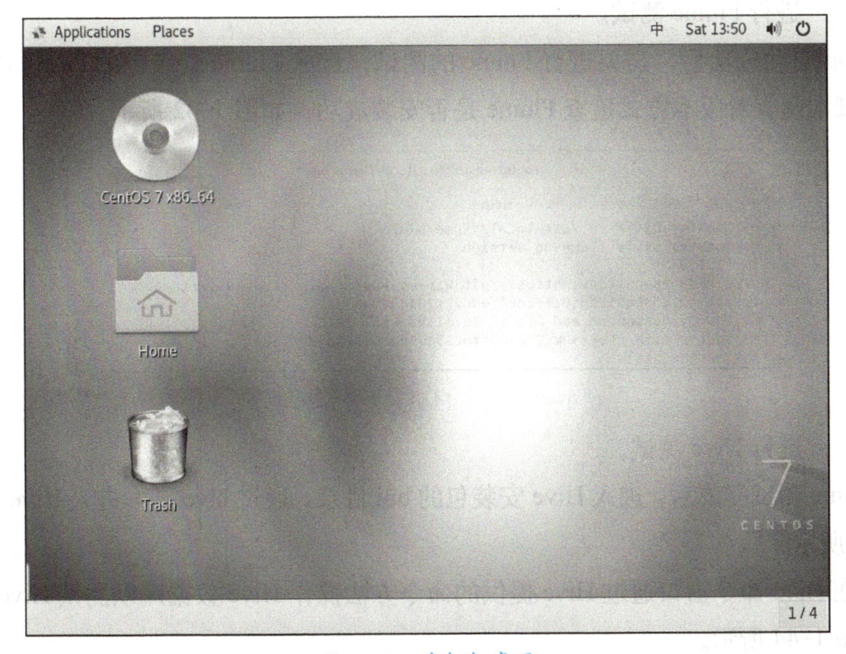

图 1-39　虚拟机桌面

第四步： 进行 Hadoop 测试。

打开命令窗口，进入 Hadoop 安装包的 sbin 目录，使用 start-all.sh 脚本启动 Hadoop 服务，并通过 jps 命令查看服务是否启动成功，如图 1-40 和图 1-41 所示。

```
root@master:/usr/local/hadoop/sbin
File  Edit  View  Search  Terminal  Help
[root@master ~]# cd /usr/local/hadoop/sbin/
[root@master sbin]# ./start-all.sh
This script is Deprecated. Instead use start-dfs.sh and start-yarn.sh
Starting namenodes on [localhost]
localhost: starting namenode, logging to /usr/local/hadoop/logs/hadoop-root-n
amenode-master.out
localhost: starting datanode, logging to /usr/local/hadoop/logs/hadoop-root-d
atanode-master.out
Starting secondary namenodes [0.0.0.0]
0.0.0.0: starting secondarynamenode, logging to /usr/local/hadoop/logs/hadoop
-root-secondarynamenode-master.out
starting yarn daemons
starting resourcemanager, logging to /usr/local/hadoop/logs/yarn-root-resourc
emanager-master.out
localhost: starting nodemanager, logging to /usr/local/hadoop/logs/yarn-root-
nodemanager-master.out
[root@master sbin]#
```

图 1-40　启动 Hadoop 服务

```
root@master:/usr/local/hadoop/sbin
File  Edit  View  Search  Terminal  Help
[root@master sbin]# jps
3201 NameNode
3441 SecondaryNameNode
3299 DataNode
3717 NodeManager
4104 Jps
3612 ResourceManager
[root@master sbin]#
```

图 1-41　查看服务是否启动成功

第五步： 进行 Flume 测试。

Hadoop 启动成功后，需要进行 Flume 的测试，进入 Flume 安装包的 bin 目录下，通过 flume-ng 脚本及查看版本方式检查 Flume 是否安装成功，如图 1-42 所示。

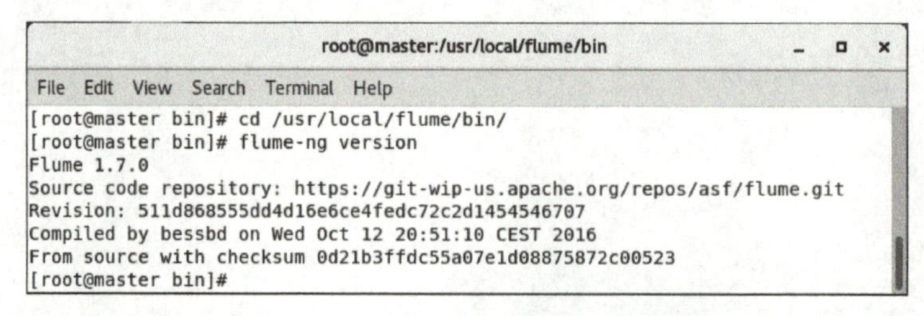

图 1-42　检查 Flume 是否安装成功

第六步： 进行 Hive 测试。

在 Flume 测试完成后，进入 Hive 安装包的 bin 目录，通过 hive 脚本进入 Hive 命令窗口，如图 1-43 所示。

之后在 Hive 命令窗口通过 Hive 提供的命令方法操作 Hive 数据库以测试 Hive 是否配置成功，如图 1-44 所示。

```
root@master:/usr/local/hive/bin
File Edit View Search Terminal Help
[root@master bin]# cd /usr/local/hive/bin
[root@master bin]# hive
SLF4J: Class path contains multiple SLF4J bindings.
SLF4J: Found binding in [jar:file:/usr/local/hive/lib/log4j-slf4j-impl-2.6.2.
jar!/org/slf4j/impl/StaticLoggerBinder.class]
SLF4J: Found binding in [jar:file:/usr/local/hadoop/share/hadoop/common/lib/s
lf4j-log4j12-1.7.10.jar!/org/slf4j/impl/StaticLoggerBinder.class]
SLF4J: See http://www.slf4j.org/codes.html#multiple_bindings for an explanati
on.
SLF4J: Actual binding is of type [org.apache.logging.slf4j.Log4jLoggerFactory
]

Logging initialized using configuration in jar:file:/usr/local/hive/lib/hive-
common-2.2.0.jar!/hive-log4j2.properties Async: true
Hive-on-MR is deprecated in Hive 2 and may not be available in the future ver
sions. Consider using a different execution engine (i.e. spark, tez) or using
 Hive 1.X releases.
hive>
```

图 1-43 Hive 命令窗口

```
root@master:/usr/local/hive/bin
File Edit View Search Terminal Help
hive> CREATE DATABASE HiveData;
OK
Time taken: 34.015 seconds
hive> SHOW DATABASES;
OK
default
hivedata
Time taken: 30.525 seconds, Fetched: 2 row(s)
hive>
```

图 1-44 测试 Hive 是否配置成功

第七步：进行 HBase 测试。

Hive 测试完成后，还需要进行 HBase 的测试。进入 HBase 安装包的 bin 目录，使用 start-hbase.sh 脚本启动 HBase，之后通过 jps 查看 HBase 服务是否启动成功，如果 HBase 服务启动成功即可说明 HBase 配置成功，如图 1-45 和图 1-46 所示。

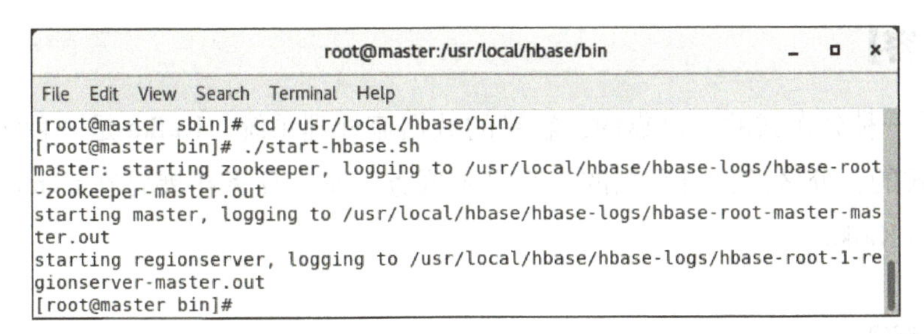

```
root@master:/usr/local/hbase/bin
File Edit View Search Terminal Help
[root@master sbin]# cd /usr/local/hbase/bin/
[root@master bin]# ./start-hbase.sh
master: starting zookeeper, logging to /usr/local/hbase/hbase-logs/hbase-root
-zookeeper-master.out
starting master, logging to /usr/local/hbase/hbase-logs/hbase-root-master-mas
ter.out
starting regionserver, logging to /usr/local/hbase/hbase-logs/hbase-root-1-re
gionserver-master.out
[root@master bin]#
```

图 1-45 启动 HBase

```
root@master:/usr/local/hbase/bin
File Edit View Search Terminal Help
[root@master bin]# jps
5473 SecondaryNameNode
7474 Jps
6419 HQuorumPeer
5270 DataNode
5161 NameNode
5753 NodeManager
6508 HMaster
6636 HRegionServer
7182 RunJar
5647 ResourceManager
[root@master bin]#
```

图 1-46 查看 HBase 服务是否启动成功

第八步： 进行 Sqoop 测试。

在依次测试完以上几个组件的配置后，还需进行 Sqoop 的测试。Sqoop 的测试方法与 Flume 相同，在配置完成后，通过查看版本方式检查 Sqoop 是否安装成功。进入 Sqoop 安装包的 bin 目录，通过 Sqoop 脚本加入 version 即可，如图 1-47 所示。

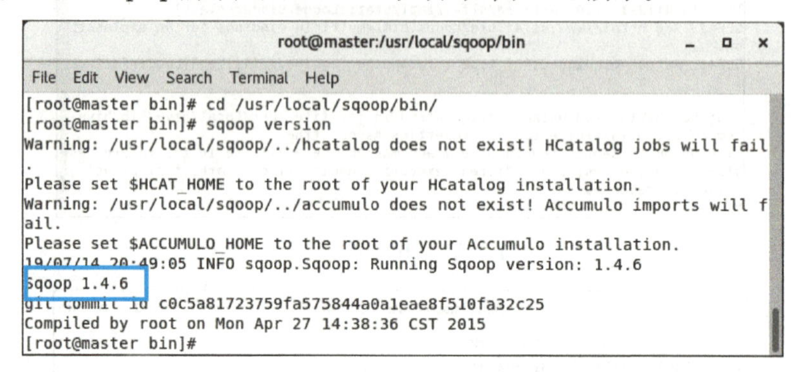

图 1-47 Sqoop 测试

至此，Hadoop 所需使用环境测试完成。

任务拓展

【拓展目的】

能够熟悉大数据环境的配置方法，拓宽知识面，掌握更多的大数据组件部署方法。

【拓展内容】

Storm 是一种分布式的、可靠的、容错的数据流处理系统。Kafka 是一种快速的、可扩展的、分布式的、分区的、可复制的提交日志服务。本次任务拓展将在 Centos 7 中安装并部署 Storm 和 Kafka。

【拓展步骤】

第一步： 下载 Kafka 安装包。

登录 Kafka 官方网站，下载 Kafka 安装包，如图 1-48 所示。

第二步： 解压 Kafka 安装包。

将下载好的 Kafka 安装包上传到服务器的“/usr/local”目录下，并对其进行解压重命名，命令如下。

```
[root@master local]# tar -zxvf kafka_2.12-3.3.1.tgz
[root@master local]# mv kafka_2.12-3.3.1 kafka
```

结果如图 1-49 所示。

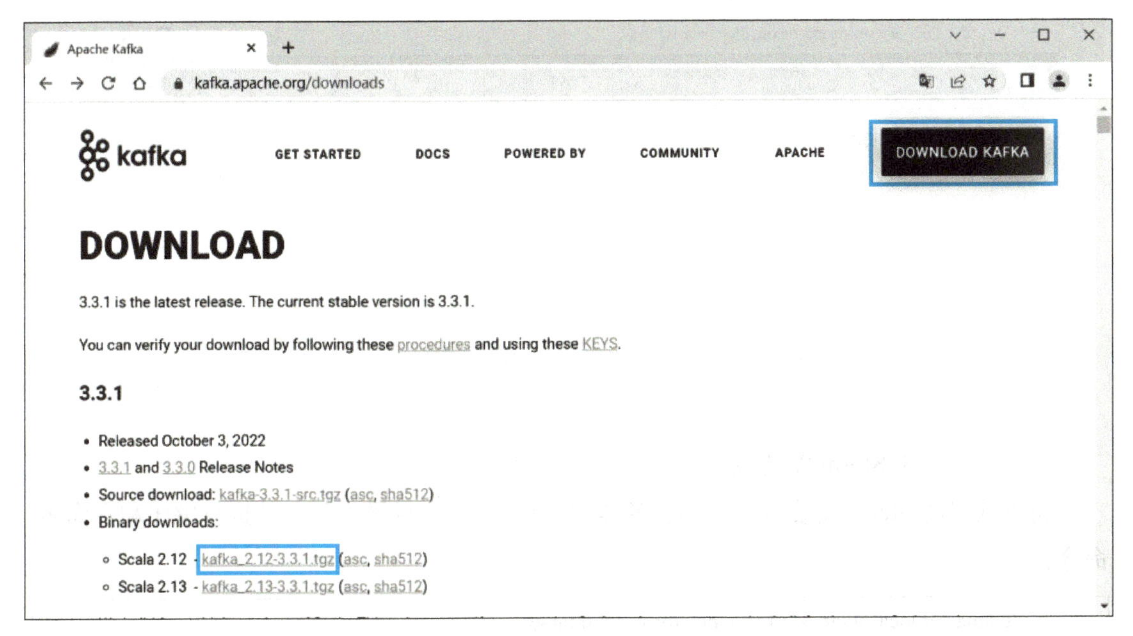

图 1-48　下载 Kafka 安装包

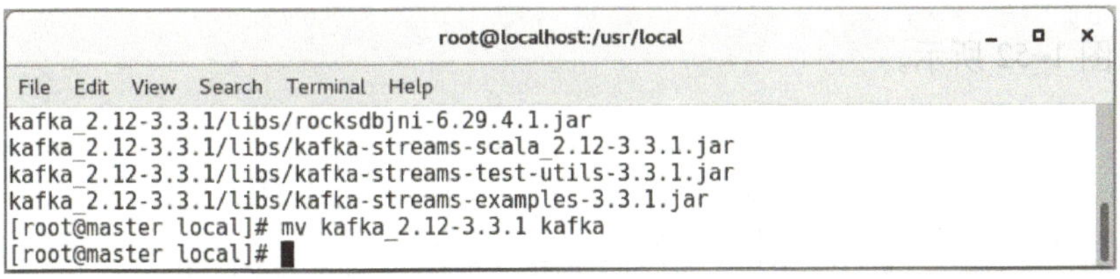

```
root@localhost:/usr/local
File Edit View Search Terminal Help
kafka_2.12-3.3.1/libs/rocksdbjni-6.29.4.1.jar
kafka_2.12-3.3.1/libs/kafka-streams-scala_2.12-3.3.1.jar
kafka_2.12-3.3.1/libs/kafka-streams-test-utils-3.3.1.jar
kafka_2.12-3.3.1/libs/kafka-streams-examples-3.3.1.jar
[root@master local]# mv kafka_2.12-3.3.1 kafka
[root@master local]#
```

图 1-49　解压 Kafka 安装包后的结果

第三步：启动 Kafka。

进入 Kafka 安装目录中的 bin 目录，启动 Kafka 及 Kafka 中自带的 ZooKeeper，命令如下。

```
[root@master bin]# ./zookeeper-server-start.sh /usr/local/kafka/config/zookeeper.properti es 1>/dev/null 2>&1 &
[root@master bin]# ./kafka-server-start.sh /usr/local/kafka/config/server.properties > /dev/null 2>&1 &
[root@master bin]# jps
```

结果如图 1-50 所示。

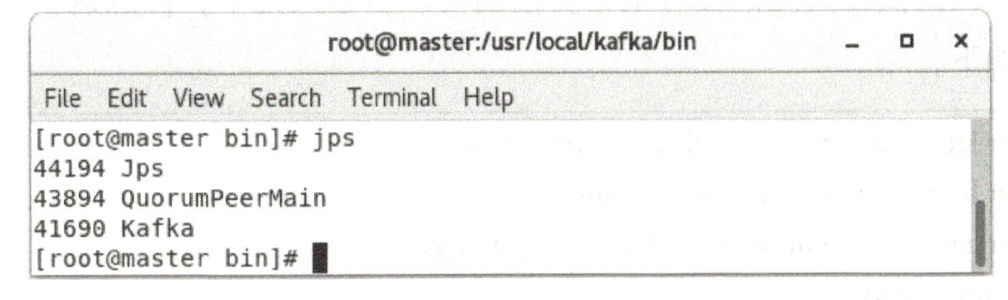

图 1-50　启动 Kafka 后的结果

第四步：下载 Storm 安装包。

登录 Storm 官方网站，下载 Storm 2.4.0 版本的安装包，如图 1-51 所示。

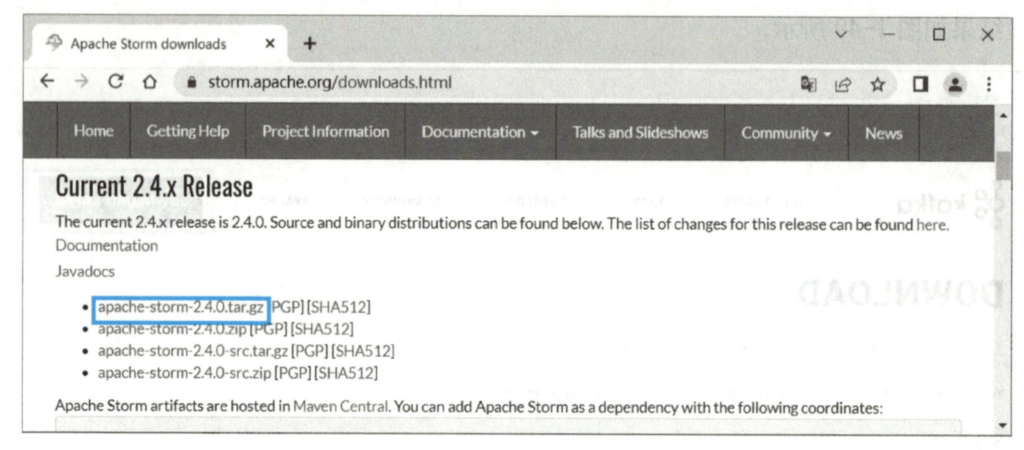

图 1-51 下载 Storm 安装包

第五步：解压 Storm 安装包。

将下载好的 Storm 安装包上传到服务器的“/usr/local”目录下并对其进行解压和重命名，命令如下。

```
[root@master local]# tar -zxvf apache-storm-2.4.0.tar.gz
[root@master local]# mv apache-storm-2.4.0 storm
```

结果如图 1-52 所示。

```
root@localhost:/usr/local
File Edit View Search Terminal Help
apache-storm-2.4.0/lib/netty-codec-4.1.30.Final.jar
apache-storm-2.4.0/lib/netty-transport-native-epoll-4.1.30.Final.jar
apache-storm-2.4.0/lib/netty-transport-native-unix-common-4.1.30.Final.jar
apache-storm-2.4.0/lib/curator-framework-4.3.0.jar
apache-storm-2.4.0/lib/curator-client-4.3.0.jar
[root@master local]# mv apache-storm-2.4.0 storm
[root@master local]#
```

图 1-52 解压 Storm 安装包后的结果

第六步：配置 Storm。

在 Storm 安装目录中创建用于存放命令空间文件的“workplace”文件夹，并修改“storm.yaml”文件，配置 ZooKeeper 的服务节点和主节点地址等。配置条目的冒号后面要有一个空格，下面的对应值横杠两侧都要有空格，前面可以多输入几个，注意这些细节可以避免很多错误。命令如下。

```
[root@master local]# mkdir /usr/local/storm/workplace
[root@master local]# cd /usr/local/storm/conf/
[root@master conf]# vi storm.yaml      # 在改文件末尾添加如下内容
storm.zookeeper.servers:
    - "master"
nimbus.host: "master"
storm.local.dir: "/usr/local/storm/workpalce/"
```

结果如图 1-53 所示。

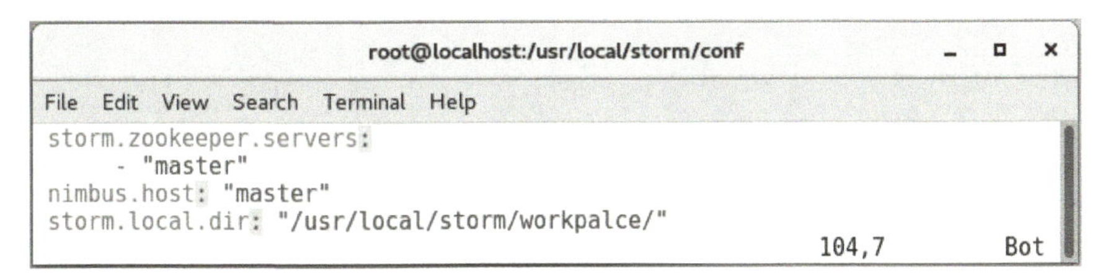

图 1-53　配置 Storm 后的结果

第七步： 配置环境变量。

配置文件修改完成后需要将 Storm 配置到环境变量，启动过程中，每执行一条启动命令都会查看一次进程，当每条启动命令的进程都成功启动后执行下一条命令，若进程中包含“config_value”则等待即可，之后启动 Storm，命令如下。

```
[root@master bin]# vi ~/.bashrc  # 在环境变量中添加以下内容
export STORM_HOME=/usr/local/storm
export PATH=$STORM_HOME/bin:$PATH
[root@master bin]# nohup storm nimbus 1>/dev/null 2>&1 &
[root@master conf]# nohup storm ui 1>/dev/null 2>&1 &
[root@master conf]# nohup storm supervisor 1>/dev/null 2>&1 &
[root@master conf]# nohup storm logviewer 1>/dev/null 2>&1 &
```

结果如图 1-54 所示。

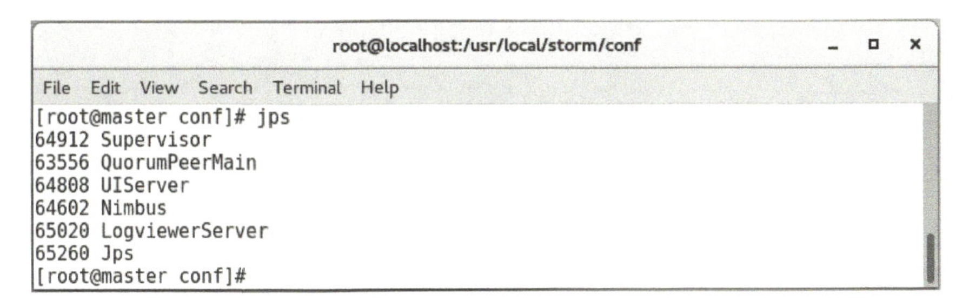

图 1-54　启动 Storm 后的结果

通过对大数据项目集群构建的实现，读者应对 Hadoop 生态体系概念及不同组件的功能有初步了解，以及应对 Hadoop 环境搭建的不同方式有所了解并掌握，并能够通过所学知识实现生产环境中 Hadoop 集群的搭建。

Project 2

项目2

文件存储与数据采集

Project

项目描述

Hadoop 其实很简单！

项目经理：Hadoop 的环境搭建弄明白了吗？

开发工程师：熟悉了基本的环境配置。

项目经理：你还需要学习数据的采集与文件的存储。

开发工程师：那我应该具体学习哪些内容呢？

项目经理：HDFS 和 Flume 是你接下来要学习的知识。你可以对 HDFS 和 Flume 概念进行简单了解，重点学习它们的使用。

开发工程师：好的，我这就去学习。

在大数据项目中，文本数据的采集和存储是其面临的首要困难。在项目初期文本数据量较小的情况下，存储问题并不突出，然而随着数据量逐渐增加，文件达到 TB、PB 级别时，给主机带来了极大的压力，甚至由于本地空间的充满，文件不能进行数据的添加，HDFS 的出现使这一问题得到解决。HDFS 可以将文件拆分成多个块，分别存储在多个主机中。文件数据的不断增多不仅给文件的存储带来困难，而且同样给文件数据的读取造成了困扰，为此，Hadoop 还提供了 Flume 组件，它不仅可以实现文件数据的采集和上传，还可以保证文件存储方法与 HDFS 之间文件数据的同步更新。本项目主要通过 HDFS 和 Flume 组件实现数据的采集与文件的分布式存储。

学习目标

文件存储与数据采集

通过对项目 2 相关内容的学习，读者可了解 HDFS、Flume 等相关概念，熟悉 HDFS 的存储机制和 Flume NG 基本架构，掌握 HDFS Shell 操作命令及 Flume NG 常用命令的使用，具有使用 HDFS Shell、Flume NG 操作命令实现数据采集和存储的能力。

思维导图如下：

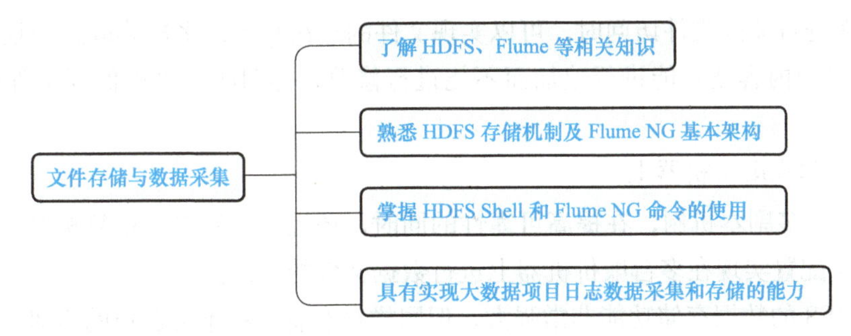

任务1 HDFS分布式存储数据文件

任务分析

本任务主要通过HDFS相关指令实现对分布式文件系统中文件夹和文件的创建、查看、权限设置、复制、删除等操作。在任务实现过程中，简单讲解了HDFS的相关概念和存储机制，详细说明了HDFS Shell操作命令和HDFS库的相关内容，并在任务实施中介绍了HDFS Shell操作命令的使用。

任务技能

技能点一 HDFS初识

1. HDFS简介

HDFS（Hadoop Distributed File System，Hadoop分布式文件系统）在普通硬件之上设计和运行。HDFS在最开始时是作为Apache Nutch搜索引擎项目的基础架构而开发的，现在是Apache Hadoop核心项目的一部分。HDFS与目前的分布式文件系统相比有很多共同点，但同时也存在着很多不同之处，其中最主要的不同就是HDFS对一部分POSIX（可移植操作系统接口）的约束进行了削减，来满足流式读取文件系统数据任务的需求。

HDFS平台间迁移功能的设计，推动了采用HDFS平台进行数据存储的工具的发展。HDFS优点如下。

（1）容错性高

HDFS数据可以自动地保存在多个副本中，当一个副本丢失后，其包含的数据可以通过其他副本恢复，提高了HDFS的容错能力。

（2）流式文件访问

HDFS 在进行流式文件访问时，可以实现文件的一次写入、多次读取。一旦文件被写入数据，文件中的内容就只能进行追加而不能进行修改，但 HDFS 可以保证文件中数据的一致性。

（3）可构建在廉价机器上

HDFS 通过多副本机制，在提高可靠性的同时，还提供了容错和恢复机制。并且 HDFS 可以通过相关配置实现在多台廉价机器上进行数据文件的存储。

尽管 HDFS 的数据存储功能非常强大，但同样存在着一些不可避免的劣势。HDFS 的缺点如下。

（1）低延时数据访问

HDFS 适合高吞吐率场景，允许在某一时刻写入大量数据。但是在低延时的情况下处理困难，很难做到在毫秒级以内读取数据。

（2）小文件存储

HDFS 在存储大量小文件时会占用大量内存去存储文件目录、块信息等，因为 NameNode 内存总是有限的。小文件存储的寻道时间会超过文件的读取时间，这违背了 HDFS 设计目标。

（3）并发写入、文件随机修改

一个文件只能通过一个线程写入，不能通过多个线程同时写入。并且 HDFS 支持文件的追加（Append），不支持文件随机修改。

另外，HDFS 采用 Master/Slave 架构（服务器主从架构），即一个 HDFS 集群是由一个 NameNode、一个 SecondaryNameNode 和一定数目的 DataNode 组成。HDFS 整体架构如图 2-1 所示。

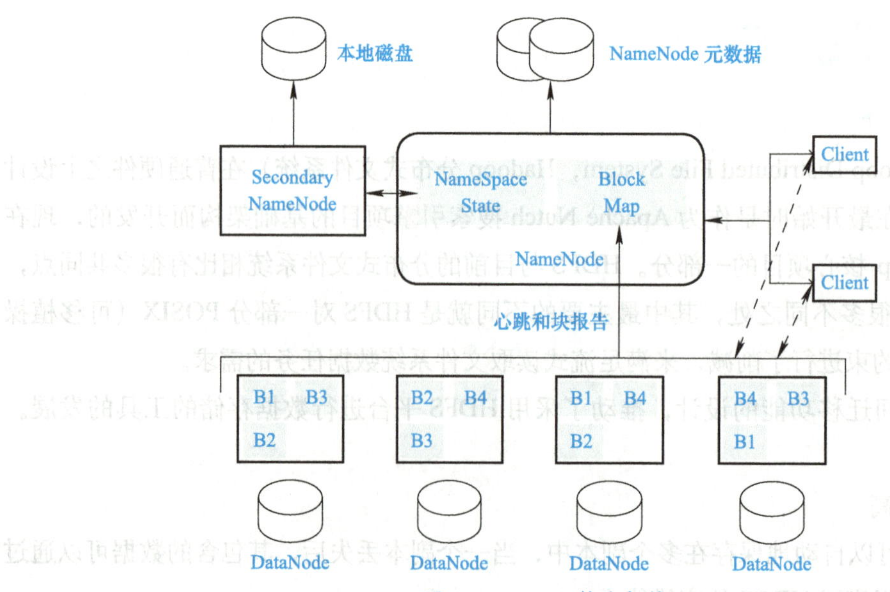

图 2-1 HDFS 整体架构

其中：

1）Client。即客户端，在上传文件时，会将一个大文件拆分成多个块（Block）进行存储，并且 Client 不仅能够通过命令实现 HDFS 的管理和访问，而且在与 NameNode、DataNode 交互时，可以进行文件位置信息的获取以及数据的读取或者写入。

2）NameNode。即管理节点（master），用于实现 DataNode 的管理操作。可以实现 HDFS 的名称空间和数据块（Block）映射信息的管理，以及副本策略配置和客户端读写请求处理等操作。

3）DataNode。即工作节点（Slave），用于 NameNode 命令的实际执行，如实际的数据块的存储、数据块读 / 写操作的执行等。

4）SecondaryNameNode。同样属于 NameNode 节点，不是预备的 NameNode 节点。在 NameNode 节点挂掉时，SecondaryNameNode 节点并不能立刻替换 NameNode 并提供服务。但 SecondaryNameNode 节点可以分担 NameNode 节点的工作量，完成辅助工作，并且会定期地将 fsimage 和 fsedits 合并后推送给 NameNode。在紧急情况下，Secondary 可辅助完成 NameNode 节点数据的恢复。

2. HDFS 存储机制

HDFS 存储机制主要用来描述实现数据存储时的流程、具体的存储方式等内容。下面通过设计理念、HDFS 读 / 写文件过程和容错性 3 个方面进行 HDFS 存储机制的讲解。

（1）设计理念

HDFS 主要是针对超大文件的存储而设计的，对于小文件的访问和存储，速度反而会降低。并且，HDFS 采用了高效的流式访问模式，可以实现文件的“一次写入，多次读取”。另外，HDFS 在普通的硬件之上运行，即使硬件出现故障，也可以通过容错来保证数据的准确性和完整性。使用 HDFS 实现数据的文件存储时，会将一个大的文件拆分成多个很小的块（Block）进行存储，如图 2-2 所示。

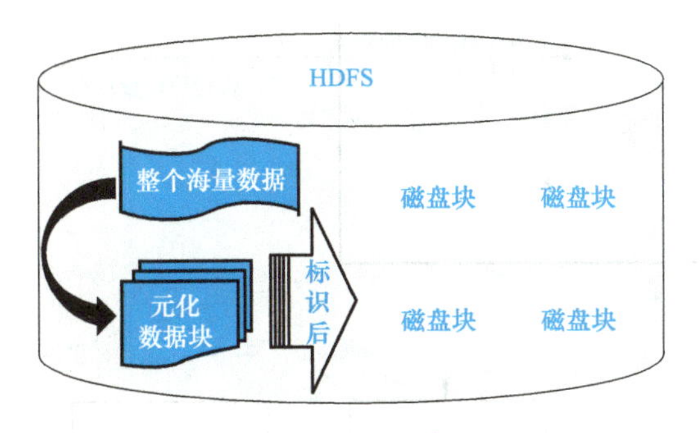

图 2-2 HDFS 存储

块是 HDFS 中一个非常重要的概念。通过使用块进行数据的存储，HDFS 具有多个明显的优点，见表 2-1。

表 2-1　HDFS 的优点

优　点	解　释
支持大规模文件存储	文件以块为单位进行存储，一个大文件可以被分拆成若干个文件块，不同的文件块可以被分发到不同的节点上，因此一个文件的大小不会受到单个节点存储容量的限制，可以远远大于网络中任意节点的存储容量
简单的系统设计	首先很大程度地简化了存储管理，因为文件块大小是固定的，因此可以很容易计算出一个节点可以存储多少个文件块，其次方便了元数据的管理，元数据不需要和文件块一起存储，可以由其他系统负责管理
适合备份数据	每个文件块都可以备份存储到多个节点上，提高了系统的容错性和可用性

在 HDFS 中，一个块的默认大小是 128MB，以块作为存储单位，一个文件可以被分成多个块。相比于普通文件系统，块是非常大的，需要进行最小化寻址开销。

（2）HDFS 读 / 写文件过程

HDFS 以统一目录树的形式实现自身文件的存储，客户端只需指定对应的目录树即可完成文件的访问，而不需要获取具体的文件存储位置。另外，在 HDFS 中，通过 NameNode 进程可以对目录树和文件的真实存储位置进行相应的管理，并且在进行 HDFS 文件存储的相关设计时，严格地遵循着自己的存储设计原则，如下。

- 文件大小以块（Block）的形式存储。
- 通过副本机制提高可靠度和吞吐量。
- Hadoop 使用单一的 NameNode 来协调存储元数据。
- Hadoop 没有设置客户端缓存机制。

通过以上内容的学习，读者只是对 HDFS 的用法、应用场景、框架结构有一个大致的了解，但这些是远远不够的，想要更加深入地理解 HDFS，还需理解 HDFS 的实现原理和细节。下面通过两个方面进行 HDFS 文件读 / 写过程的详细讲解。

1）HDFS 读文件过程。HDFS 读文件过程可以将存储在 HDFS 块中的数据以存储时的格式读取出来，并交给后面的相关操作进行使用。HDFS 读文件过程如图 2-3 所示。

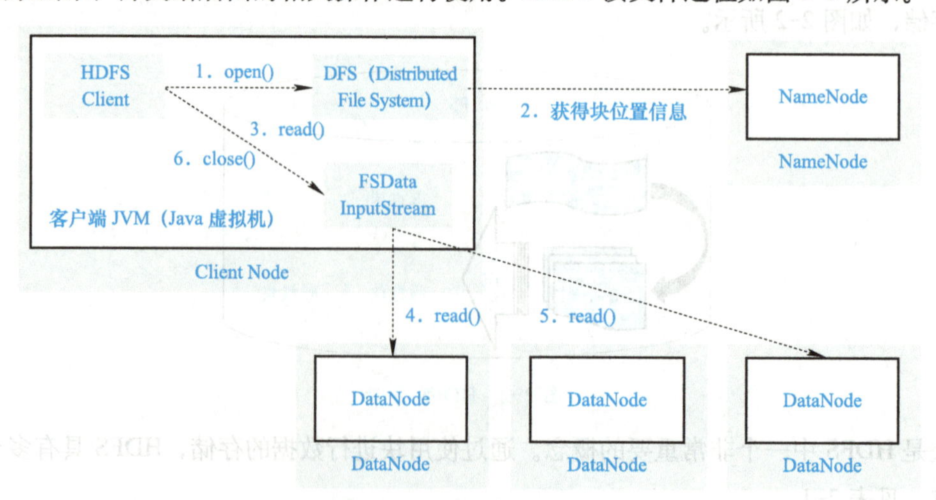

图 2-3　HDFS 读文件过程

通过图 2-3 可知，HDFS 数据读取的实现需要多个模块相互作用、相互配合，包括客户端（Client）、数据节点（DataNode）、管理节点（NameNode）等。下面通过以下几个步骤实现 HDFS 读文件过程，步骤如下。

第一步：客户端（Client）通过对 FileSystem 对象提供“open()”方法的调用实现需求文件的打开操作。

第二步：DFS（Distributed File System）通过 RPC 对 NameNode 进行调用，得到文件的开头部分的块位置信息，之后 NameNode 会返回每一个数据存储块对应副本的 DataNode 地址，并以它们与 Client 的距离（根据网络集群的拓扑）进行排序。

第三步：客户端对这个输入流调用 read() 方法。存储着文件开头部分的数据块节点地址的 FSDataInputStream 开始与数据块相近的 DataNode 相连接。当客户端与 DataNode 通信出现错误时，客户端会尝试读取对这个块来说下一个最近的块，并记录出现故障的 DataNode，防止再对后面的块进行徒劳无益的尝试。并且客户端会对 DataNode 发来的数据进行校验，如果存在损坏的块，那么客户端会在试图从别的 DataNode 中读取一个块的副本之前报告给 NameNode。

第四步：在数据流中反复调用 read() 方法，数据会从 DataNode 返回到客户端。

第五步：当数据量达到块的末端时，FSDataInputStream 流会关闭与 DataNode 间的联系，然后为下一个数据块查找最佳的 DataNode。

第六步：客户端完成数据的读取后，就会在流中调用 close() 方法关闭流。

2）HDFS 写文件过程。HDFS 写文件过程是将数据存储到 HDFS 中。整个写入过程的实现，同样需要读取过程中使用的相关模块，只是模块之间相互作用的顺序不同。HDFS 中数据写入文件的过程如图 2-4 所示。

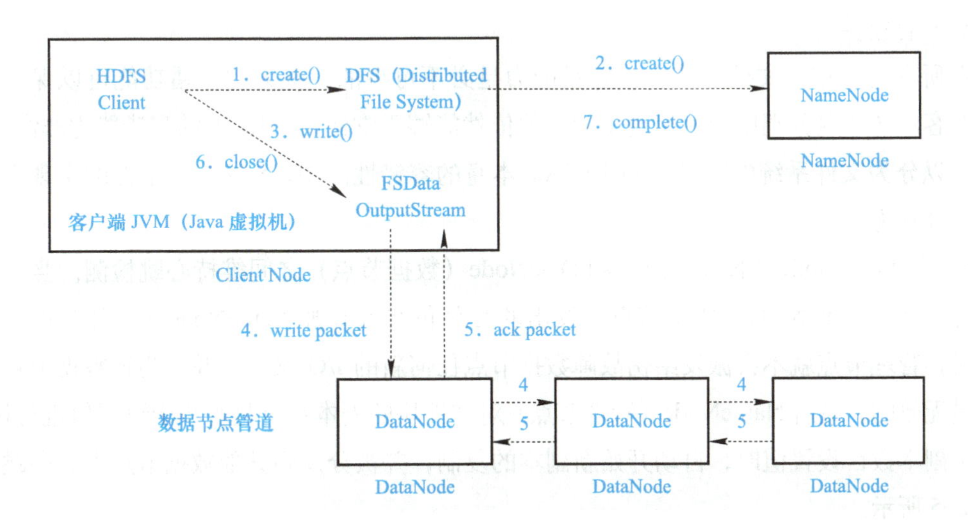

图 2-4　HDFS 中数据写入文件的过程

通过图 2-4 可知，HDFS 的数据写入过程可以分为 7 个步骤，分别如下。

第一步：客户端通过对 DFS 中 create() 方法的调用来实现文件的创建。

第二步：DFS（Distributed File System）通过 RPC 调用 NameNode，并在文件系统的命名空间中创建一个没有块与之相联系的新文件，之后 NameNode 通过各种不同的操作来检查文件是否已经存在以及 Client 是否含有创建文件的许可，当检查通过后，NameNode 会生成一个新的文件记录，否则文件创建失败并向 Client 抛出一个 IOException 异常。

第三步：在客户端写入数据时，FSDataOutputStream 将数据分成若干个包，写入内部队列，之后通过数据流进行数据队列的处理，并通过 NameNode 分配适合的新数据块到适合的 DataNode 列表中以进行数据副本的存储。这一组 DataNode 列表形成一个管线，假设副本数是 3，所以有 3 个节点在管线中。

第四步：数据流将包分流给管线中的第一个 DataNode，这个节点会存储包并且发送给管线中的第二个 DataNode。同样地，第二个 DataNode 会存储包并且发送给管线中的第三个数据节点，直至发送给最后一个 DataNode。

第五步：数据存储完成后，管线被关闭，需要确认队列中的所有包都已经被添加到数据队列前面，为故障节点以后的 DataNode 不会漏掉任意一个包提供保障。当 NameNode 发现块副本量不足时，会在另一个节点上创建一个新副本，之后后续数据块继续正常接收处理。只要 dfs.replication.min 副本（默认是 1）被写入，写操作就是成功的，并且这个块会在集群中被异步复制，直到其满足目标副本数（dfs.replication 默认值为 3)。

第六步：Client 完成数据写入后，就会在流中调用 close() 方法关闭流。

第七步：在向 NameNode 节点发送完消息之前，complete() 方法会将余下的所有包放入 DataNode 管线并等待确认。NameNode 节点已经知道文件由哪些块组成，它只需在返回成功前等待块进行最小量复制即可。

（3）容错性

在所有的分布式文件系统中，容错能力是必不可少的。强大的容错功能可以保证文件服务在客户端或服务端中即使出现了问题但依然能够正常使用。HDFS 的容错能力非常突出，大概可以分为文件系统的容错性和 Hadoop 本身的容错性。HDFS 支持容错性的实现方法有两种，分别为：

1）在 NameNode（管理节点）和 DataNode（数据节点）之间维持心跳检测。当发生网络故障以至于 DataNode（数据节点）发出的心跳包并没有被 NameNode（管理节点）正常收到时，管理节点就不会派发给伪故障数据节点任何新的 I/O 操作，并认为该数据节点上的数据是无效的，最后 NameNode（管理节点）对文件块的副本数目是否小于设置值进行检测。当小于副本数目设置值时，自动开始新副本的复制，并被分发到其他数据节点上。心跳机制如图 2-5 所示。

2）检测文件完整性。HDFS 会记录每个新创建文件的所有块校验和。当进行文件的检索时，从某个节点获取的块会首先进行校验和一致性的检测，如果校验和不一致，即当前节点数据丢失，则会从其他数据节点上获取该块的副本。检测文件完整性的容错机制如图 2-6 所示。

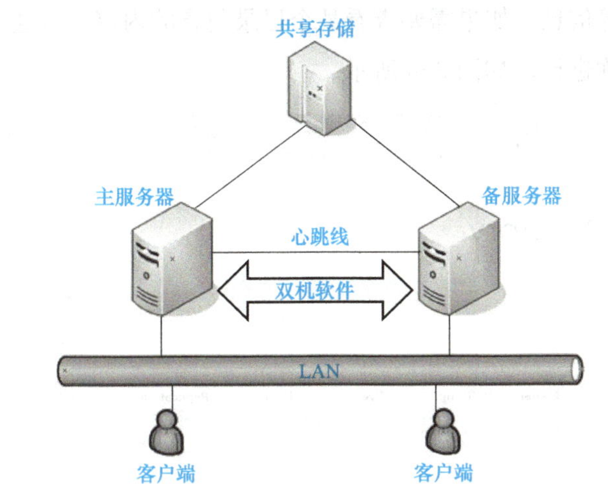

图 2-5　心跳机制

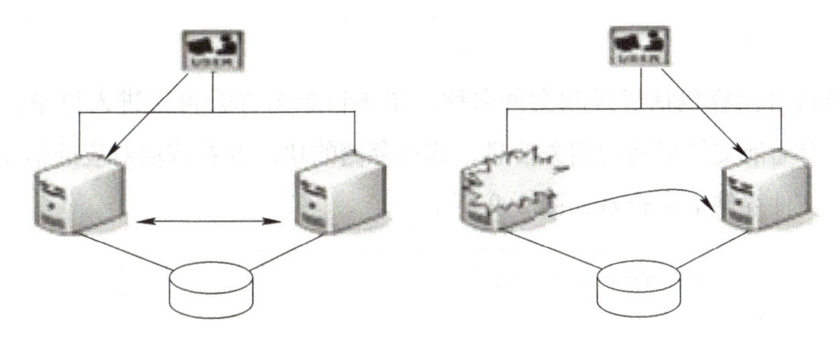

图 2-6　容错机制

3．HDFS 监控

在 HDFS 中，存在一个用于监控 HDFS 文件情况的 Web UI 界面，属于 Hadoop 监控界面的子界面。可通过“http://127.0.0.1:50070/explorer.html#/”地址进入该界面，HDFS 监控界面如图 2-7 所示。

Hadoop　Overview　Datanodes　Datanode Volume Failures　Snapshot　Startup Progress　Utilities

Browse Directory

/　Go!

Show 25 entries　Search:

Permission	Owner	Group	Size	Last Modified	Replication	Block Size	Name
drwxr-xr-x	root	supergroup	0 B	Oct 31 10:12	0	0 B	flink
drwxr-xr-x	root	supergroup	0 B	Oct 25 10:19	0	0 B	hbase
drwxr-xr-x	root	supergroup	0 B	Oct 28 16:15	0	0 B	spark-logs
drwxr-xr-x	root	supergroup	0 B	Dec 08 16:22	0	0 B	test
drwx-wx-wx	root	supergroup	0 B	Oct 28 09:10	0	0 B	usr

Showing 1 to 5 of 5 entries　Previous 1 Next

图 2-7　HDFS 监控界面

在该界面内可以查看到存储文件的所有目录名称、块的大小、目录创建时间、权限、所属用户、用户组别等信息。如果需要查看某个目录包含的内容，可通过在文本框中输入查看路径或单击目录名称进行，如图 2-8 所示。

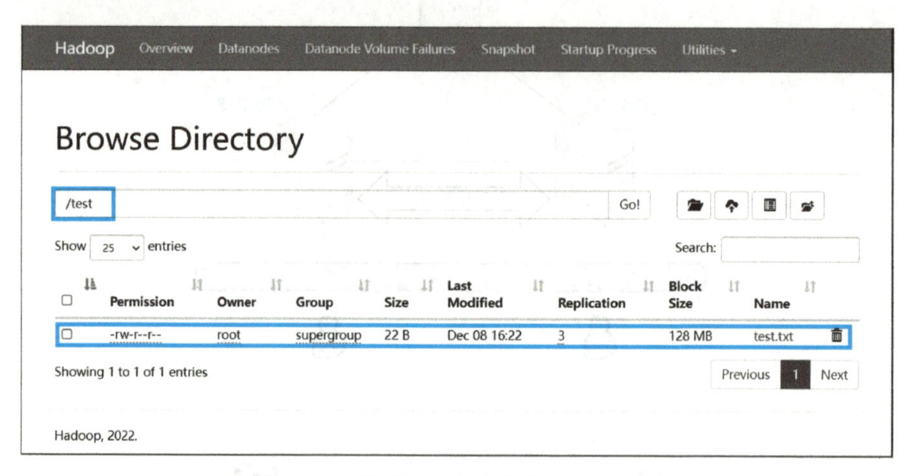

图 2-8　文件查看

如果目录包含内容包括目录和文件名称，单击目录名称会再次进入目录，而单击文件名称则可以查看当前文件存储的相关信息，选择存储的块，查看该块对应的信息，包括块的 ID、大小等。文件存储信息查看如图 2-9 所示。

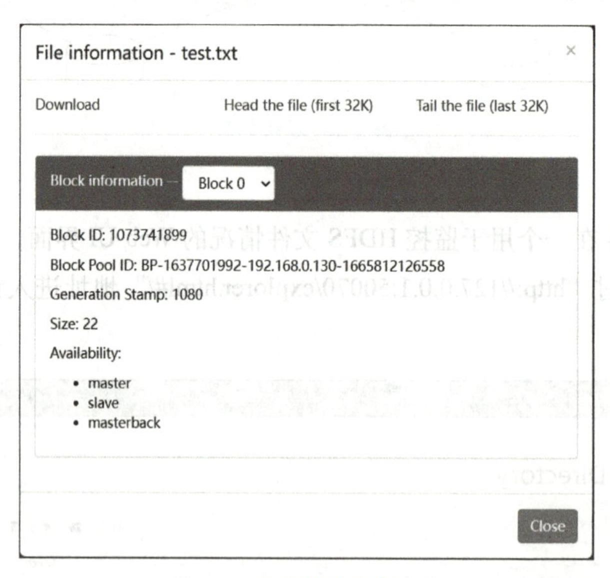

图 2-9　文件存储信息查看

但需要注意，在整个监控界面只能进行信息的查看，不能进行相关的操作。

技能点二　HDFS Shell 操作命令

HDFS Shell 主要用于实现 HDFS 相关操作，允许使用命令对 HDFS 中的文件和文件夹进行操作。目前，HDFS Shell 命令按照功能可以分为基础操作命令和管理命令。

1. HDFS Shell 基础操作命令

HDFS 的基础操作命令类似于对 Linux 系统文件的 Shell 操作，只需输入简单的操作命令即可实现相应的功能，如文件或文件夹的增加、删除、修改、查看等。在 Hadoop 中，HDFS Shell 基础操作命令的使用有以下 3 种方式。

（1）第一种方式

通过“hadoop fs”命令实现，其可以适用于任何不同的文件系统，如本地文件系统、HDFS 文件系统等。语法格式如下。

```
hadoop fs HDFS Shell 基础操作命令
```

（2）第二种方式

第二种方式为“hadoop dfs”，相比于“hadoop fs”，其作用范围相对较小，只能适用于 HDFS 文件系统，并且此命令已过时，建议使用 hdfs dfs。

（3）第三种方式

第三种方式为“hdfs dfs”，作用与“hadoop dfs”命令基本相同，同样只能适用于 HDFS 文件系统。语法格式如下。

```
hdfs dfs HDFS Shell 基础操作命令
```

以上 3 种 HDFS Shell 基础操作命令的使用方式各有各的优势，在实际的应用中，可根据个人喜好进行选择。另外，在使用 HDFS Shell 命令前，需要事先启动 Hadoop，并通过“jps”命令检查各个节点的 Hadoop 进程是否正常启动，如图 2-10 所示。

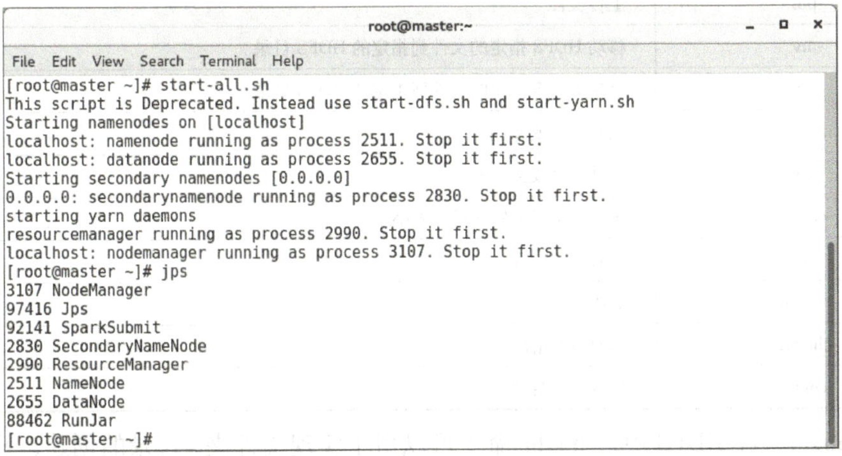

```
root@master:~
File Edit View Search Terminal Help
[root@master ~]# start-all.sh
This script is Deprecated. Instead use start-dfs.sh and start-yarn.sh
Starting namenodes on [localhost]
localhost: namenode running as process 2511. Stop it first.
localhost: datanode running as process 2655. Stop it first.
Starting secondary namenodes [0.0.0.0]
0.0.0.0: secondarynamenode running as process 2830. Stop it first.
starting yarn daemons
resourcemanager running as process 2990. Stop it first.
localhost: nodemanager running as process 3107. Stop it first.
[root@master ~]# jps
3107 NodeManager
97416 Jps
92141 SparkSubmit
2830 SecondaryNameNode
2990 ResourceManager
2511 NameNode
2655 DataNode
88462 RunJar
[root@master ~]#
```

图 2-10　启动 Hadoop 并检查节点

HDFS 中包含了多个用于操作文件和文件夹的命令，可通过执行“hadoop fs”或“hdfs dfs”命令进行查看，部分结果如图 2-11 所示。

```
root@master:/usr/local
File  Edit  View  Search  Terminal  Help
[root@master local]# hdfs dfs
Usage: hadoop fs [generic options]
        [-appendToFile <localsrc> ... <dst>]
        [-cat [-ignoreCrc] <src> ...]
        [-checksum [-v] <src> ...]
        [-chgrp [-R] GROUP PATH...]
        [-chmod [-R] <MODE[,MODE]... | OCTALMODE> PATH...]
        [-chown [-R] [OWNER][:[GROUP]] PATH...]
        [-concat <target path> <src path> <src path> ...]
        [-copyFromLocal [-f] [-p] [-l] [-d] [-t <thread count>] [-q <thread pool queue size>] <loca
lsrc> ... <dst>]
        [-copyToLocal [-f] [-p] [-crc] [-ignoreCrc] [-t <thread count>] [-q <thread pool queue size
>] <src> ... <localdst>]
        [-count [-q] [-h] [-v] [-t [<storage type>]] [-u] [-x] [-e] [-s] <path> ...]
        [-cp [-f] [-p | -p[topax]] [-d] [-t <thread count>] [-q <thread pool queue size>] <src> ...
 <dst>]
        [-createSnapshot <snapshotDir> [<snapshotName>]]
        [-deleteSnapshot <snapshotDir> <snapshotName>]
        [-df [-h] [<path> ...]]
        [-du [-s] [-h] [-v] [-x] <path> ...]
        [-expunge [-immediate] [-fs <path>]]
        [-find <path> ... <expression> ...]
        [-get [-f] [-p] [-crc] [-ignoreCrc] [-t <thread count>] [-q <thread pool queue size>] <src>
 ... <localdst>]
        [-getfacl [-R] <path>]
        [-getfattr [-R] {-n name | -d} [-e en] <path>]
        [-getmerge [-nl] [-skip-empty-file] <src> <localdst>]
        [-head <file>]
        [-help [cmd ...]]
        [-ls [-C] [-d] [-h] [-q] [-R] [-t] [-S] [-r] [-u] [-e] [<path> ...]]
        [-mkdir [-p] <path> ...]
        [-moveFromLocal [-f] [-p] [-l] [-d] <localsrc> ... <dst>]
        [-moveToLocal <src> <localdst>]
        [-mv <src> ... <dst>]
```

图 2-11　查看 HDFS 命令的部分结果

HDFS Shell 的部分基础操作命令的说明见表 2-2。

表 2-2　HDFS Shell 的部分基础操作命令的说明

命　令	解　释
-mkdir	创建空白目录
-touchz	创建空白文件
-ls	显示当前目录结构
-put	上传文件
-mv	移动 HDFS 指定的文件到指定的 HDFS 目录
-cp	复制 HDFS 指定的文件到指定的 HDFS 目录
-rm –r	删除目录或文件
-du	统计目录或文件大小
-count	统计目录或文件数量、大小
-cat	查看文件内容
-chmod	修改文件权限
-chown	修改所属用户
-chgrp	修改用户组别

- -mkdir。在 HDFS 中，-mkdir 命令可以用于实现文件夹 / 目录的创建，只需在命令后面添加名称即可，但创建的目录中并不会存在任何的内容，不管是文件还是目录。-mkdir 命令语法格式如下。

```
hadoop fs/hdfs dfs -mkdir / 文件夹名称
```

使用 -mkdir 命令创建空白文件夹 / 目录并通过监控界面查看创建结果，如图 2-12 和图 2-13 所示。

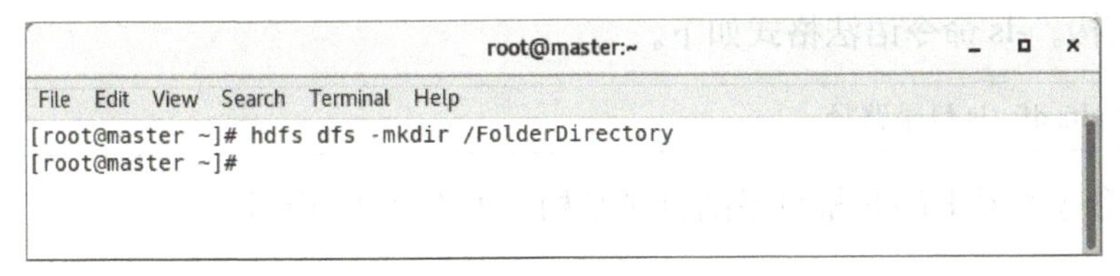

图 2-12　使用 -mkdir 命令创建空白文件夹 / 目录

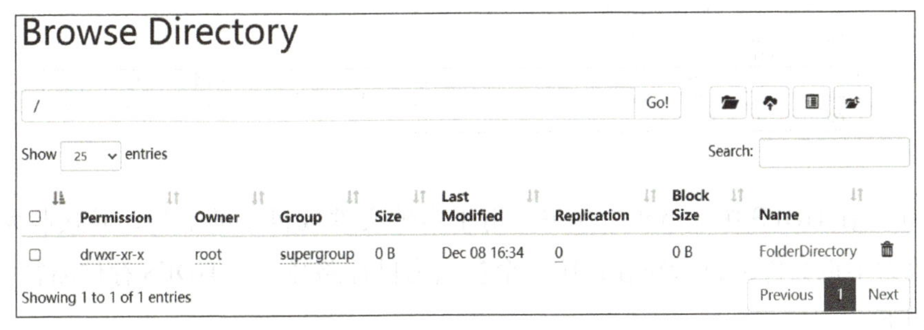

图 2-13　通过监控界面查看创建结果

● -touchz。-touchz 命令同样用于创建操作。但与 -mkdir 命令不同，使用 -touchz 命令添加文件名称及格式，可以进行没有任何内容存在的空白文件的创建。另外，在指定文件名称和格式时，也可提供完整路径以进行文件的创建。-touchz 命令语法格式如下。

```
hadoop fs/hdfs dfs -touchz / 文件名称及格式
// 或
hadoop fs/hdfs dfs -touchz / 目录名称 / 目录名称 1.../ 文件名称及格式
```

使用 -touchz 命令创建空白文件并通过 HDFS 监控界面进行创建结果的查看，如图 2-14 和图 2-15 所示。

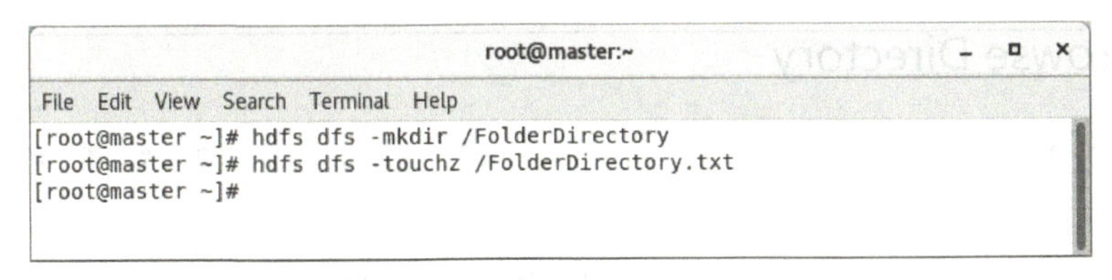

图 2-14　使用 -touchz 命令创建空白文件

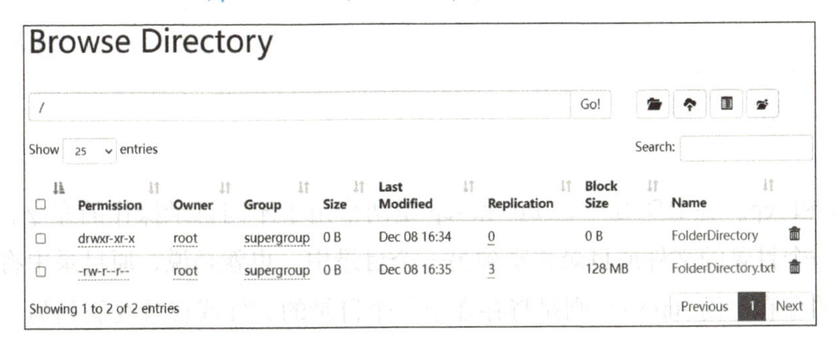

图 2-15　通过监控界面查看创建结果

注意，在 HDFS 中不能查看空白文件的相关信息。

● -ls。-ls 命令主要用于目录结构的展示，在命令后面输入指定目录路径即可查看该目录的目录结构。-ls 命令语法格式如下。

```
hadoop fs/hdfs dfs -ls 目录路径
```

使用 -ls 命令查看 HDFS 根目录的目录结构，如图 2-16 所示。

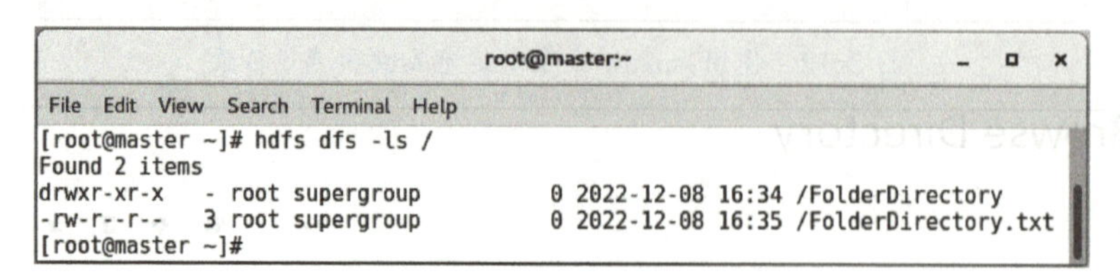

图 2-16 查看 HDFS 根目录的目录结构

● -put。在 HDFS 中，-put 命令主要用于本地文件或目录的上传。其接收两个参数：第一个参数为本地文件或目录路径；第二个参数为目标路径，即 HDFS 存储路径。-put 命令语法格式如下。

```
hadoop fs/hdfs dfs -put 本地需要上传的文件或目录路径 上传到的目标路径
```

使用 -put 命令上传 test.txt（自行在本地创建）到刚刚创建的 FolderDirectory 目录，之后通过 HDFS 监控界面进行上传结果的查看，如图 2-17 和图 2-18 所示。

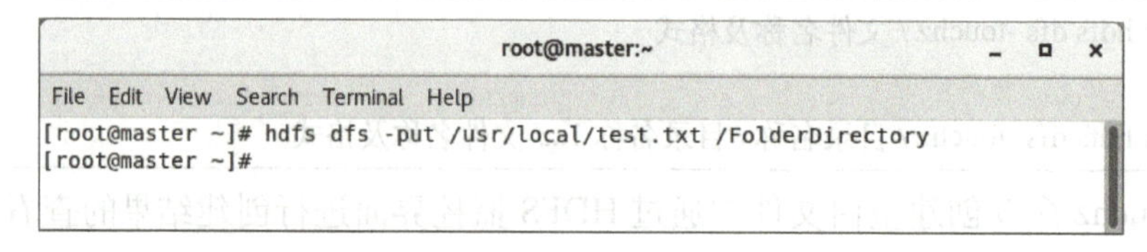

图 2-17 文件上传

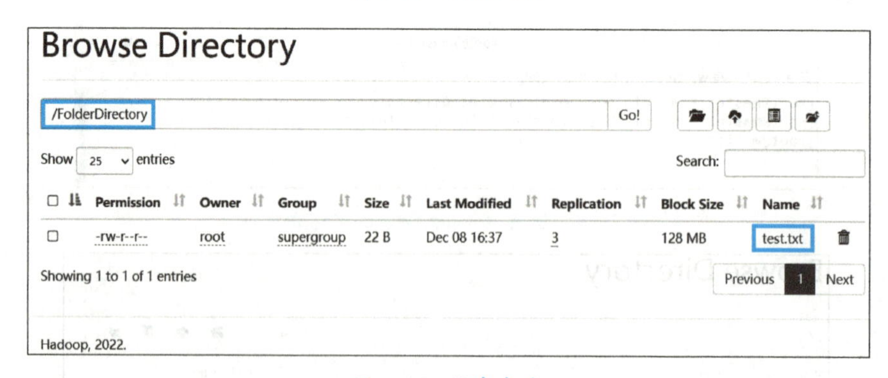

图 2-18 信息查看

● -mv 和 -cp。在 HDFS 中，-mv 和 -cp 是两个用于不同目录操作的命令。-mv 命令可以将存在于一个目录的文件或目录移动到另一个目录中，也就是说，原目录中将不会有这个文件或目录的存在；而 -cp 命令则是将存在于一个目录的文件或目录复制到另一个目录中，两个目录中都会有这个文件或目录的存在。-mv 和 -cp 命令语法格式如下。

```
//HDFS 移动操作
hadoop fs/hdfs dfs -mv HDFS 文件或目录路径  HDFS 目标路径
//HDFS 复制操作
hadoop fs/hdfs dfs -cp HDFS 文件或目录路径  HDFS 目标路径
```

使用 -mv 命令先将根目录下的 FolderDirectory.txt 文件移动到 FolderDirectory 目录中，之后使用 -cp 命令将 test.txt 文件复制到根目录中，通过 HDFS 监控界面进行移动和复制结果的查看，如图 2-19 ～图 2-21 所示。

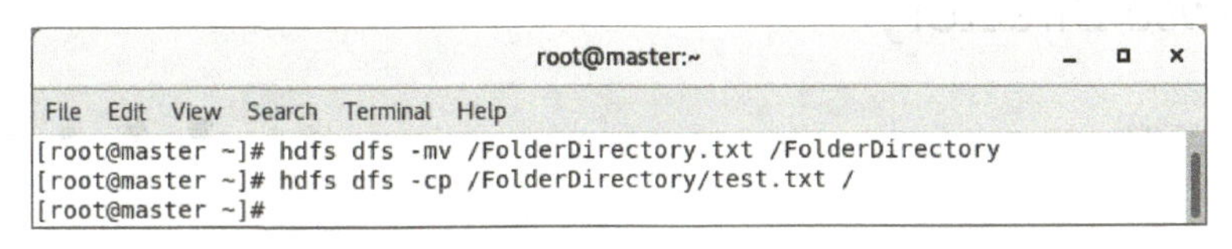

图 2-19　文件复制和移动

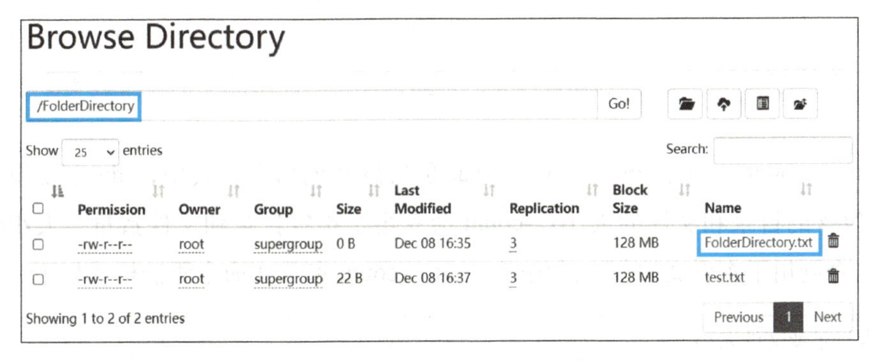

图 2-20　FolderDirectory 目录查看

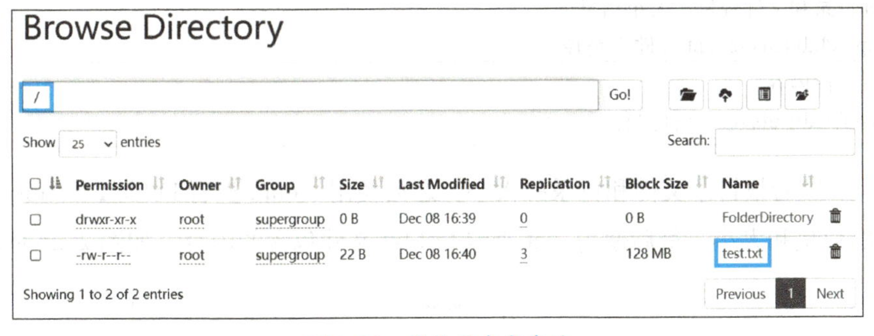

图 2-21　根目录内容查看

- -rm –r。-rm –r 命令主要用于 HDFS 指定目录或文件的删除实现，其只接收一个参数，即目录或文件的路径。当在删除文件时，可直接在 -rm 后加入文件路径。-rm –r 命令语法格式如下。

```
// 删除目录
hadoop fs/hdfs dfs -rm –r / 目录路径
// 删除文件，其中，–r 可使用，也可不使用
hadoop fs/hdfs dfs -rm –r / 文件路径
```

使用 -rm –r 命令删除 FolderDirectory 目录下的 test.txt 文件，并通过 HDFS 监控界面进行删除结果的查看，如图 2-22 和图 2-23 所示。

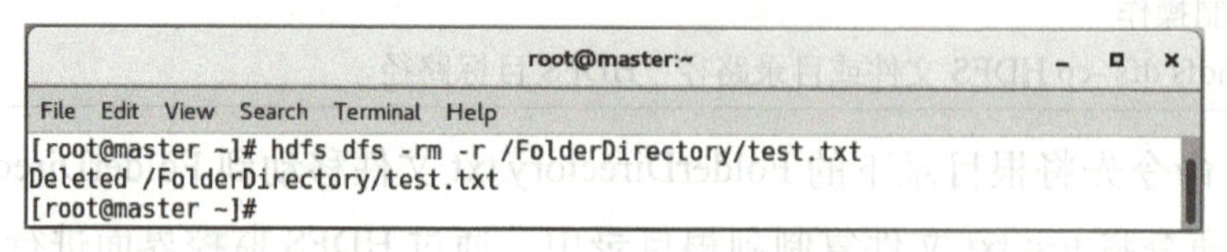

图 2-22　删除 test.txt 文件

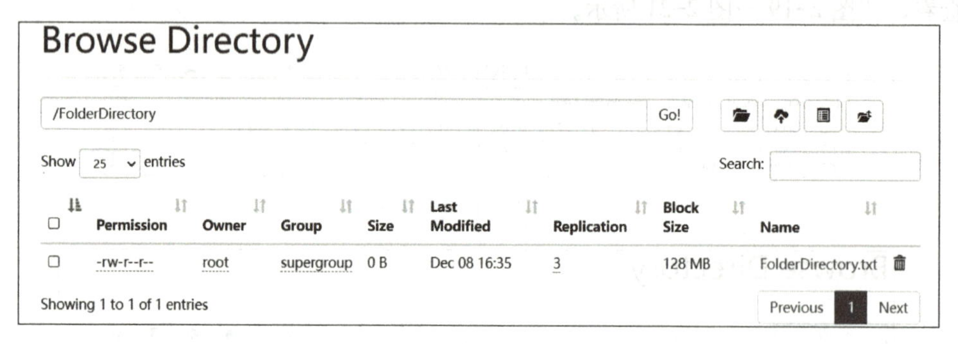

图 2-23　查看删除结果

● -du、-count、-cat。-du、-count、-cat 是信息查询命令。其中，-du 主要用于查看文件大小或包含的目录和文件的大小；-count 命令用于指定目录和文件数量、大小信息的查询；-cat 命令则用于查看文件包含的内容。-du、-count 和 -cat 命令语法格式如下。

```
// 查询目录或文件大小
hadoop fs/hdfs dfs -du 目录或文件路径
// 查询目录和文件数量、大小信息
hadoop fs/hdfs dfs -count 文件夹路径
// 查看文件内容
hadoop fs/hdfs dfs -cat 文件路径
```

使用 -du 查看根目录文件和目录的大小，之后使用 -count 查看 FolderDirectory 目录中目录、文件的数量和大小，最后使用 -cat 查看 test.txt 文件包含的内容，如图 2-24 所示。

```
root@master:~
File Edit View Search Terminal Help
[root@master ~]# hdfs dfs -du /
0  0   /FolderDirectory
6  18  /test.txt
[root@master ~]# hdfs dfs -count /FolderDirectory
           1            1                  0 /FolderDirectory
[root@master ~]# hdfs dfs -cat /test.txt
1
2
3
[root@master ~]#
```

图 2-24　查看文件信息

● -chmod。在 HDFS 中，文件或目录的操作有着严格的权限验证。当权限验证不通过时，可通过 -chmod 命令修改文件或目录的权限。-chmod 命令接收两个参数，第一个参数为权限代号，第二个参数为文件或目录的路径。-chmod 命令语法格式如下。

```
hadoop fs/hdfs dfs -chmod 权限代号 文件路径
```

使用 -chmod 将 FolderDirectory 目录权限更改为“rwxr-xrw-”，权限代号 756，如图 2-25 ～图 2-27 所示。

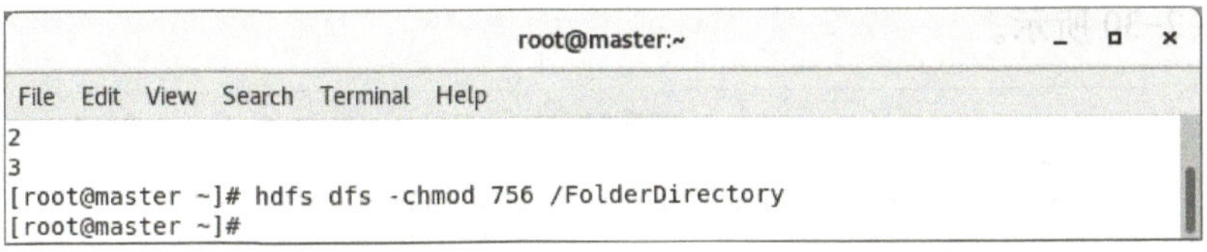

```
root@master:~
File Edit View Search Terminal Help
2
3
[root@master ~]# hdfs dfs -chmod 756 /FolderDirectory
[root@master ~]#
```

图 2-25　权限更改

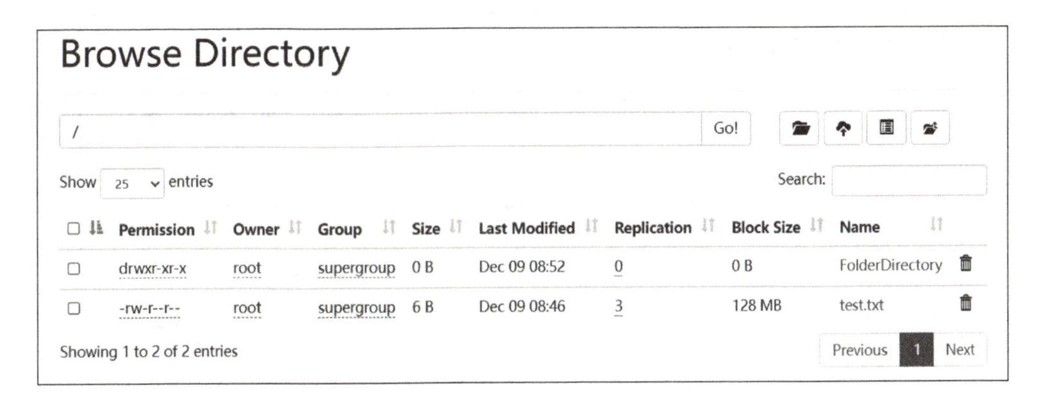

图 2-26　更改前的权限

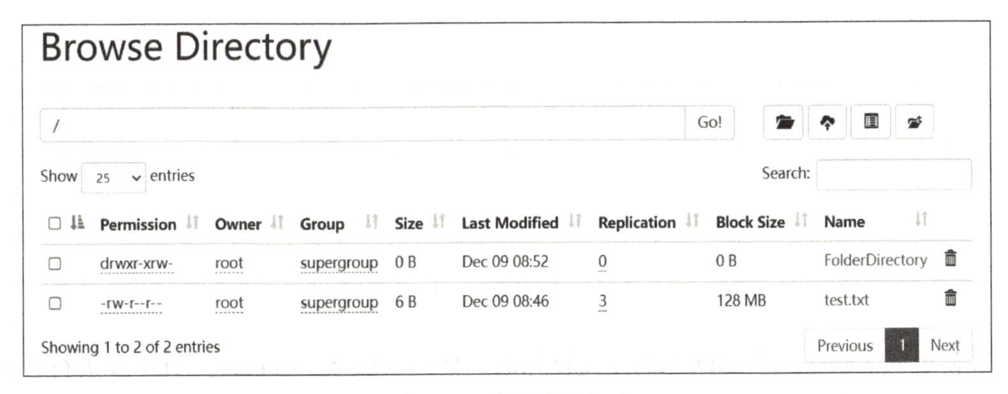

图 2-27　更改后的权限

● -chown 和 -chgrp。-chown 和 -chgrp 命令主要用于用户的相关操作。-chown 命令可以对所属用户进行修改，其接收两个参数，第一个参数为用户名称，第二个参数为需要更改所属用户的文件或目录路径；-chgrp 命令能够进行用户所属组别的修改，其同样接收两个参数，第一个参数为组别名称，第二个参数与 -chown 命令的第二个参数相同。-chown 和 -chgrp 命令语法格式如下。

```
// 修改所属用户
hadoop fs/hdfs dfs -chown 用户名称　文件或目录路径
// 修改用户组别
hadoop fs/hdfs dfs -chgrp 组别名称　文件或目录路径
```

使用 -chown 命令和 -chgrp 命令将 FolderDirectory 目录的用户和组别修改为 admin，如图 2-28 ～图 2-30 所示。

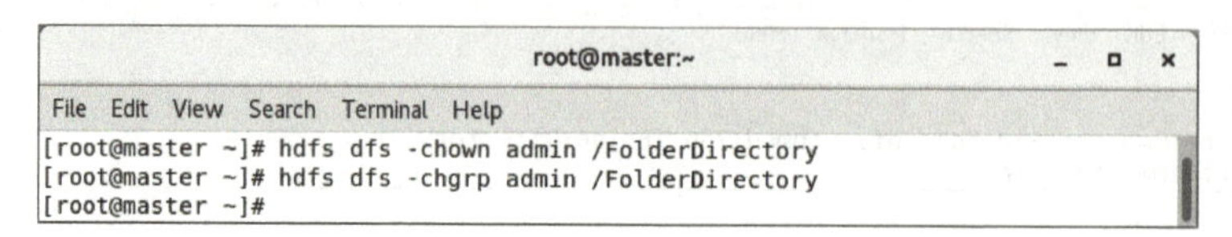

图 2-28　组别修改

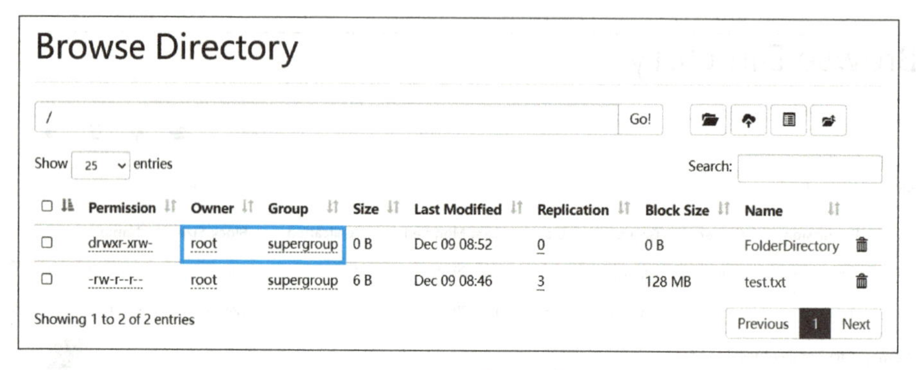

图 2-29　组别修改前

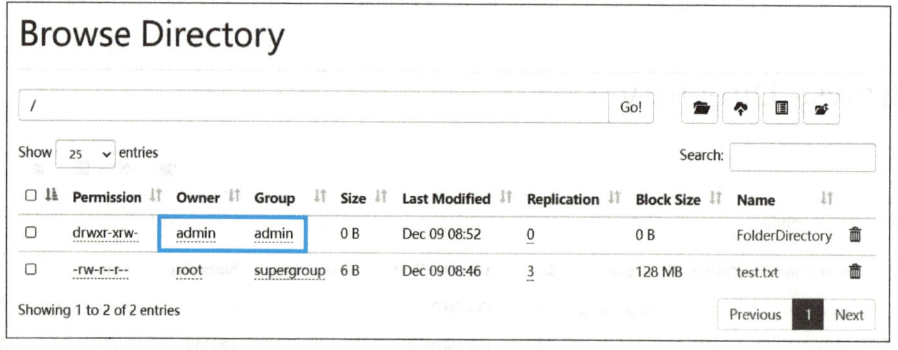

图 2-30　组别修改后

在使用以上命令进行 HDFS 的相关操作时，使用 -chgrp、-chmod、-chown 进行目录信息修改时，可在命名后面加上“-R”，将目录包含的所有目录和文件对应的信息同样进行修改，直到目录最后一层。

2．HDFS Shell 管理命令

通常，管理命令会被认为是对用户权限的相关操作，但在 HDFS 中，HDFS Shell 管理命令主要用于对 HDFS 相关内容进行操作，包含安全模式的开启及关闭、系统升级、存储副本的恢复等。HDFS Shell 管理命令语法格式如下。

hdfs dfsadmin HDFS Shell 管理命令

其中，dfsadmin 是一个多任务的工具，可以使用它来获取 HDFS 的状态信息以及在 HDFS 上执行的一系列管理操作。通过执行“hdfs dfsadmin”命令可查看 HDFS Shell 管理命令，部分结果如图 2-31 所示。

```
root@master:~
File  Edit  View  Search  Terminal  Help
[root@master ~]# hdfs dfsadmin
Usage: hdfs dfsadmin
Note: Administrative commands can only be run as the HDFS superuser.
        [-report [-live] [-dead] [-decommissioning]]
        [-safemode <enter | leave | get | wait>]
        [-saveNamespace]
        [-rollEdits]
        [-restoreFailedStorage true|false|check]
        [-refreshNodes]
        [-setQuota <quota> <dirname>...<dirname>]
        [-clrQuota <dirname>...<dirname>]
        [-setSpaceQuota <quota> [-storageType <storagetype>] <dirname>...<dirname>]
        [-clrSpaceQuota [-storageType <storagetype>] <dirname>...<dirname>]
        [-finalizeUpgrade]
        [-rollingUpgrade [<query|prepare|finalize>]]
        [-refreshServiceAcl]
        [-refreshUserToGroupsMappings]
        [-refreshSuperUserGroupsConfiguration]
        [-refreshCallQueue]
        [-refresh <host:ipc_port> <key> [arg1..argn]
        [-reconfig <datanode|...> <host:ipc_port> <start|status>]
        [-printTopology]
        [-refreshNamenodes datanode_host:ipc_port]
        [-deleteBlockPool datanode_host:ipc_port blockpoolId [force]]
        [-setBalancerBandwidth <bandwidth in bytes per second>]
        [-fetchImage <local directory>]
        [-allowSnapshot <snapshotDir>]
        [-disallowSnapshot <snapshotDir>]
        [-shutdownDatanode <datanode_host:ipc_port> [upgrade]]
        [-getDatanodeInfo <datanode_host:ipc_port>]
        [-metasave filename]
        [-triggerBlockReport [-incremental] <datanode_host:ipc_port>]
        [-help [cmd]]
```

图 2-31　查看 HDFS Shell 管理命令的部分结果

HDFS Shell 的常用管理命令说明见表 2-3。

表 2-3　HDFS Shell 的常用管理命令说明

命　令	解　释
-report	查看 HDFS 的基本统计信息
-safemode	安全模式维护命令
-restoreFailedStorage	失败的存储副本恢复操作设置
-finalizeUpgrade	HDFS 更新
-setQuota	个数配额设置
-clrQuota	清除个数配额
-setSpaceQuota	空间配额设置
-clrSpaceQuota	清除空间配额

- -report。-report 是 HDFS Shell 管理命令中的一个用于统计 HDFS 基本信息的命令，在使用时不需要添加任何参数。HDFS 的基本信息属性说明见表 2-4。

表 2-4　HDFS 的基本信息属性说明

属　性	解　释
Configured Capacity	配置容量
Present Capacity	现有容量
DFS Remaining	剩余 DFS 容量
DFS Used	正在使用的 DFS 容量
DFS Used %	正在使用 DFS 的容量占全部容量的百分比
Under replicated blocks	正在复制块的个数
Blocks with corrupt replicas	具有损坏副本块的个数
Missing blocks	缺少块个数
Live datanodes	实时数据节点
Configured Cache Capacity	配置的缓存容量
Cache Used	被使用的缓存容量
Cache Remaining	剩余高速缓存容量

-report 命令语法格式如下。

```
hdfs dfsadmin -report
```

使用 -report 查看当前 HDFS 的基本信息，如图 2-32 所示。

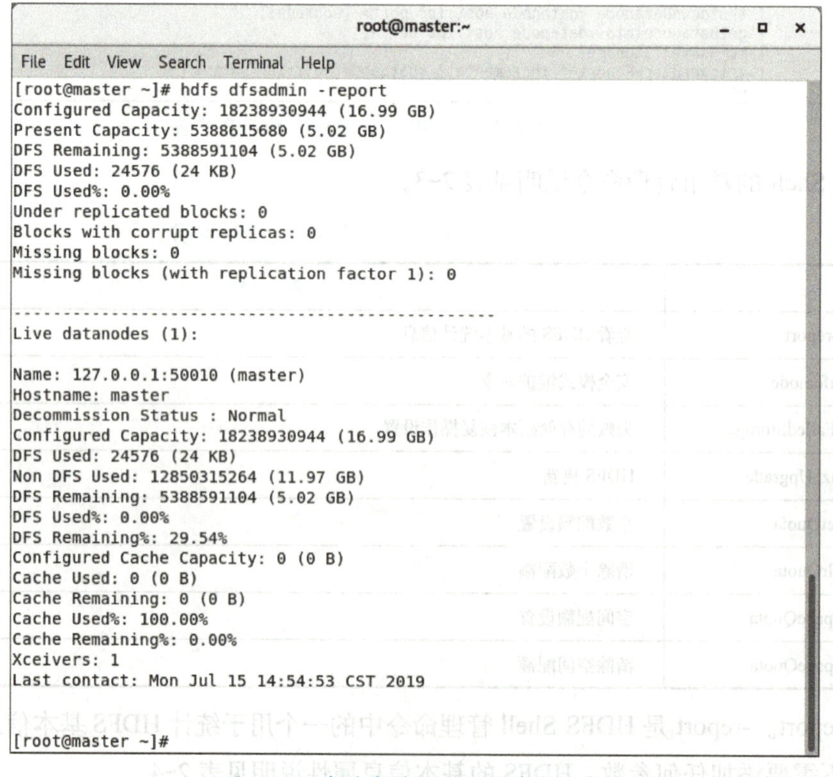

图 2-32　查看当前 HDFS 的基本信息

● -safemode。-safemode 是一个安全模式维护命令，用于保证 HDFS 数据的完整性和安全性。当 HDFS 进入安全模式后，客户端将不能对任何文件或目录进行变动操作，包括文件或目录的删除、创建、上传等。-safemode 命令包含的参数见表 2-5。

表 2-5 -safemode 命令包含的参数

参 数	解 释
enter	进入安全模式
leave	离开安全模式
get	获取当前安全模式信息

-safemode 命令语法格式如下。

```
hdfs dfsadmin -safemode enter|leave|get|
```

使用 -safemode 命令开启 HDFS 安全模式并在查看当前情况后离开，如图 2-33 所示。

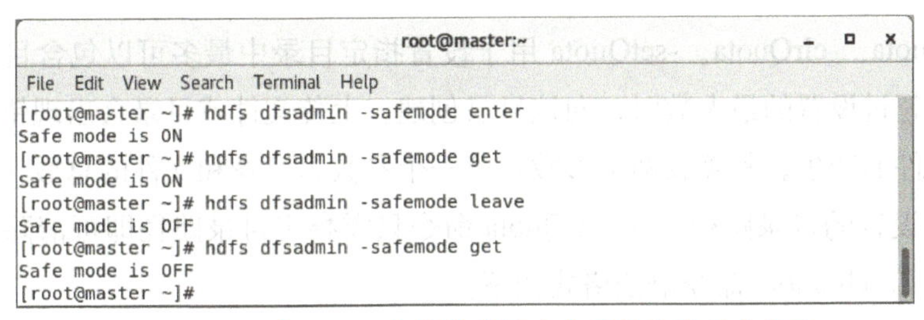

图 2-33 开启 HDFS 安全模式并在查看当前情况后离开

● -restoreFailedStorage。-restoreFailedStorage 命令主用于设置存储副本恢复操作，可以自动尝试恢复失败的存储副本，当该副本再次可用时，系统会在检查点期间尝试恢复对该副本的编辑。-restoreFailedStorage 命令包含的参数见表 2-6。

表 2-6 -restoreFailedStorage 命令包含的参数

参 数	解 释
true	开启存储副本恢复操作
false	关闭存储副本恢复操作
check	检查存储副本恢复操作状态

-restoreFailedStorage 命令语法格式如下。

```
hdfs dfsadmin -restoreFailedStorage true|false|check
```

使用 -restoreFailedStorage 命令开启存储副本恢复操作并在检查当前状态后关闭，如图 2-34 所示。

● -finalizeUpgrade。-finalizeUpgrade 命令可以将 DataNode 和 NameNode 上存储的旧

版本 HDFS 数据移除后进行更新操作。-finalizeUpgrade 命令语法格式如下。

```
hdfs dfsadmin -finalizeUpgrade
```

```
root@master:~
File Edit View Search Terminal Help
[root@master ~]# hdfs dfsadmin -restoreFailedStorage true
restoreFailedStorage is set to true
[root@master ~]# hdfs dfsadmin -restoreFailedStorage check
restoreFailedStorage is set to true
[root@master ~]# hdfs dfsadmin -restoreFailedStorage false
restoreFailedStorage is set to false
[root@master ~]# hdfs dfsadmin -restoreFailedStorage check
restoreFailedStorage is set to false
[root@master ~]#
```

图 2-34　开启存储副本恢复操作并在检查当前状态后关闭

使用 -finalizeUpgrade 命令更新 HDFS，如图 2-35 所示。

```
root@master:~
File Edit View Search Terminal Help
[root@master ~]# hdfs dfsadmin -finalizeUpgrade
Finalize upgrade successful
[root@master ~]#
```

图 2-35　更新 HDFS

- -setQuota、-clrQuota。-setQuota 用于设置指定目录中最多可以包含目录和文件的总数。当文件数超过设置的最大数时，向该目录创建、上传文件或目录会出现错误，极大地保证了大量小文件的产生。其接收两个参数：第一个参数为目录和文件的总数，即配额；第二个参数为需要设置的目录路径。而 -clrQuota 命令只需指定目录路径即可清除指定文件的配额。-setQuota 和 -clrQuota 命令语法格式如下。

```
// 设置配额
hdfs dfsadmin -setQuota 配额 目录路径
// 清除配额
hdfs dfsadmin -clrQuota 目录路径
```

使用 -setQuota 命令将 HDFS 的 FolderDirectory 目录的配额设置为 1，即最多包含目录和文件总数为 1，如图 2-36 所示。通过在 FolderDirectory 目录上创建目录进行测试，如图 2-37 所示。之后清除配额，如图 2-38 所示。再次创建目录以进行测试并通过 HDFS 监控界面查看，如图 2-39 所示。

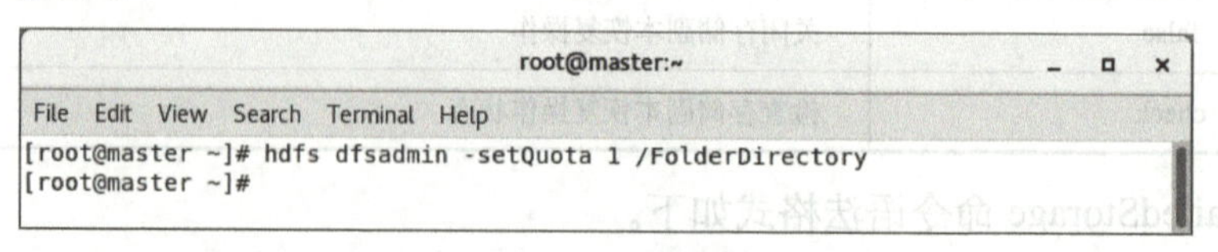

图 2-36　配额设置

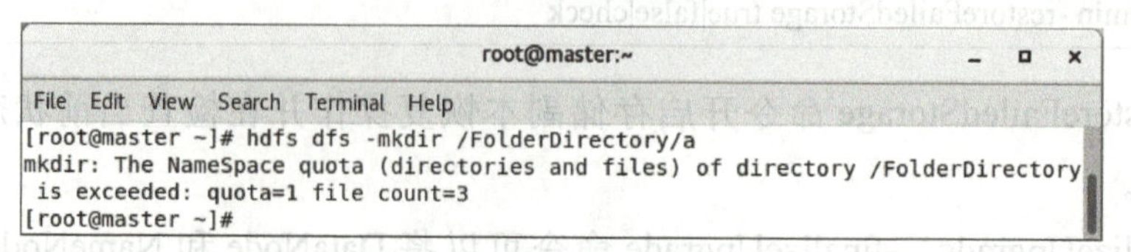

图 2-37　创建目录

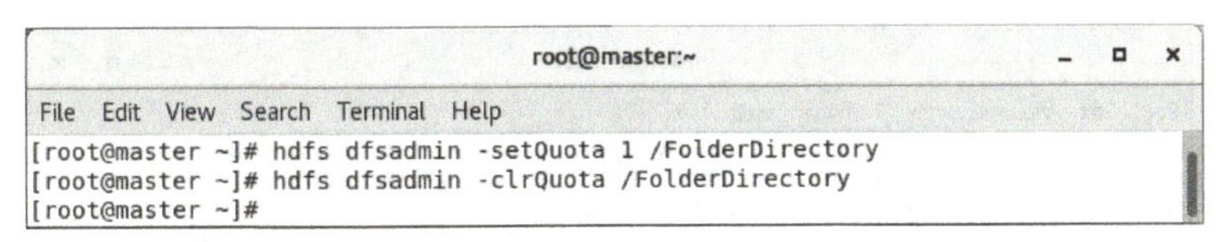

图 2-38 清除配额

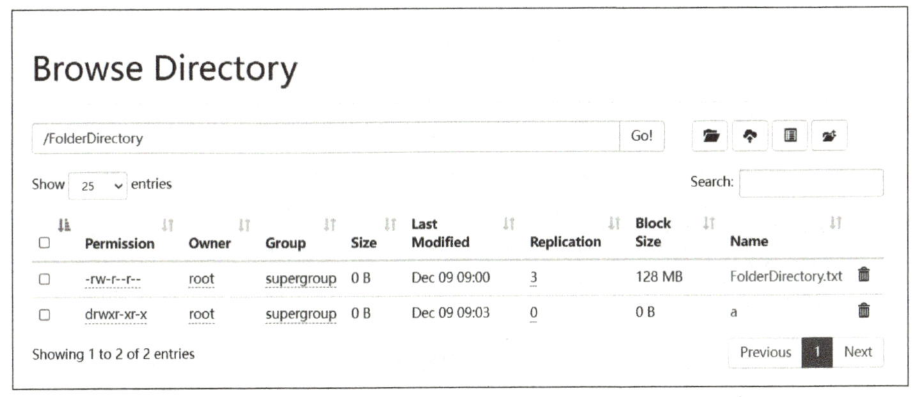

图 2-39 查看结果

● -setSpaceQuota、-clrSpaceQuota。-setSpaceQuota 和 -clrSpaceQuota 命令同样用于配额的操作，不同的是，-setSpaceQuota 和 -clrSpaceQuota 用于空间配额的操作。其中，-setSpaceQuota 可以根据需求进行目录空间的设置，当文件或目录包含的数据超过设置空间时，则不再允许向该目录添加任何内容，极大地保证了 HDFS 存储空间的利用率。其接收两个参数：第一个参数为空间大小，单位为 B，即空间配额；第二个参数为需要设置的目录路径。而 -clrSpaceQuota 命令只需指定目录路径即可清除指定文件的空间配额。-setSpaceQuota 和 -clrSpaceQuota 命令语法格式如下。

```
// 设置配额
hdfs dfsadmin -setSpaceQuota 空间配额 目录路径
// 清除配额
hdfs dfsadmin -clrSpaceQuota 目录路径
```

使用 -setSpaceQuota 命令将 HDFS 的 FolderDirectory 目录空间配额设置为 1KB，如图 2-40 所示。之后通过向 FolderDirectory 目录上传包含内容的文件进行测试，如图 2-41 所示。然后使用 -clrSpaceQuota 命令清除配额，如图 2-42 所示。最后再次上传文件并通过 HDFS 监控界面查看，如图 2-43 所示。

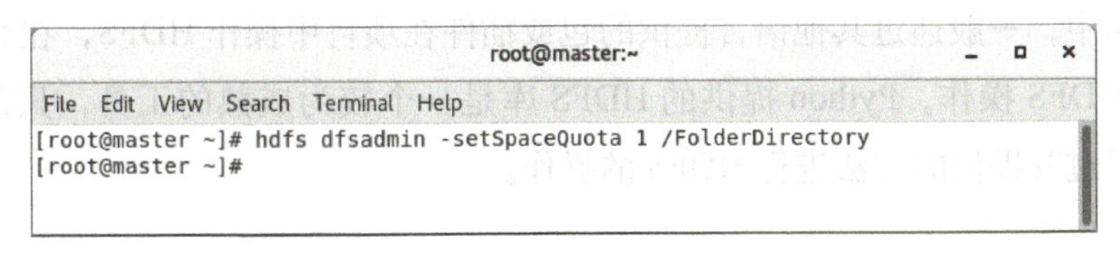

图 2-40 空间配额设置

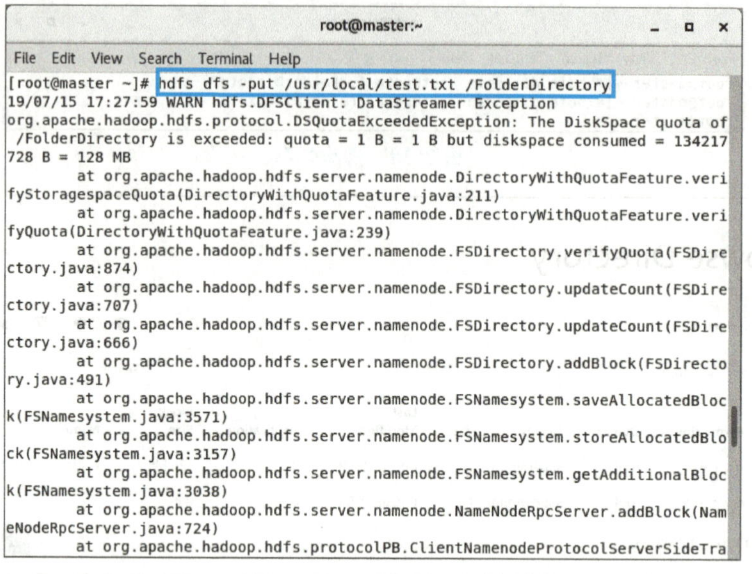

图 2-41　上传文件

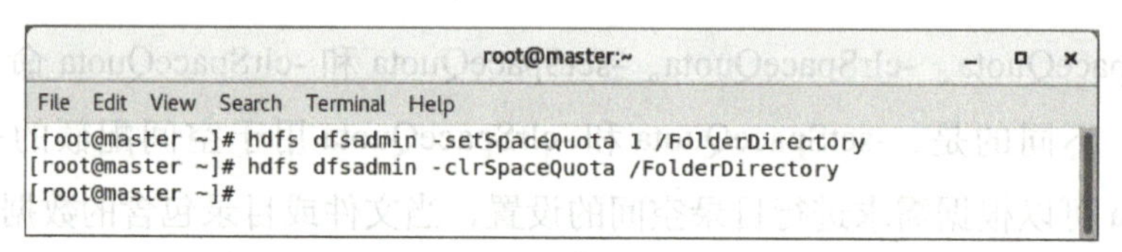

图 2-42　清除配额

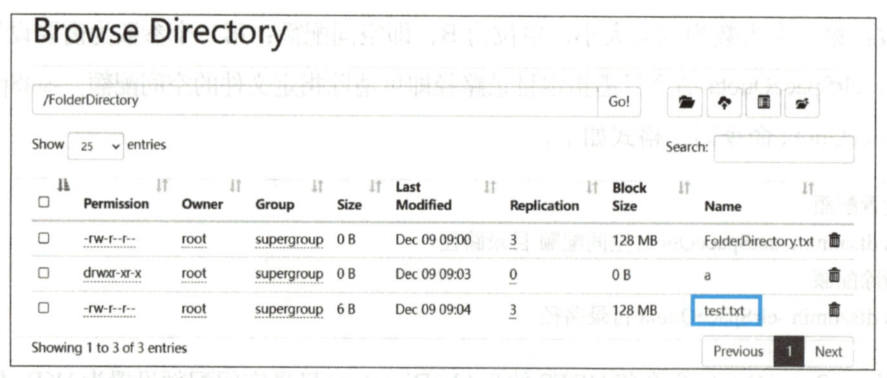

图 2-43　查看结果

技能点三　Python HDFS 库文件操作

在进行 HDFS 的相关操作时，通过命令窗口方式操作 HDFS 的便捷性、灵活性较低。在实际的操作中，一般通过其他语言提供的包或插件在项目中操作 HDFS，在有需要时自动执行相关的 HDFS 操作。Python 提供的 HDFS 库是一个较为成熟的工具，只需连接 HDFS 成功后即可通过其提供的方法进行 HDFS 的操作。

1．HDFS 库安装

要使用 Python 进行 HDFS 文件操作时，首先保证系统已安装 HDFS 库，若未安装，则可执行 pip install hdfs 命令进行安装，步骤如下。

第一步：HDFS 库安装。

Python 的 HDFS 库的安装是非常简单的，只需使用 pip 命令即可。如果网不稳定，则可使用源码包安装方式。HDFS 库的安装命令如下。

```
[root@master ~]# pip install hdfs
```

结果如图 2-44 所示。

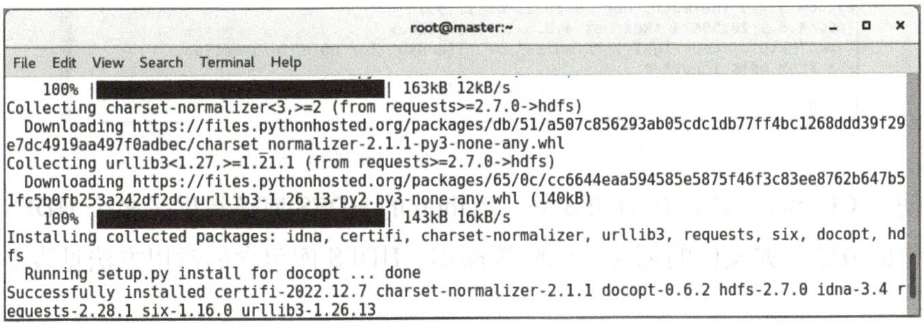

```
root@master:~
File  Edit  View  Search  Terminal  Help
    100% |████████████████████████████████| 163kB 12kB/s
Collecting charset-normalizer<3,>=2 (from requests>=2.7.0->hdfs)
  Downloading https://files.pythonhosted.org/packages/db/51/a507c856293ab05cdc1db77ff4bc1268ddd39f29
e7dc4919aa497f0adbec/charset_normalizer-2.1.1-py3-none-any.whl
Collecting urllib3<1.27,>=1.21.1 (from requests>=2.7.0->hdfs)
  Downloading https://files.pythonhosted.org/packages/65/0c/cc6644eaa594585e5875f46f3c83ee8762b647b5
1fc5b0fb253a242df2dc/urllib3-1.26.13-py2.py3-none-any.whl (140kB)
    100% |████████████████████████████████| 143kB 16kB/s
Installing collected packages: idna, certifi, charset-normalizer, urllib3, requests, six, docopt, hd
fs
  Running setup.py install for docopt ... done
Successfully installed certifi-2022.12.7 charset-normalizer-2.1.1 docopt-0.6.2 hdfs-2.7.0 idna-3.4 r
equests-2.28.1 six-1.16.0 urllib3-1.26.13
```

图 2-44　HDFS 库安装结果

第二步：安装成功验证。

HDFS 库安装完成后，需要验证 HDFS 库是否安装成功。此时可打开命令窗口，使用 import 方式导入 HDFS 库，如果没有出现错误，即可说明 HDFS 库安装成功，之后就可以在 Python 代码中进行 HDFS 的操作了。HDFS 安装成功结果如图 2-45 所示。

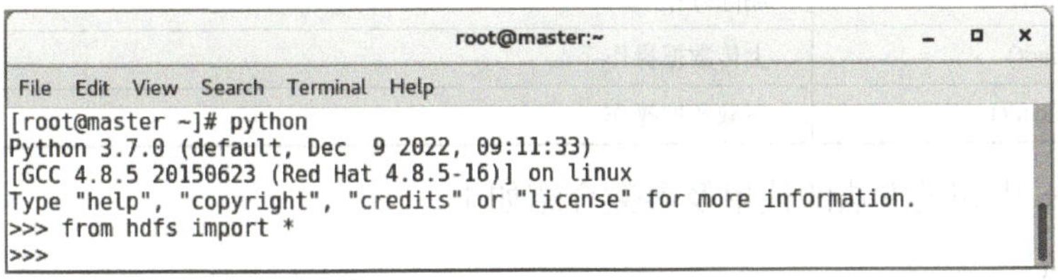

```
root@master:~
File  Edit  View  Search  Terminal  Help
[root@master ~]# python
Python 3.7.0 (default, Dec  9 2022, 09:11:33)
[GCC 4.8.5 20150623 (Red Hat 4.8.5-16)] on linux
Type "help", "copyright", "credits" or "license" for more information.
>>> from hdfs import *
>>>
```

图 2-45　HDFS 安装成功结果

2. HDFS 库方法

在 Python 中进行 HDFS 的相关操作之前，还需进行 HDFS 的连接，连接完成后，就可以实现对 HDFS 的操作了。Python 提供了一个 Client() 方法用于实现 HDFS 的连接，只需传入 HDFS 服务地址即可连接 HDFS。除了包含地址参数外，Client() 方法包含的其他部分参数见表 2-7。

表 2-7　Client() 方法包含的其他部分参数

参　数	解　释
url	指定格式为“ip: 端口”
root	指定的 HDFS 根目录
proxy	指定登录的用户
timeout	设置连接超时时间
session	指定用户发送请求

使用 Client() 连接 HDFS 语法格式如下。

```
from hdfs import *
client = Client("HDFS 服务地址 ")
```

结果如图 2-46 所示。

```
root@master:~
File  Edit  View  Search  Terminal  Help
[root@master ~]# python
Python 3.7.0 (default, Dec  9 2022, 09:11:33)
[GCC 4.8.5 20150623 (Red Hat 4.8.5-16)] on linux
Type "help", "copyright", "credits" or "license" for more information.
>>> from hdfs import *
>>> client = Client("http://127.0.0.1:50070")
>>>
```

图 2-46　Python 连接 HDFS 的结果

除了使用 Client() 方法连接 HDFS 外，Python 的 HDFS 库还提供了多个 HDFS 连接后对其进行操作的方法，如文件的创建、删除等操作。HDFS 库包含的常用方法见表 2-8。

表 2-8　HDFS 库包含的常用方法

方　法	解 释 说 明
status()	获取路径具体信息
list()	获取指定路径的子目录信息
makedirs()	创建目录
rename()	重命名操作
delete()	删除操作
upload()	上传数据操作
download()	下载数据操作

关于表 2-8 中相关方法的使用及参数介绍如下。

（1）status()

status() 方法主要用于获取路径具体信息。其接收两个参数：第一个参数为 hdfs_path，就是 HDFS 路径；第二参数为 strict，有两个值，即 True 和 False，设置为 True 时，如果 hdfs_path 路径不存在就会抛出异常，设置为 False 时，如果路径为不存在则返回 None。status() 语法格式如下。

```
Client.status(hdfs_path,strict=True)
```

结果如图 2-47 所示。

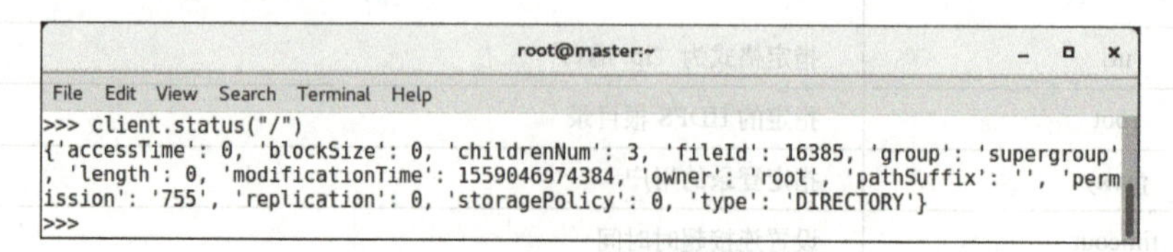

图 2-47　获取路径信息结果

（2）list()

list() 方法主要用于获取指定路径的子目录信息。其同样接收两个参数：第一个参数为 hdfs_path，表示 HDFS 路径；第二个参数为 status，值为 True 和 False，默认为 Flase，当为 True 时，返回子目录的状态信息。list() 语法格式如下。

```
Client.list(hdfs_path,status=True)
```

结果如图 2-48 所示。

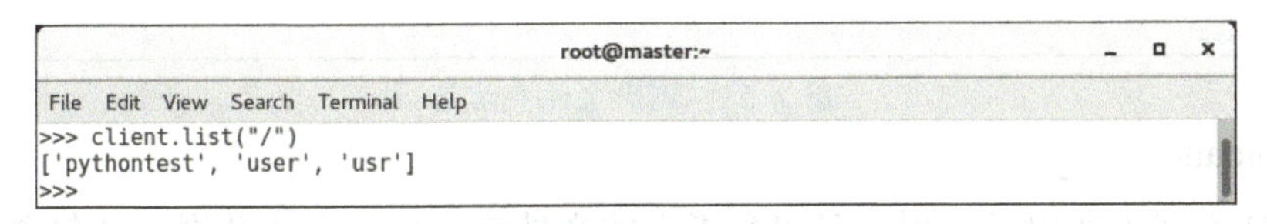

图 2-48　获取子目录结果

（3）makedirs()

list() 方法主要用于创建目录。其同样接收两个参数：第一个参数为 hdfs_path，表示 HDFS 目录文件夹；第二个参数为 permission，用于设置权限。makedirs() 语法格式如下。

```
Client.makedirs(hdfs_path,permission=None)
```

结果如图 2-49 所示。

```
root@master:/Python-3.7.0
File Edit View Search Terminal Help
>>> client.makedirs("/test")
>>> client.list("/")
['pythontest', 'test', 'user', 'usr']
>>>
```

图 2-49　创建目录结果

（4）rename()

rename() 方法主要用于 HDFS 中文件或目录的重命名操作。其接收两个参数：第一个参数为 name，表示需要修改的文件（带路径）；第二个参数为 new_name，表示新的文件名（带路径）。rename() 语法格式如下。

```
Client.rename(name, new_name)
```

结果如图 2-50 所示。

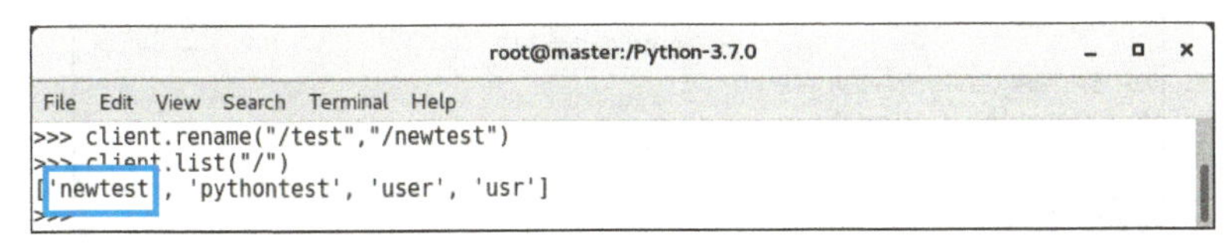

图 2-50　目录重命名结果

（5）delete()

delete() 方法主要用于删除 HDFS 上指定的文件或文件夹。与以上几种方法参数数量相同：第一个参数为 hdfs_path，表示 HDFS 指定的文件夹路径；第二个参数为 recursive，表示需要被删除的文件和其子目录，值为 True 和 False，默认为 False，设置为 False 时，若文件或目录不存在，则会抛出异常。delete() 语法格式如下。

```
Client.delete(hdfs_path, recursive=False)
```

结果如图 2-51 所示。

```
root@master:/Python-3.7.0
File Edit View Search Terminal Help
>>> client.delete("/newtest")
True
>>> client.list("/")
['pythontest', 'user', 'usr']
>>>
```

图 2-51　删除文件夹结果

（6）upload()

upload() 方法主要用于实现向 HDFS 指定的文件或文件夹上传数据，其包含多个参数，通过不同参数的设置可以定义不同的上传结果，如上传已存在的内容，则可以进行覆盖上传。upload() 方法包含的部分参数见表 2-9。

表 2-9　upload() 方法包含的部分参数

参　数	解释说明
hdfs_path	HDFS 路径
local_path	本地路径
overwrite	是否是覆盖性上传文件
n_threads	启动的线程数目
temp_dir	当 overwrite=True 时，远程文件一旦存在，则会在上传完之后进行交换
chunk_size	文件上传的大小区间
progress	回调函数来跟踪进度。它将传递两个参数：文件上传的路径和传输的字节数。一旦完成，-1 将作为第二个参数
cleanup	在上传任何文件时发生错误，则删除该文件

upload() 语法格式如下。

```
Client.upload(hdfs_path,local_path,overwrite=False,n_threads=1,temp_dir=None, chunk_size=65536,progress=None,
cleanup=True, **kwargs)
```

结果如图 2-52 所示。

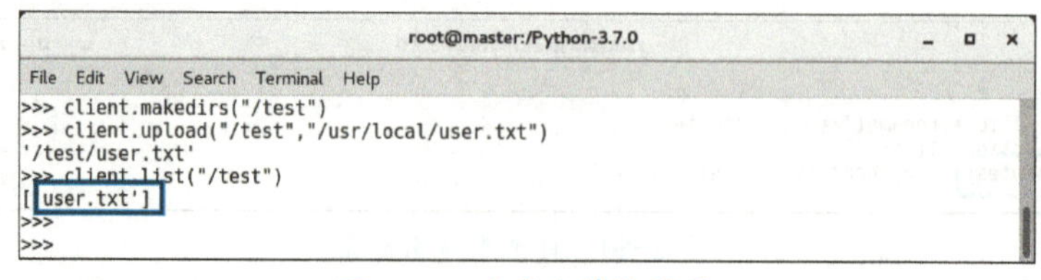

图 2-52　文件夹替换结果

（7）download()

download() 方法主要用于下载 HDFS 上指定的文件或文件夹，与 upload() 方法的功能相反，并且包含的参数基本相同。download() 方法包含的部分参数见表 2-10。

表 2-10　download() 方法包含的部分参数

参　数	解 释 说 明
hdfs_path	HDFS 路径
local_path	本地路径
overwrite	是否是覆盖性下载文件
n_threads	启动的线程数目
temp_dir	当 overwrite=True 时，本地文件一旦存在，则会在下载完之后进行交换

download() 语法格式如下。

```
Client.download(hdfs_path,local_path,overwrite=False, n_threads=1, temp_dir=None, **kwargs)
```

结果如图 2-53 所示。

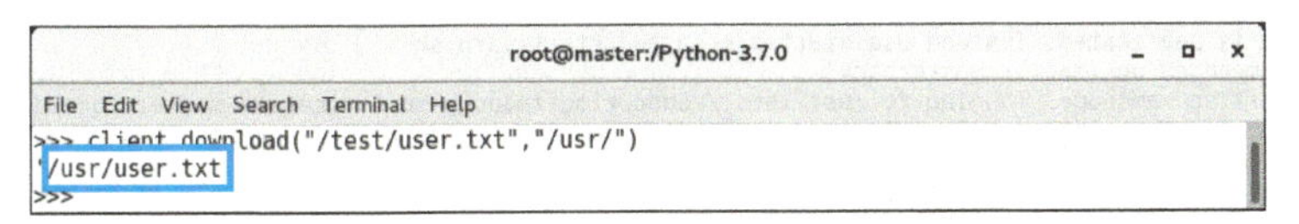

图 2-53　文件夹下载结果

任务实施

【任务目的】

通过任务实施，读者可完成 Hadoop 分布式文件系统的搭建，能够启动 Hadoop 的各种进程，并且能够在 HDFS 上进行文件和文件夹的各种操作，了解各种指令的含义，并能在 Hadoop 环境下进行各种指令操作。

【任务流程】

任务流程如图 2-54 所示。

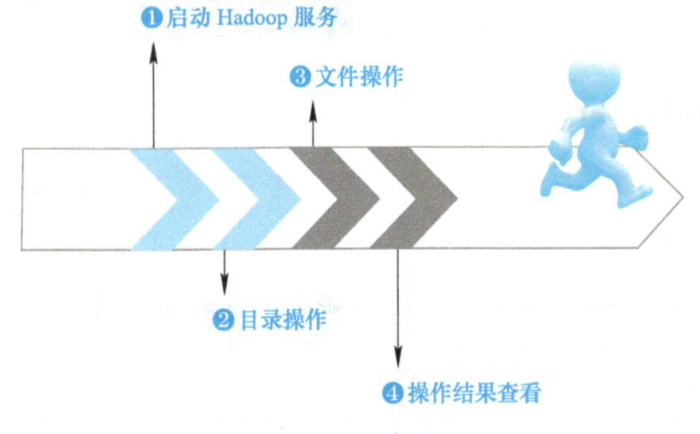

图 2-54　任务流程

【任务步骤】

第一步：启动 Hadoop 集群服务。

打开命令窗口，在系统根目录下输入 Hadoop 集群服务启动命令，启动 Hadoop 集群服务，命令如下。

```
[root@master ~]# start-all.sh
```

结果如图 2-55 所示。

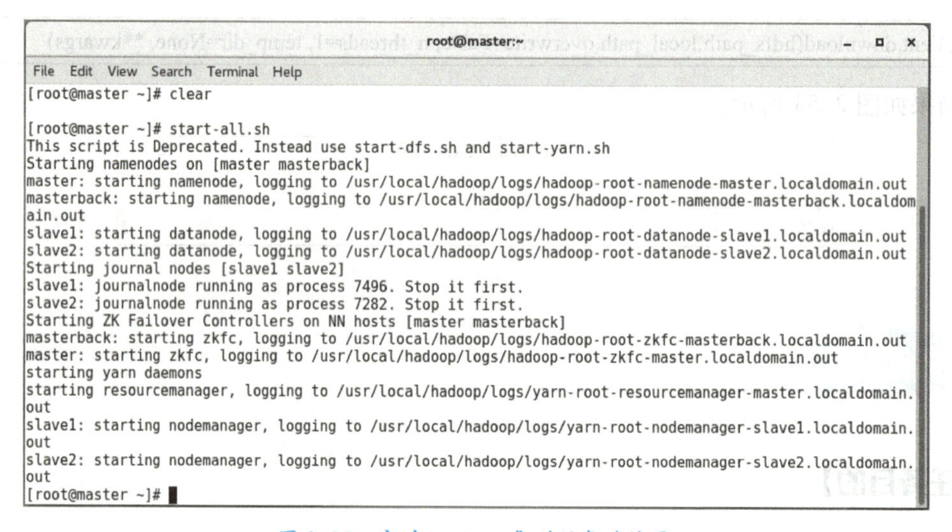

图 2-55　启动 Hadoop 集群服务的结果

第二步：创建日志文件夹。

启动 Hadoop 集群服务完成后，进入 HDFS 根目录，通过 -mkdir 命令创建日志文件夹并使用身份证后 8 位数字为文件夹命名，命令如下。

```
[root@master ~]# hadoop fs -mkdir /99990000
```

结果如图 2-56 所示。

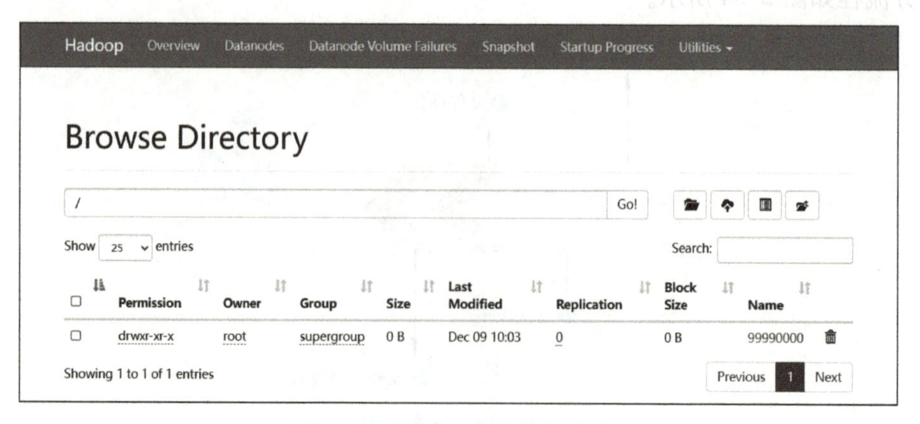

图 2-56　创建日志文件夹结果

第三步：日志文件上传。

日志文件夹创建成功后，即可通过 -put 命令将本地 Hadoop 日志文件上传到新建立的日志文件夹中，命令如下。

```
[root@master ~]# hadoop fs -put /usr/local/hadoop/logs/hadoop-root-namenode-master.localdomain.log /99990000
```

结果如图 2-57 所示。

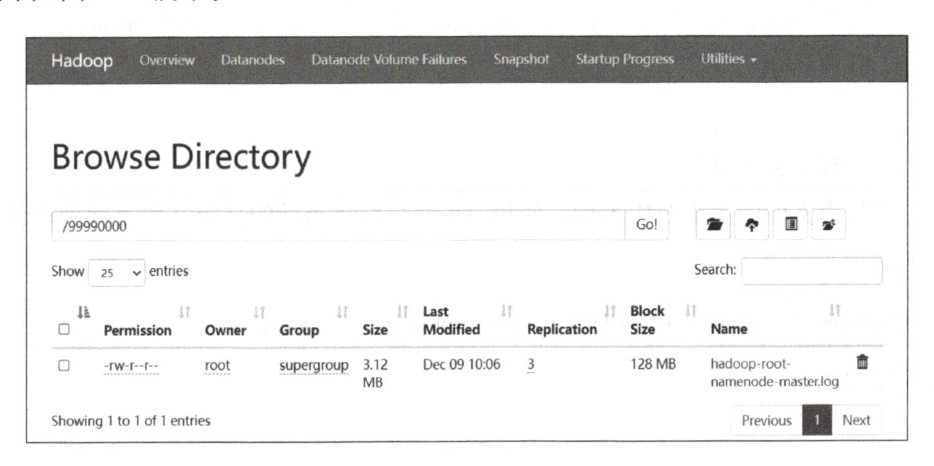

图 2-57　日志文件上传结果

第四步：文件大小查看。

日志文件上传成功后，还需通过 -cat 命令对上传的日志文件大小进行查看，文件大小查看命令如下。

```
[root@master ~]# hdfs dfs -cat /99990000/ hadoop-root-namenode-master.log
```

结果如图 2-58 所示。

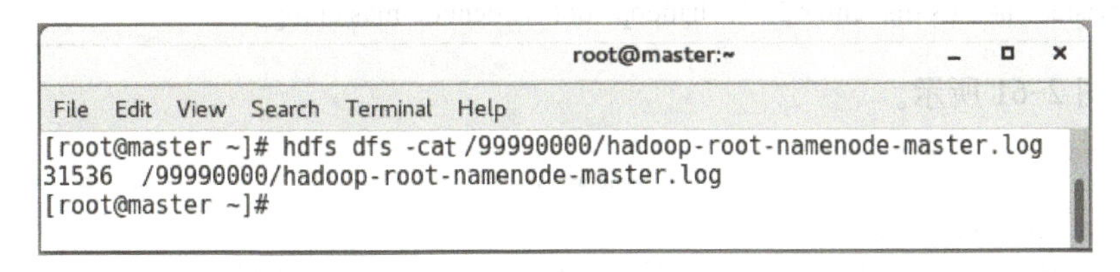

图 2-58　文件大小查看结果

第五步：文件内容查看。

查看日志文件大小后，可通过 -cat 参数查看上传的日志文件内容，文件内容查看命令如下。

```
[root@master ~]# hadoop fs -cat /99990000/ hadoop-root-namenode-master.localdomain.log
```

结果如图 2-59 所示。

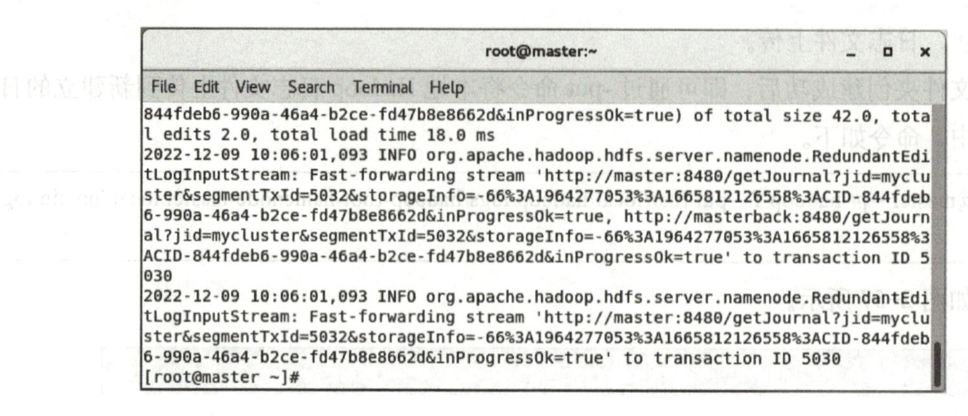

图 2-59　文件内容查看结果

第六步： 日志文件复制。

在查看日志文件的大小及内容后，使用 -cp 命令可将当前的日志文件复制到根目录下，命令如下。

```
[root@master ~]# hdfs dfs -cp /99990000/ hadoop-root-namenode-master.log /
```

结果如图 2-60 所示。

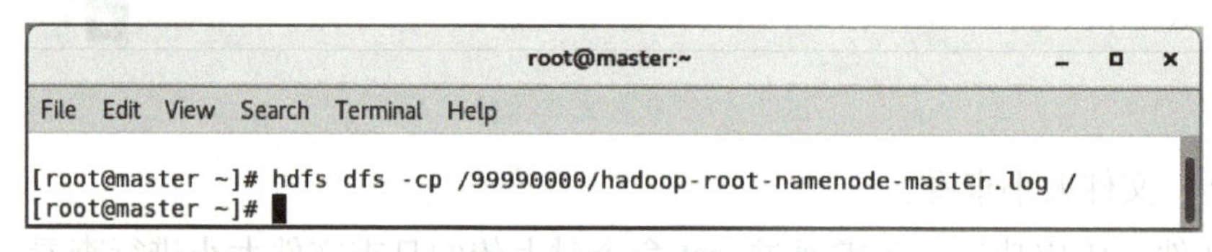

图 2-60　日志文件复制结果

第七步： 日志文件权限设置。

当日志文件复制到根目录后，为防止权限问题发生，通过 -chmod 命令将根目录日志文件权限修改为 777（最高权限），命令如下。

```
[root@master ~]# hdfs dfs -chmod 777 /hadoop-root-namenode-master.log
```

结果如图 2-61 所示。

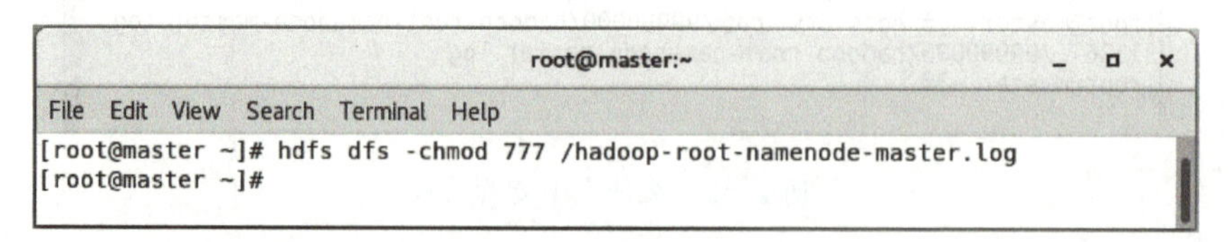

图 2-61　日志文件权限设置

第八步： 文件所属用户设置。

除了进行日志文件权限的设置外，还需通过 -chown 参数修改根目录日志文件所属用户，命令如下。

```
[root@master ~]# hdfs dfs -chown hhx /hadoop-root-namenode-master.log
```

结果如图 2-62 所示。

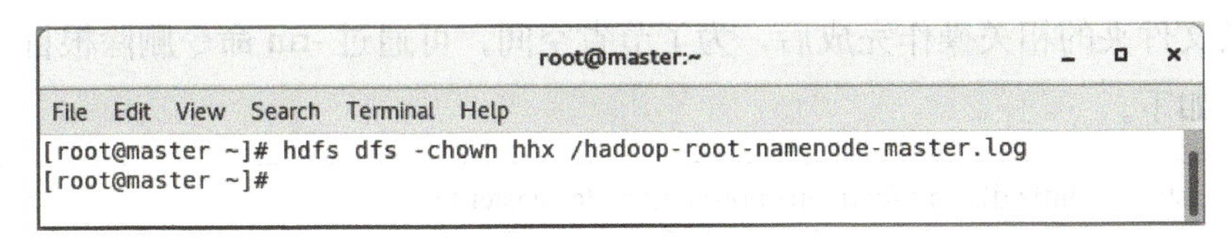

图 2-62　文件所属用户设置结果

第九步：文件所属组别设置。

所属用户设置完成后，可使用 -chgrp 命令将文件夹中所有文件的所属组别进行修改，命令如下。

```
[root@master ~]# hadoop fs -chgrp -R hhx /99990000/
```

结果如图 2-63 所示。

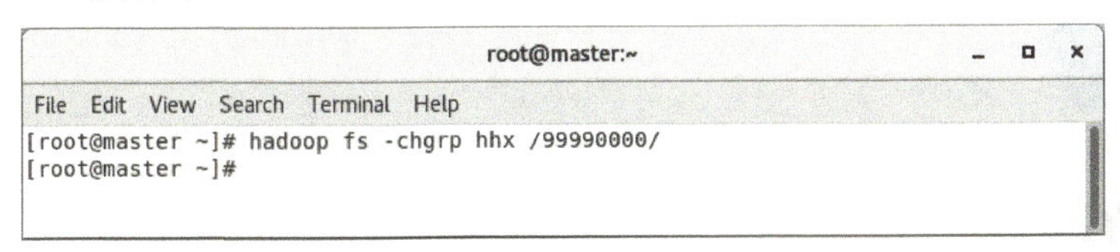

图 2-63　文件所属组别设置

第十步：文件夹大小统计。

统计文件夹中文件的大小同样是必不可少的操作，通过 -count 命令可以实现，命令如下。

```
[root@master ~]# hadoop fs -count /99990000
```

结果如图 2-64 所示。

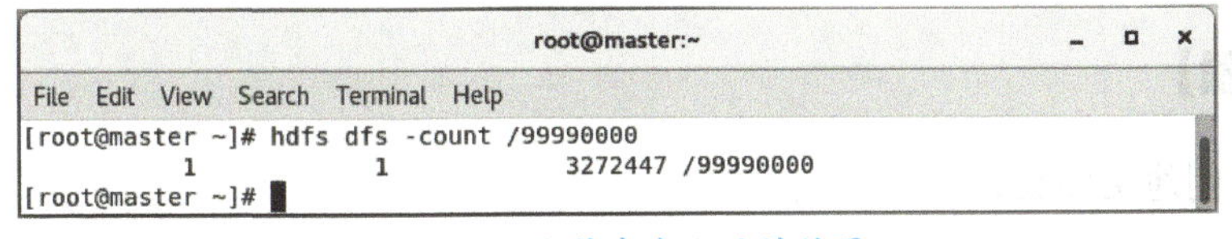

图 2-64　文件夹大小统计结果

第十一步：目录结构显示。

在对日志文件进行一系列操作后，可通过 -ls 命令使用递归方式显示根目录的目录结构，命令如下。

```
[root@master ~]# hadoop fs -ls -R /
```

结果如图 2-65 所示。

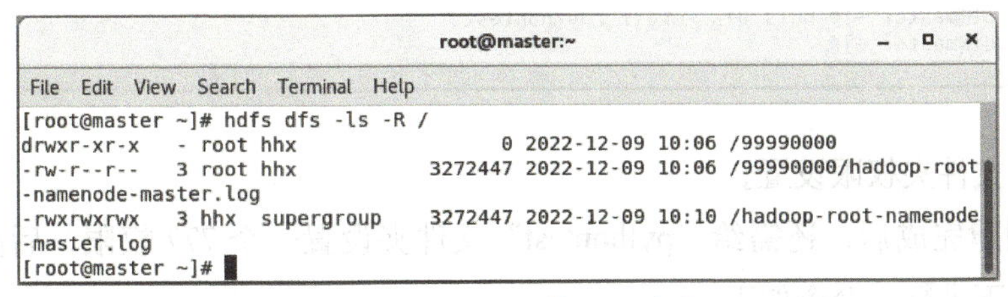

图 2-65　目录结构显示结果

第十二步： 日志文件删除。

文件及文件夹的相关操作完成后，为了节省空间，可通过 -rm 命令删除根目录下的日志文件，命令如下。

```
[root@master ~]# hdfs dfs -rm /hadoop-root-namenode-master.log
```

结果如图 2-66 所示。

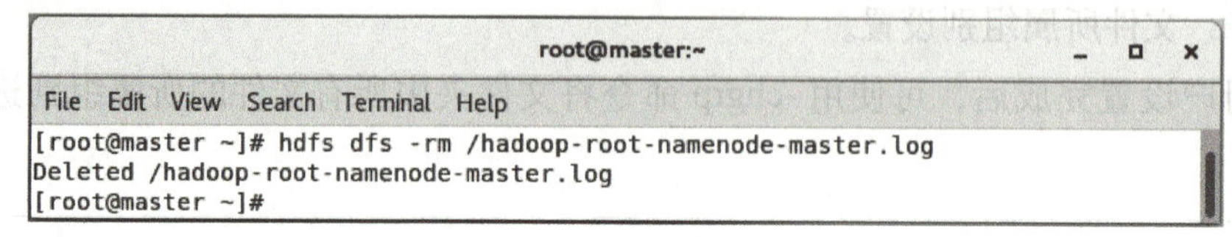

图 2-66　日志文件删除结果

任务拓展

【拓展目的】

熟练运用 Python 操作 HDFS 的相关知识，掌握 HDFS 库的基本操作。

【拓展内容】

使用本项目介绍的技术和方法，创建文件夹并将 Hadoop 日志文件上传到该文件夹中。

【拓展步骤】

第一步： 创建文件夹。

HDFS 库安装完成，在使用时引入即可。之后在 HDFS 上创建一个名为“pythontest”的文件夹，命令如下。

```
[root@master ~]# hadoop fs -mkdir /pythontest
```

结果如图 2-67 所示。

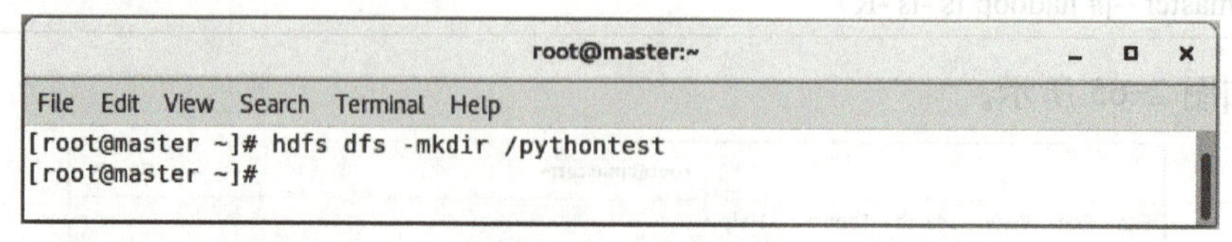

图 2-67　创建文件夹

第二步： 文件夹权限设置。

文件夹创建完成后，还需给“pythontest”文件夹设置一个 777 权限，后面的相关操作都在这个目录下进行，命令如下。

```
[root@master ~]# hadoop fs -chmod 777 /pythontest
```

结果如图 2-68 所示。

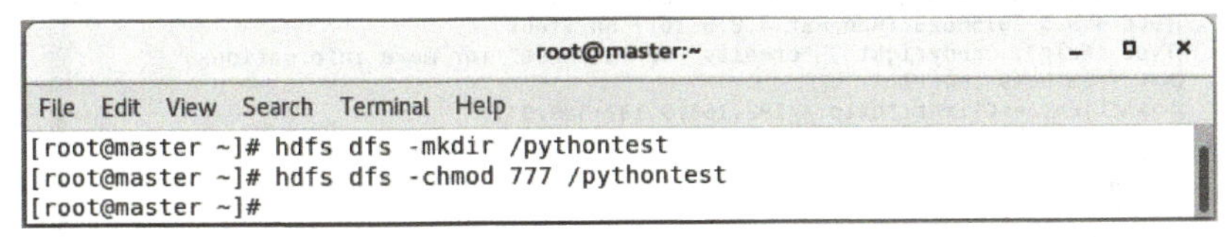

图 2-68　文件夹权限设置

第三步：开启 Python Shell。

权限设置完成后，在当前命令窗口输入“python”命令，即可进入 Python 的编辑模式，如图 2-69 所示。

```
[root@master ~]# python
Python 3.7.0 (default, Dec  9 2022, 09:11:33)
[GCC 4.8.5 20150623 (Red Hat 4.8.5-16)] on linux
Type "help", "copyright", "credits" or "license" for more information.
>>>
```

图 2-69　开启 Python Shell

第四步：HDFS 库导入。

Python Shell 开启后，即可进行代码的编写，使用 Python 第三方库导入方法导入 HDFS 库，命令如下。

```
from hdfs import *
```

第五步：连接端口。

HDFS 库导入完成后，在进行相关操作前还需连接 HDFS 的对应端口，命令如下。

```
client = Client("http://127.0.0.1:50070")
```

结果如图 2-70 所示。

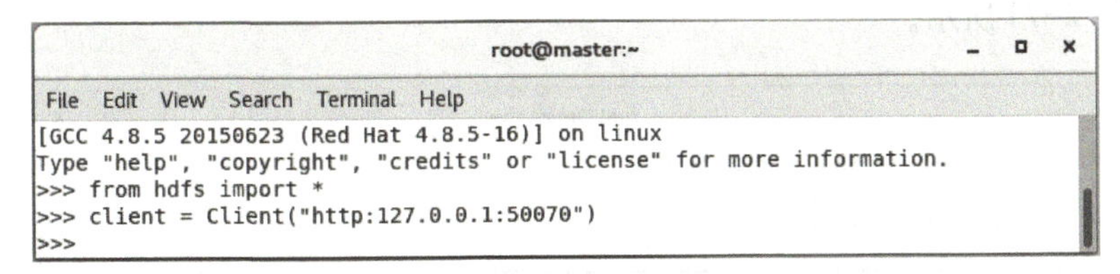

图 2-70　连接端口

第六步：文件夹信息查看。

在使用“pythontest”文件夹之前，还需进行文件夹信息的查看，命令如下。

```
client.list("/")
```

结果如图 2-71 所示。

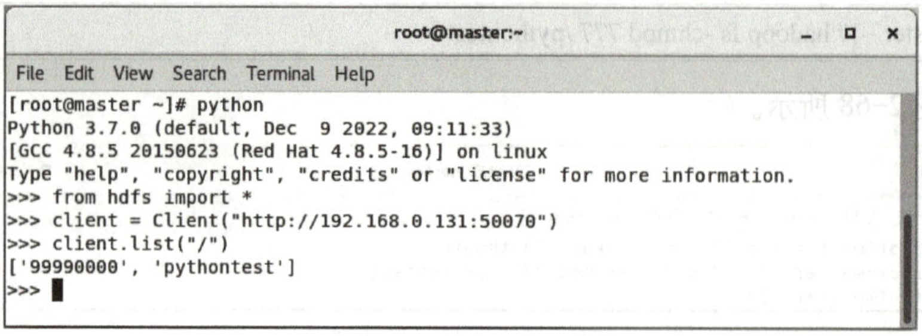

```
root@master:~
File Edit View Search Terminal Help
[root@master ~]# python
Python 3.7.0 (default, Dec  9 2022, 09:11:33)
[GCC 4.8.5 20150623 (Red Hat 4.8.5-16)] on linux
Type "help", "copyright", "credits" or "license" for more information.
>>> from hdfs import *
>>> client = Client("http://192.168.0.131:50070")
>>> client.list("/")
['99990000', 'pythontest']
>>>
```

图 2-71　文件夹信息查看

第七步：上传文件。

当文件夹的相关检查完毕后，就可以上传 Hadoop 日志文件到“pythontest”文件夹，命令如下。

```
client.upload("/pythontest","/usr/local/hadoop/logs/hadoop-root-namenode-master.log")
```

结果如图 2-72 所示。

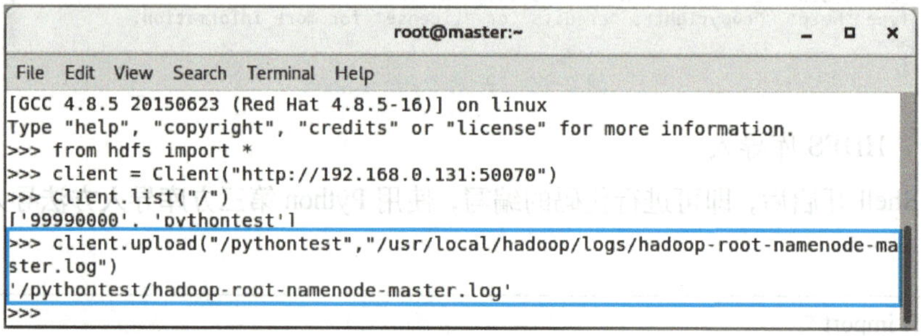

```
root@master:~
File Edit View Search Terminal Help
[GCC 4.8.5 20150623 (Red Hat 4.8.5-16)] on linux
Type "help", "copyright", "credits" or "license" for more information.
>>> from hdfs import *
>>> client = Client("http://192.168.0.131:50070")
>>> client.list("/")
['99990000', 'pythontest']
>>> client.upload("/pythontest","/usr/local/hadoop/logs/hadoop-root-namenode-ma
ster.log")
'/pythontest/hadoop-root-namenode-master.log'
>>>
```

图 2-72　上传文件

第八步：上传判断。

文件上传完成后，其是否上传成功还不确定，因此需要查看是否上传成功，命令如下。

```
client.list("/pythontest")
```

结果如图 2-73 所示。

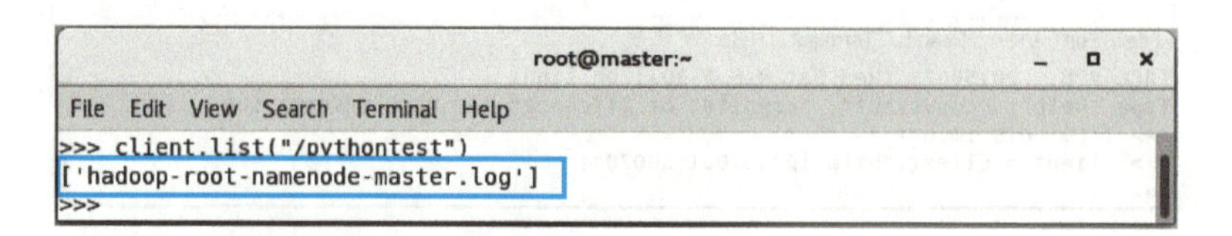

图 2-73　上传判断

在 Hadoop 服务启动的基础上，通过 Shell 命令和 Python HDFS 库实现移动端流量数据

分析项目中本地 ncmdp.txt 文件上传到 HDFS 的功能。步骤如下。

第一步： 使用 Shell 命令在 HDFS 上创建一个名为“phonelog”的文件夹，并将其权限修改为 777，命令如下。

```
[root@master ~]# hadoop fs -mkdir /phonelog
[root@master ~]# hadoop fs -chmod 777 /phonelog
[root@master ~]# hadoop fs -ls /
```

结果如图 2-74 所示。

```
root@master:~
File  Edit  View  Search  Terminal  Help
[root@master ~]# hdfs dfs -mkdir /phonelog
[root@master ~]# hdfs dfs -chmod 777 /phonelog
[root@master ~]# hdfs dfs -ls /
Found 3 items
drwxr-xr-x   - root hhx             0 2022-12-09 10:06 /99990000
drwxrwxrwx   - root supergroup      0 2022-12-09 11:15 /phonelog
drwxrwxrwx   - root supergroup      0 2022-12-09 11:07 /pythontest
[root@master ~]#
```

图 2-74　修改权限

第二步： 将“ncmdp.txt”数据文件上传到虚拟机中的“/usr/local”目录下，在“/usr/local”目录下创建名为“pythonHDFDS.py”的脚本文件，通过该脚本文件获取 HDFS 根目录的具体信息、在 HDFS 中“phonelog”目录下创建“input”目录并将“ncmdp.txt”文件上传到“/phonelog/input”目录下，命令如下。

```
[root@master ~]# vi /usr/local/pythonHDFDS.py
#!/bin/env python
# 导入 HDFS 库
from hdfs import *
# 链接 HDFS
client = Client("http://127.0.0.1:50070")
# 获取 HDFS 根目录具体信息
client.status("/")
# 取 HDFS 根目录下的文件目录信息
client.list("/")
# 创建 input 目录
client.makedirs("/phonelog/input")
# 上传日志文件
client.upload("/phonelog /input","/usr/local/ncmdp.txt")
# 读取日志文件数据，并输出前 200 字节数据
with client.read("/phonelog/input/ncmdp.txt","0","200") as reader:
    print(reader.read())
# 下载日志数据至本地 /usr 目录
client.download("/phonelog/input/ncmdp.txt","/usr")
```

pythonHDFDS.py 文件内容如图 2-75 所示。

```
root@master:~
File Edit View Search Terminal Help
#!/bin/env python
from hdfs import *
client = Client("http://192.168.0.131:50070")
client.status("/")
client.list("/")
client.makedirs("/phonelog/input")
client.upload("/phonelog/input","/usr/local/ncmdp.txt")
with client.read("/phonelog/input/ncmdp.txt","0","200") as reader:
    print(reader.read())
client.download("/phonelog/input/ncmdp.txt","/usr")
                                                    1,1          All
```

图 2-75　pythonHDFDS.py 文件内容

第三步： 执行 pythonHDFDS.py 脚本。进入“/usr”目录下，通过“ls”命令查看“/usr”目录下是否存在“ncmdp.txt”文件，命令如下。

```
[root@master ~]# python3 /usr/local/pythonHDFDS.py
[root@master ~]# cd /usr
[root@master usr]# ls
```

运行 pythonHDFDS.py 脚本如图 2-76 所示。

```
root@master:/usr
File Edit View Search Terminal Help
[root@master ~]# python /usr/local/pythonHDFS.py
b'1368607184116 1368607184116 10.80.58.44 10.80.58.44 35679 111.13.87.17 80
\xe6\x8e\x8c\xe4\xb8\xad\xe6\x96\xb0\xe6\xb5\xaa \xe7\x94\x9f\xe6\xb4\xbb\xe
8\xbd\xaf\xe4\xbb\xb6 \xe9\x97\xa8\xe6\x88\xb7 111.13.87.17 111.13.87.17 1 0
 66 0 200 2 0\r\n1368607188107 1368607188107 15287134073 10.80.33.'
[root@master ~]# cd /usr/
[root@master usr]# ls
bin  flink.bak  include  lib    libexec  ncmdp.txt  share  tmp
etc  games      java     lib64  local    sbin       src
[root@master usr]#
```

图 2-76　运行 pythonHDFDS.py 脚本

第四步： 通过命令方式查看 ncmdp.txt 数据文件是否已经上传到了 HDFS 的“phonelog/input”目录下，命令如下。

```
[root@master local]# hadoop fs -ls /phonelog/input
```

结果如图 2-77 所示。

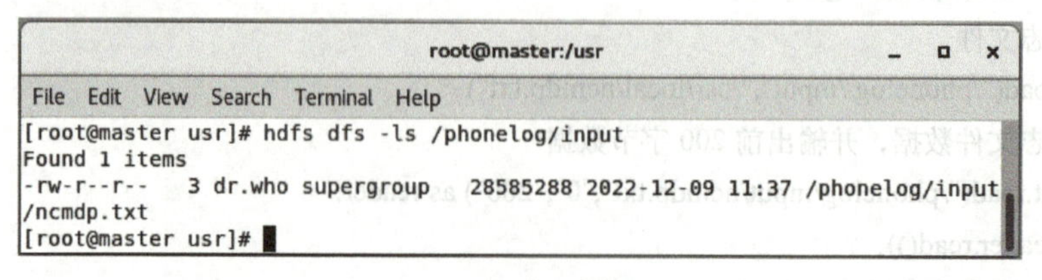

root@master:/usr
File Edit View Search Terminal Help
[root@master usr]# hdfs dfs -ls /phonelog/input
Found 1 items
-rw-r--r--   3 dr.who supergroup   28585288 2022-12-09 11:37 /phonelog/input
/ncmdp.txt
[root@master usr]#

图 2-77　文件上传结果

第五步： 通过访问 127.0.0.1:50070 查看日志详细分块信息，如图 2-78 所示。

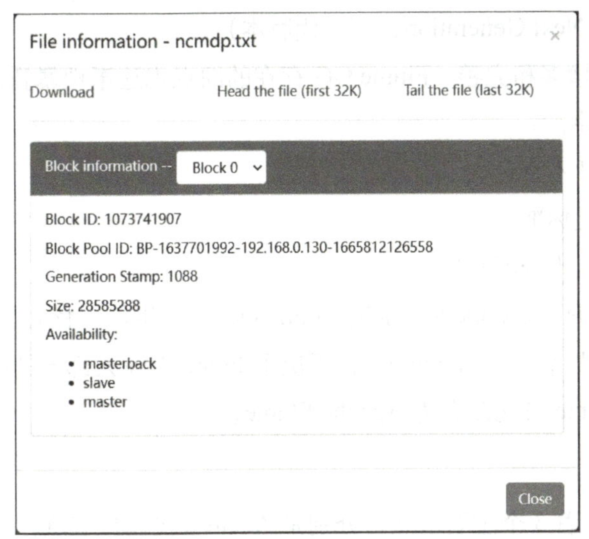

图 2-78 日志详细分块信息

任务 2 Flume 收集流量数据

任务分析

本次任务主要通过 Flume 日志采集工具将 httpd 服务器的日志信息采集到 HDFS 中，并将每天的数据保存到同一文件夹中。在任务实现过程中，简单讲解了 Flume 的相关概念和 Flume NG 基本架构，详细说明了 Flume 实现日志数据采集所需的命令和相关配置，并在任务实施案例中介绍了 Flume 相关命令的使用。

任务技能

技能点一 Flume

Flume 是一个由 Cloudera 开发的分布式、可靠、高可用的海量日志收集和传输系统，在提供数据收集功能的同时还可以对数据进行简单的处理并写入文本、HDFS、HBase 等，深受业界的认可。在 2009 年，Flume 加入 Hadoop，成为其相关组件之一，之后 Flume 不断地进行着版本升级和内部组件的完善，逐渐地提高开发过程中的便利性，现已成为 Apache 顶级项目之一。目前，Flume 存在两个版本：Flume OG（Flume Original Generation，原始版本）

和 Flume NG（Flume Next Generation，下一代版本）。

随着功能的逐渐增多和完善，Flume OG 存在的缺点也逐渐地暴露出来，部分缺点如下。

- 代码过于臃肿。
- 核心组件设计不合理。
- 核心配置缺乏标准。
- “日志传输”十分不稳定。

2011 年 10 月 22 日，Cloudera 完成对 Flume OG 核心组件、核心配置以及代码架构的重构，生成新的 Flume 版本——Flume NG，解决了 Flume OG 大部分的缺陷，并被 Apache 纳入旗下，Cloudera Flume 自此改名为 Apache Flume。

1．Flume OG

Flume OG 中存在着 3 个主要节点，分别是 Agent（代理）节点、Collector（收集）节点和 Master（主）节点，其中：

- Agent（代理）节点：可以有多个，负责从本地包含的数据源收集日志数据并发送到指定的 Collector（收集）节点。
- Collector（收集）节点：同样可以存在多个，用于汇总数据并发送到 HDFS 上进行存储。
- Master（主）节点：主要负责管理 Agent 节点、Collector 节点的活动。

Flume OG 架构如图 2-79 所示。

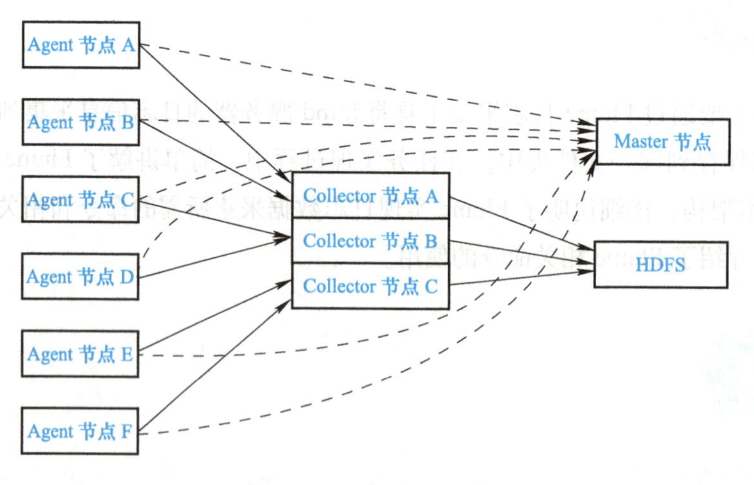

图 2-79　Flume OG 架构图

Agent 节点、Collector 节点可以被统称为节点，能够根据角色的配置分为 Logical Node（逻辑节点）、Physical Node（物理节点）两种，并且 Agent 节点和 Collector 节点都是由 Source 组件和 Sink 组件组成的，表示当前存在的数据可以从 Source 组件被传送到 Sink 组件。

Flume OG 通过 ZooKeeper 的依赖实现了很强的稳定性以及节点（Agent 节点、Collector 节点、Master 节点）工作的管理。除了使用 ZooKeeper 工具外，Flume OG 还能够通过内存的方式实现各类节点配置信息的管理，但需要注意的是，当机器出现故障时，配置信息有可能会丢失。

2. Flume NG

与Flume OG相比，Flume NG的节点角色的数量由3缩减到1，因此，不存在多类角色的问题，同时也不再需要ZooKeeper对各类节点进行协调，由此脱离对ZooKeeper的依赖。Flume NG作为Flume OG的升级版本，有着很多的优势，Flume NG的部分优点如下。

（1）可靠性

当节点出现故障时，程序会不停止地传送当前日志到其他节点，避免了因故障而出现文件丢失的情况。Flume NG提供了3种以event为单位进行传输的但级别不同的保障方式，按保障程度从强到弱依次如下。

- end-to-end：Agent收到数据后会立即将event写到磁盘上。当数据传送成功之后，则进行删除；如果数据发送失败，则重新发送。
- Store on failure：当数据接收节点发生故障时，首先将数据写到本地，等待数据接收节点恢复正常，然后继续发送。
- Best effort：直接将数据发送到接收节点，而不会进行节点状态的判断。

（2）可扩展性

Flume NG采用Agent、Collector和Storage的3层架构，每个层面均可水平扩展，使Flume NG的可扩展性得到了极大的提升。

（3）可管理性

Flume NG不仅通过Master节点对所有Agent节点和Collector节点进行统一管理，使得系统的监控和维护变得简单、容易，还提供了Web和Shell Script Command两种形式以实现数据流的管理。

（4）功能可扩展性

Flume NG有着很强大的功能可扩展性，用户不仅可以根据需要手动添加自己的Agent、Collector或Storage，还可以通过Flume NG自带的各种Agent（file、syslog等）、Collector和Storage（file、HDFS等）组件进行功能扩展。

（5）文档丰富，社区活跃

Flume NG已经成为Hadoop生态系统的标配，它的文档比较丰富，社区也比较活跃，方便学习。

技能点二 Flume核心概念

1. 核心组件

Flume中包含3个核心组件，分别为Source、Channel和Sink，说明如下。

- Source：数据源，指需要被收集的数据的来源。
- Channel：数据通道，负责临时存储和读取数据信息，然后交给 Sink，包含内存通道和文件通道。
- Sink：数据采集的目的地，将采集到的数据进行保存。

运行流程：Source 不断接收数据并将数据封装为若干个 event，然后将 event 发送给 Channel，Channel 作为一个缓冲区会临时存放这些 event 数据，随后 Sink 会将 Channel 中的 event 数据发送到指定的地方（如 HDFS 等）。

图 2-80 所示是一个 Flume 代理架构，架构中包含数据源、通道和接收器（用来设置数据采集的目的地）。

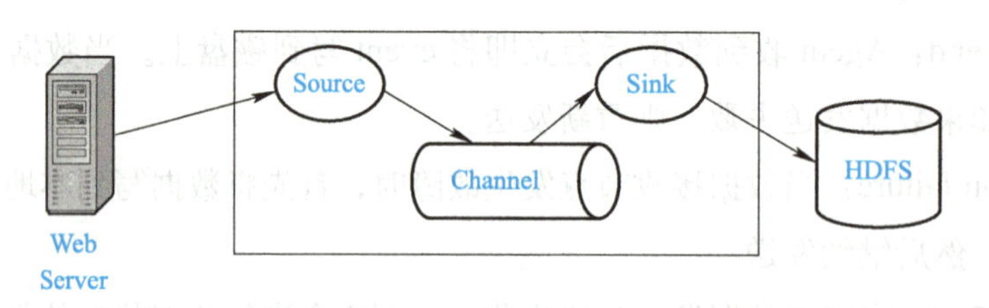

图 2-80 Flume 代理架构

事件是 Flume 传输的基本数据负载，由 0 个或者多个头与体组成。头是一些键值对，与 HTTP 头具有相同的功能——传递与体不同的额外信息；体是字节数组，包含类实际的负载，例如，输入文件由日志文件组成，那么该数据就非常类似于包含了单行文本的 UTF-8 编码的字符串。

Flume 可能会自动添加头（比如，添加了数据来源的主机名或者创建了事件的时间戳），不过基本上 Flume 不会受影响，除非在中途使用拦截器对其进行编辑。

2. Flume 扇入与扇出

Flume 的强大之处在于它支持多级 Flume 的 Agent，即 Flume 可以配置多层的数据流，例如，Sink 可以将数据写入下一个 Agent 的 Source 中，这样就能将两个 Agent 连接进行整体处理。多级数据流模型如图 2-81 所示。

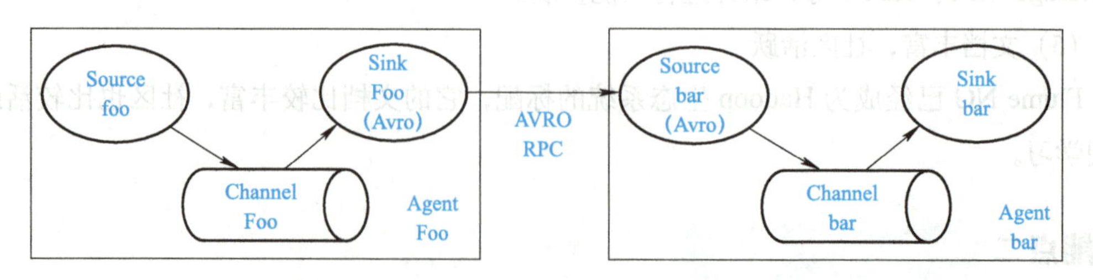

图 2-81 多级数据流模型

Flume 除了支持多级数据流以外，还支持扇入与扇出。扇入是指 Source 可以接收多个输入，扇出是指 Sink 可以将数据输出到多个不同的目的地。扇入与扇出说明如下。

（1）扇入（数据流合并）

在网站部署过程中，为了防止单台服务器过载，一般情况下都会进行负责均衡，就是指将同一个应用程序部署到不同的服务器通道，让多台服务器同时分担数据流量，若此时需要采集该应用程序的数据到一台服务器，就需要用到扇入。使用扇入可以同时采集数百个服务器中的数据并发送到同一个服务器中，扇入模型如图2-82所示。

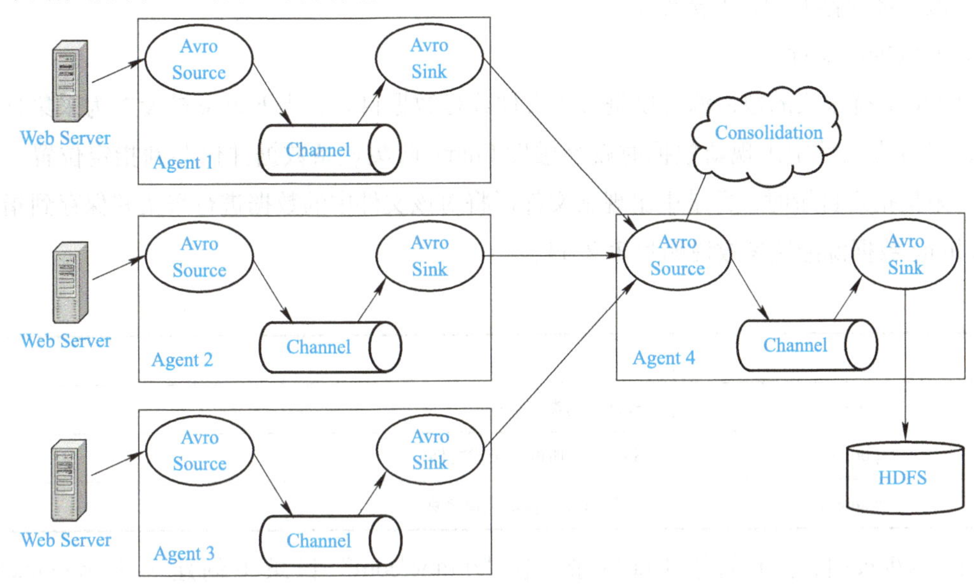

图2-82 扇入模型

（2）扇出（数据流复用）

Flume不仅能够同时采集多个服务器的数据到同一个服务器中，还能够将采集到的数据分别保存到不同的服务器中，扇出模型如图2-83所示。

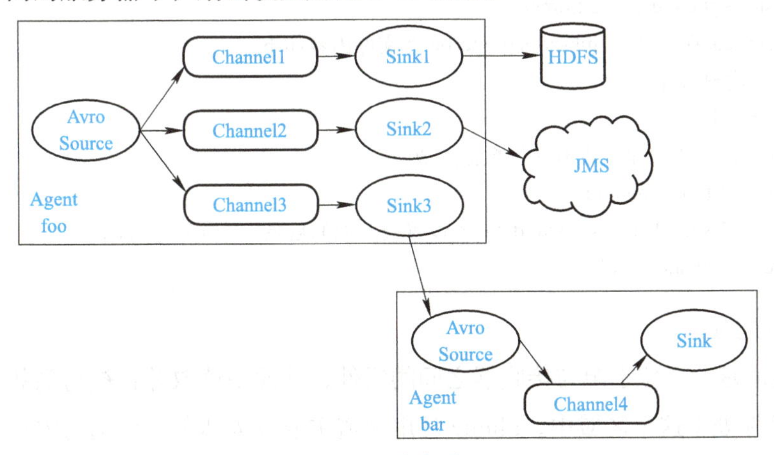

图2-83 扇出模型

技能点三 Flume实现数据采集

想要实现数据采集，需要设置数据源、Flume通道类型、接收器类型和拦截器等。Flume

通道是位于数据源与接收器之间的核心组件，能够为数据提供一个中间区域。接收器能够将采集到的数据保存到不同的文件系统中。拦截器能够在数据头中加入对数据分析有用的数据。

1. Flume 数据采集配置

想要使用 Flume 完成数据的采集，需要在配置文件中设置数据源、通道和接收器。数据源、通道与接收器的配置方法如下。

（1）数据源配置

Flume 支持采集的数据源可以是日志文件或是数据目录。当 Flume 被设置为采集日志文件时，当日志文件中出现新数据时就会触发 Flume 收集该条数据并保存到指定位置。当被设置为采集指定目录时，目录中出现新文件后将对该文件中的数据进行采集并保存到指定位置。Flume 数据源配置参数说明见表 2-11。

表 2-11　Flume 数据源配置参数说明

参　数	说　明
type	Source 的类型名称
spoolDir	Source 监听的目录或文件
channels	与 Source 连接的通道名称

在 /usr/local 目录下创建 data 目录，在“/flume/conf”目录下创建名为 log-sink-hdfs.propertie 的文件并在该文件中设置 Flume 采集的数据源，Flume 数据的采集需要数据源、通道和接收器的配合才能够完成，命令如下。

```
[root@master ~]# mkdir /usr/local/data  # 创建被监控的目录
[root@master ~]# cd /usr/loca/flume/conf
[root@master conf]# vi log-sink-hdfs.propertie # 文件内容如下
# agent 表示代理名称
agent.sources=s1
# 配置 Sources 监控目录是否有文件数据生成
agent.sources.s1.type=spooldir
agent.sources.s1.spoolDir=/usr/local/data  # 设置被监控的目录为 /usr/local/data
agent.sources.s1.channels=c1
```

（2）通道配置

Flume 通道是一个位于源与接收器之间的组件，从源中读取并且被写到数据处理管道中的接收器的事件处于这个区域中。Flume 常用通道主要分为两种，分别为内存通道（非持久化通道）和文件通道（持久化通道）。

1）内存通道。使用内存作为源与接收器之间的保留区，称为内存通道。内存速度比磁盘快数倍，所以数据传输的速度也会随之加快。由于内存中的数据属于随机存储数据，并不会永久保存，因此当遇到断电、硬件故障等问题时会导致数据丢失。内存通道配置参数说明见表 2-12。

表 2-12　内存通道配置参数说明

参　数	说　明
type	内存通道名称
capacity	Channel 里存放的最大 event 数，默认为 100
transactionCapacity	Channel 每次提交的 event 数量，默认为 100

使用 Flume 采集“/usr/local/TestDir”目录中的文件，之后通过内存通道将文件保存，命令如下。

```
# agent 表示代理名称
agent.channels=c1
agent.channels.c1.type=memory
agent.channels.c1.capacity=10000
agent.channels.c1.transactionCapacity=100
```

2）文件通道。使用磁盘作为源与接收器之间的保留区，称为文件通道。由于文件通道使用的是磁盘，所以会比内存通道速度慢。文件通道的优点在于，当遇到断电、硬件故障等问题时，重启 Flume 即可，不会造成数据丢失。使用文件通道只需将配置文件中的 agent.channels.c1.type=memory 改为 agent.channels.c1.type=file 即可，命令如下。

```
# agent 表示代理名称
agent.channels=c1
# 使用文件通道
agent.channels.c1.type=file
agent.channels.c1.capacity=10000
agent.channels.c1.transactionCapacity=100
```

（3）接收器配置

在 Flume 中，接收器指采集到的数据最终的存储位置。若要将数据存储到 HDFS，就要使用 HDFS 接收器。Flume 架构支持多种类型的接收器，如 HDFS、HBase、MongoDB、RabbitMQ、Redis 等，其中常用到的就是 HDFS 接收器。HDFS 接收器配置参数说明见表 2-13。

表 2-13　HDFS 接收器配置参数说明

参　数	说　明
type	接收器类型（必选）
hdfs.path	写入 HDFS 的路径（必选）
hdfs.channel	与数据源连接的通道名称（必选）
hdfs.fileType	文件格式，包括 SequenceFile、DataStream、CompressedStream，默认值为 SequenceFile

（续）

参　数	说　明
hdfs.writeFormat	写文件的格式，包含 Text、Writable（默认）
hdfs.idleTimeout	关闭非活动文件的超时（0＝禁用自动关闭空闲文件）参数
hdfs.filePrefix	文件名前缀
hdfs.fileSuffix	文件名后缀
hdfs.round	是否对时间戳四舍五入
hdfs.roundValue	将时间戳四舍五入到最高倍数
hdfs.roundUnit	向下取整值，单位为秒、分或小时
hdfs.minBlockReplicas	设置 HDFS 块的副本数，默认采用 Hadoop 的配置
hdfs.rollInterval	按时间生成 HDFS 文件，单位为秒
hdfs.rollSize	触发滚动的文件大小，以字节为单位（0：从不根据文件大小进行滚动）
hdfs.rollCount	滚动之前写入文件的事件数（0：从不根据事件数进行滚动）
processor.type	组件的名称，必须是 load_balance
processor.selector	选择机制，必须为 round_robin,random 或者自定义的类
processor.backoff	是否以指数的形式退避失败的 Sinks

HDFS 路径有 3 种类型，分别为绝对路径、包含服务器地址的绝对路径以及相对路径，见表 2-14。

表 2-14　HDFS 路径

类　型	路　径
绝对路径	/flume/access
包含服务器地址的绝地路径	localhost://flume/access
相对路径	Access

配置一个名为 k1 的接收器，并设置数据在 HDFS 中的存储路径、文件格式，最后将接收器与通道相连接，代码如下。

```
agent.sinks=k1                          # 配置名为 k1 的接收器
agent.sinks.k1.type=hdfs                    # 设置接收器为 HDFS
agent.sinks.k1.hdfs.path=hdfs://localhost:9000/flumelog
# 配置数据在 HDFS 中的保存路径
agent.sinks.k1.hdfs.fileType=DataStream         # 设置以数据流的形式输出数据
agent.sinks.k1.hdfs.writeFormat=TEXT            # 设置以文本的形式保存数据
agent.sinks.k1.channel=c1                   # 与名为 c1 的通道连接
```

（4）Kafka 接收器配置

Kafka 接收器的配置与 HDFS 配置类似，只是数据的目的地不同。Flume 将数据采集到 Kafka 接收器配置参数说明见表 2-15。

表 2-15　Kafka 接收器配置参数说明

参　数	说　明
type	接收器类型（Kafka 接收器类型包括 org、apache、flume、sink、kafka、KafkaSink）
topic	Kafka 主题
brokerList	Kafka 节点列表（主机名：Kafka 端口号）
requiredAcks	Flume 信息发送机制 0：不保证消息的到达确认，只管发送 1：发送消息，并会等待 leader 收到确认后才发送下一条消息 -1：发送消息，等待 leader 收到确认，并进行复制操作后才返回

2．启动数据采集

Flume 数据采集的启动是通过命令方式实现的，命令中需要指定使用哪个配置文件去执行数据采集功能，并且需要设置代理名称，代理名称要和配置文件中的代理名称一致。启动数据采集的命令如下。

```
[root@master flume]# bin/flume-ng agent --name a1 --conf conf --conf-file conf/log-sink-
hdfs.properties -Dflume.root.logger=INFO,console
```

启动 Flume 命令参数说明见表 2-16。

表 2-16　启动 Flume 命令参数说明

参　数	说　明
--name	指定 Agent 的名称（必选）
--conf	指定配置文件所在目录
--conf-file	指定配置文件
-Dflume.root.logger=INFO,console	将采集过程实时输出到命令行

通过对 HDFS 接收器知识的学习完善 log-sink-hdfs.properties 文件并启动数据采集程序，log-sink-hdfs.properties 配置文件的完整代码与启动命令如下。

```
#agent 表示代理名称
agent.sources=s1
agent.sinks=k1
agent.channels=c1
# 配置 source, 监控目录是否有文件数据生成
agent.sources.s1.type=spooldir
agent.sources.s1.spoolDir=/usr/local/data
agent.sources.s1.channels=c1
# 配置 sink, 将检测到的数据保存到 hdfs 上
agent.sinks.k1.type=hdfs
agent.sinks.k1.hdfs.path=hdfs://localhost:9000/flumelog
agent.sinks.k1.hdfs.fileType=DataStream
```

```
agent.sinks.k1.hdfs.writeFormat=TEXT
agent.sinks.k1.channel=c1
# 通道是以内存方式存储
# 配置 channel
agent.channels.c1.type=memory
agent.channels.c1.capacity=10000
agent.channels.c1.transactionCapacity=100
[root@master flume]# bin/flume-ng agent --name agent --conf conf --conf-file conf/log-sink-hdfs.properties
```

结果如图 2–84 所示。

```
root@master:/usr/local/flume/bin
File Edit View Search Terminal Help
ame: c1: Successfully registered new MBean.
2022-12-09T13:12:37,277 INFO [lifecycleSupervisor-1-0] org.apache.flume.instru
mentation.MonitoredCounterGroup - Component type: CHANNEL, name: c1 started
2022-12-09T13:12:37,774 INFO [main] org.apache.flume.node.Application - Starti
ng Sink k1
2022-12-09T13:12:37,776 INFO [main] org.apache.flume.node.Application - Starti
ng Source s1
2022-12-09T13:12:37,782 INFO [lifecycleSupervisor-1-1] org.apache.flume.source
.SpoolDirectorySource - SpoolDirectorySource source starting with directory: /
usr/local/data
2022-12-09T13:12:37,791 INFO [lifecycleSupervisor-1-0] org.apache.flume.instru
mentation.MonitoredCounterGroup - Monitored counter group for type: SINK, name
: k1: Successfully registered new MBean.
2022-12-09T13:12:37,791 INFO [lifecycleSupervisor-1-0] org.apache.flume.instru
mentation.MonitoredCounterGroup - Component type: SINK, name: k1 started
2022-12-09T13:12:37,895 INFO [lifecycleSupervisor-1-1] org.apache.flume.instru
mentation.MonitoredCounterGroup - Monitored counter group for type: SOURCE, na
me: s1: Successfully registered new MBean.
2022-12-09T13:12:37,895 INFO [lifecycleSupervisor-1-1] org.apache.flume.instru
mentation.MonitoredCounterGroup - Component type: SOURCE, name: s1 started
```

图 2–84 启动 Flume 结果

将数据文件复制到本地"/usr/local/data"目录下，这时查看 HDFS 中是否创建了"flumelog"目录并查看其中是否有数据，命令如下。

```
[root@master flume]# hadoop fs -ls /
[root@master flume]# hadoop fs -ls /flumelog
```

结果如图 2–85 所示。

```
root@master:~
File Edit View Search Terminal Help
[root@master ~]# hdfs dfs -ls /
Found 4 items
drwxr-xr-x   - root hhx            0 2022-12-09 10:06 /99990000
drwxr-xr-x   - root supergroup     0 2022-12-09 13:14 /flumelog
drwxrwxrwx   - root supergroup     0 2022-12-09 11:37 /phonelog
drwxrwxrwx   - root supergroup     0 2022-12-09 11:07 /pythontest
[root@master ~]# hdfs dfs -ls /flumelog
Found 576 items
-rw-r--r--   3 root supergroup  1104 2022-12-09 13:13 /flumelog/FlumeData.1670562803854
-rw-r--r--   3 root supergroup  1054 2022-12-09 13:13 /flumelog/FlumeData.1670562803855
-rw-r--r--   3 root supergroup  1140 2022-12-09 13:13 /flumelog/FlumeData.1670562803856
-rw-r--r--   3 root supergroup  1074 2022-12-09 13:13 /flumelog/FlumeData.1670562803857
-rw-r--r--   3 root supergroup  1564 2022-12-09 13:13 /flumelog/FlumeData.1670562803858
-rw-r--r--   3 root supergroup  1083 2022-12-09 13:13 /flumelog/FlumeData.1670562803859
-rw-r--r--   3 root supergroup  1286 2022-12-09 13:13 /flumelog/FlumeData.1670562803860
```

图 2–85 数据采集结果

3．数据采集优化

通过以上知识点的介绍已经能够完成基础的数据采集任务，但很多时候需要对采集到的数据进行存储上的优化，例如，数据量过大时将数据全部保存到同一目录或文件中不利于管理和后期的数据分析，所以需要对存储到 HDFS 文件系统的数据按照时间或大小进行区分。

（1）按照数据采集时间区分

进行 Flume 数据采集时，可以按照不同的时间段将数据保存到不同的目录中，这时需要使用时间转义序列来完成此功能。Flume 的时间转义符见表 2-17。

表 2-17　Flume 的时间转义符

转　义　符	含　　义
%Y	由 4 位数字构成的年份
%m	由两位数字构成的月份
%d	由两位数字构成的日期
%H	由两位数字构成的小时

使用时间转义符可将不同时间段内的数据分别保存到不同的文件夹，方法如下。

```
agent.sinks.k1.hdfs.useLocalTimeStamp = true   # 在替换转移时间时使用本地时间
agent.sinks.k1.hdfs.path=hdfs://localhost:9000/flumedate/%Y/%m/%d/%H/%M
```

在 log-sink-hdfs.properties 配置文件中加入或修改上述两行配置代码，重新启动 Flume 数据采集，此时，Flume 会创建以当前日期为格式的路径保存数据，结果如图 2-86 所示。

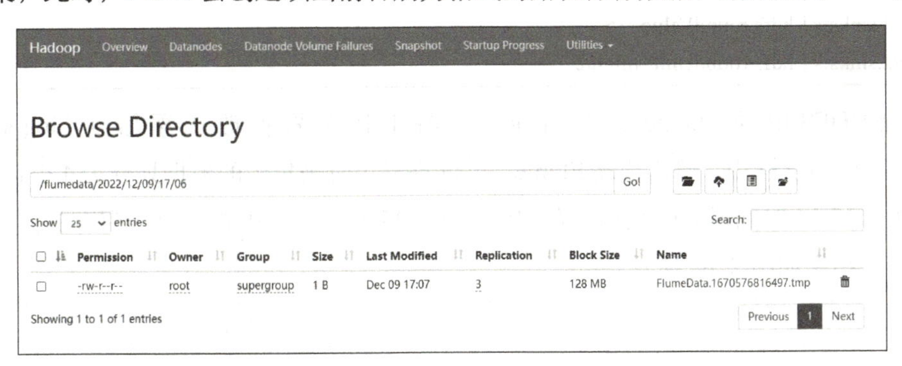

图 2-86　创建以当前日期为格式的路径保存数据

（2）文件名优化

默认情况下，使用 Flume 采集到的 HDFS 数据都会以时间戳命名，这样不容易管理且可读性不强，一般情况下可以将采集到的 HDFS 数据文件名分为 3 部分，即前缀、文件名和后缀。每部分之间使用“.”作为分隔符。Flume 采集到的 HDFS 文件系统中的文件名配置命令如下。

```
agent.sinks.k1.hdfs.useLocalTimeStamp = true   # 在替换转移时间时使用本地时间
agent.sinks.k1.hdfs.path=hdfs://localhost:9000/flumedate/%Y/%m/%d/%H/%M
agent.sinks.k1.hdfs.filePrefix=head
agent.sinks.k1. hdfs.fileSuffix =.tail
```

删除 HDFS 中的“flumedate”目录及其目录下的所有内容，然后将以上 4 条配置命令修改或加入 log-sink-hdfs.properties 配置文件中，重新启动 Flume，此时会将采集到的数据在存储时在名称上加上前缀和后缀，结果如图 2-87 所示。

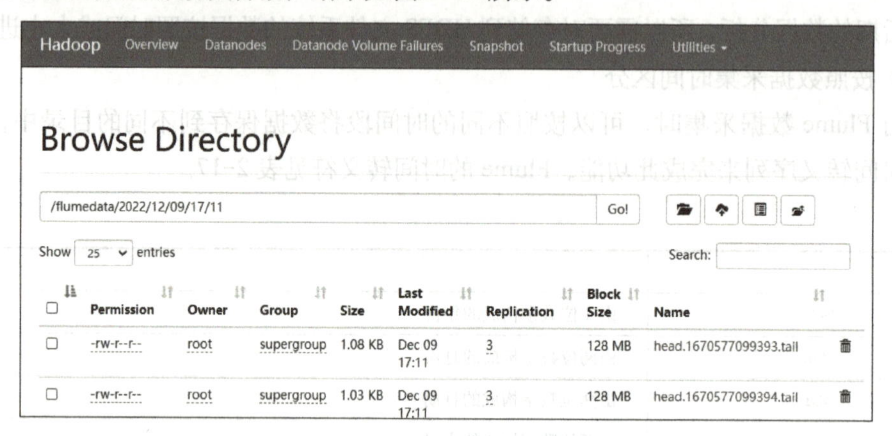

图 2-87　配置文件的前缀和后缀

（3）按照时间段划分数据

分时间段存储能够将采集到的数据按照时间分别保存到不同的目录中以方便管理，配置命令如下。

```
agent.sinks.k1.hdfs.path= hdfs://localhost:9000/flumedate/%Y/%m/%d/%H%M
agent.sinks.k1.hdfs.round=true
agent.sinks.k1.hdfs.roundValue=15
agent.sinks.k1.hdfs.roundUnit=minute
```

删除 HDFS 中的“flumedate”目录，并将上述配置修改或添加到“log-sink-hdfs.properties”配置文件中，然后启动 Flume，可以将每小时采集到的数据划分为 4 个目录存储，即 17:00 ～ 17:14 时间段内的数据会存储到一起，17:15 ～ 17:29 的数据会保存到同一目录，以此类推，结果如图 2-88 所示。

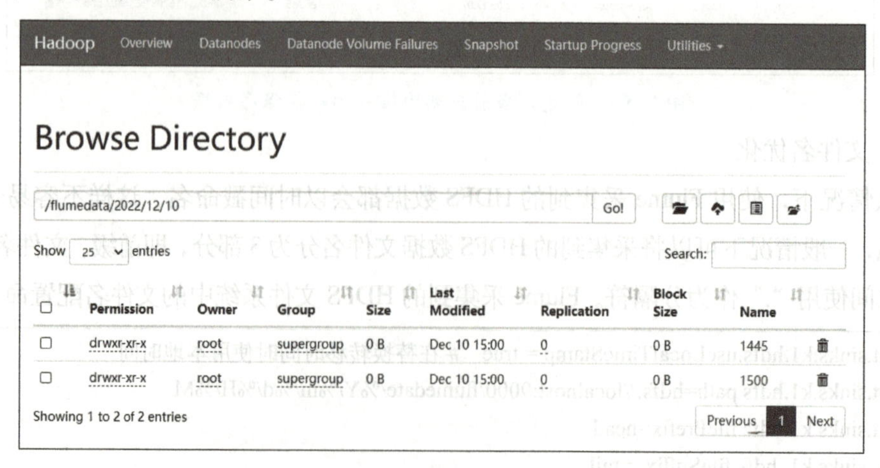

图 2-88　按时间段存储

(4) 根据采集时长划分

在默认情况下，使用 Flume 采集数据会产生大量的小文件，根据 HDFS 的原理会造成大量资源的浪费，加大数据维护和数据处理的难度，这时可根据被采集数据的生成速度和大小对其生成新文件的条件进行修改，从而达到高效的存储和管理。如果希望每 15min 生成一个新文件，配置如下。

```
agent.sinks.k1.hdfs.minBlockReplicas=1
agent.sinks.k1.hdfs.rollInterval=900
agent.sinks.k1.hdfs.rollSize=0
agent.sinks.k1.hdfs.rollCount=0
```

结果如图 2-89 所示。

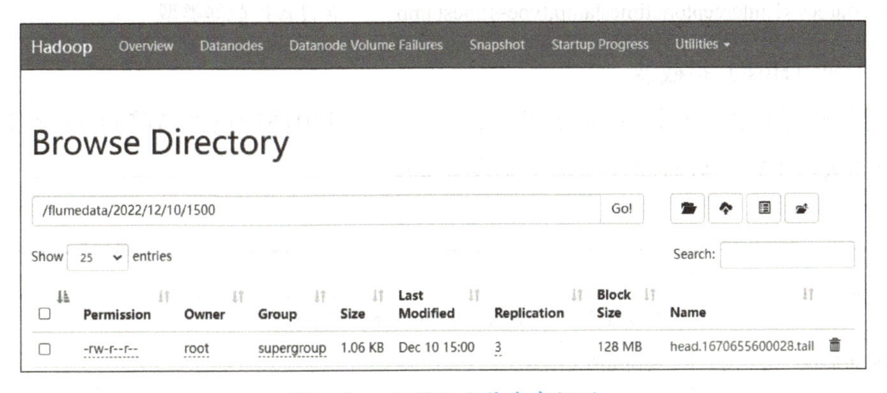

图 2-89 设置新文件生成规则

4. 拦截器

拦截器可以理解为另一种数据采集优化的方式。拦截器是一个设置在 Source 和 Channel 之间的插件式的组件，能够在报文头中插入一些对数据分析和读取有用的信息。Source 接收到事件后，拦截器能够进行转换或删除，每个拦截器只能处理同一个 Source 接收到的事件。常用拦截器见表 2-18。

表 2-18 常用拦截器

拦 截 器	说 明
timestamp 拦截器	时间拦截器
Host 拦截器	主机拦截器
Static 拦截器	静态拦截器
regex_filter 拦截器	正则表达式拦截器

拦截器详细说明与使用方法如下。

(1) 时间 (timestamp) 拦截器

时间拦截器是 Flume 中较为常用的拦截器之一，能够将当前时间戳插入 Flume 的事件报头中，并能够根据不同的时间戳将数据写入不同的文件中。时间拦截器属性及说明见表2-19。

表2-19　时间拦截器属性及说明

属　性	说　明
type	设置拦截器类型
preserveExisting	当事件中报头存在时，将其设置为true不会替换时间戳报头的值，默认值为false

时间拦截器的使用方法如下。

定义一个为名为a1的代理并定义一个名为timestamp的拦截器，定义命令如下。

```
agent.sources.s1.interceptors = timestamp                    # 定义拦截器名称
agent.sources.s1.interceptors.timestamp.type=timestamp        # 设置拦截器类型
```

（2）主机（Host）拦截器

主机拦截器的功能与时间拦截器类似，它会向事件中添加包含当前Flume代理的IP地址作为报文头。主机拦截器属性及说明见表2-20。

表2-20　主机拦截器属性及说明

属　性	说　明
type	拦截器类型，此处默认为Host拦截器（主机拦截器）
hostHeader	要使用的文件头
preserveExistion	如果主机头已存在，那么是否应保留，可选true或false
useIP	如果为true，则使用IP地址，否则使用主机名

主机拦截器的使用方法如下。

定义一个为名为a1的代理并定义一个名为Host的拦截器，定义命令如下。

```
agent.sources.s1.interceptors = Host                    # 定义拦截器名称
agent.sources.s1.interceptors. Host.type= Host           # 设置拦截器类型
```

（3）静态（Static）拦截器

静态拦截器用于将key/value对插入报头中。静态拦截器在需要时可定义多个。静态拦截器在默认状态下会保留已经存在的且具有相同键的文件头。静态拦截器属性及说明见表2-21。

表2-21　静态拦截器属性及说明

属　性	说　明
type	静态类型默认为static
key	键
value	值
preserveExisting	默认值为truc，表示事件报头中已存在key，不会替换value的值

静态拦截器的使用方法如下。

定义一个名为 a1 的代理，并且定义一个名为 Static 的拦截器，定义命令如下。

```
agent.sources.s1.interceptors = Static                  # 定义拦截器名称
agent.sources.s1.interceptors. Static.type= Static      # 设置拦截器类型
```

（4）正则表达式（regex_filter）拦截器

正则表达式拦截器在数据采集过程中只会保留符合正则表达式规则的日志数据。正则表达式过滤有两种模式，分别为采集符合规则的数据和将符合规则的数据进行过滤。正则表达式拦截器的属性及说明见表 2-22。

表 2-22　正则表达式拦截器的属性及说明

属　性	说　明
type	设置过滤器类型，正则表达式过滤器的默认类型为 regex_filter
regex	设置正则表达式默认为 .*
excludeEvents	表示保留符合规则的数据或过滤符合规则的数据，默认为 false，表示保留符合规则的数据

正则表达式拦截器的使用方法如下。

定义一个名为 a1 的代理，并且定义一个名为 regex_filter 的拦截器，定义命令如下。

```
agent.sources.s1.interceptors = regex_filter                        # 定义拦截器名称
agent.sources.s1.interceptors. regex_filter.type= regex_filter      # 设置拦截器类型
```

这里以时间拦截器为例演示拦截器的使用方法，步骤如下。

第一步：在 /usr/local/ 目录下创建名为 logs 的日志存储目录，命令如下。

```
[root@master ~]# mkdir /usr/local/logs
```

第二步：修改 log-sink-hdfs.properties 配置文件，在修改文件中添加时间拦截器，修改后的代码如下。

```
agent.sources=s1
agent.sinks=k1
agent.channels=c1
# 数据来源配置
agent.sources.s1.type=spooldir
agent.sources.s1.spoolDir=/usr/local/data
agent.sources.s1.channels=c1
agent.sources.s1.fileHeader = false
agent.sources.s1.interceptors = i1
agent.sources.s1.interceptors.i1.type = timestamp
# 数据目的地
agent.sinks.k1.type=hdfs
```

```
agent.sinks.k1.hdfs.path=hdfs://localhost:9000/flumedate/%Y/%m/%d/%H%M
agent.sinks.k1.hdfs.fileType=DataStream
agent.sinks.k1.hdfs.writeFormat=TEXT
agent.sinks.k1.hdfs.rollInterval=10
agent.sinks.k1.channel=c1
#Flume 通道配置
agent.channels.c1.type=memory
agent.channels.c1.capacity=10000
agent.channels.c1.transactionCapacity=100
[root@master flume]# bin/flume-ng agent --name agent --conf conf --conf-file conf/log-sink-hdfs.properties
```

启动 Flume 的结果如图 2-90 所示。

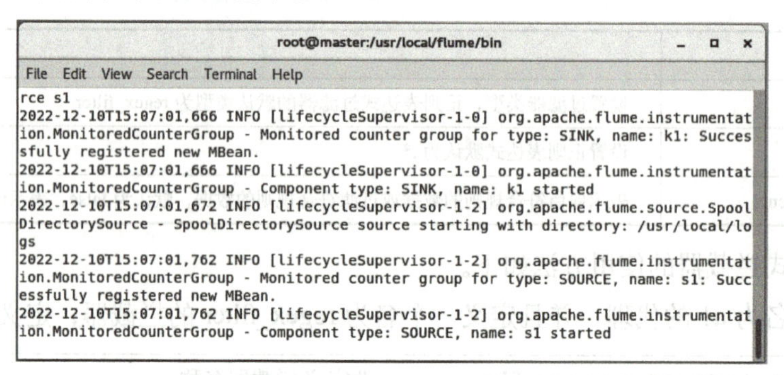

图 2-90 启动 Flume 的结果

第三步： 将数据文件复制到“/usr/local/logs”目录下，查看采集结果如图 2-91 所示。

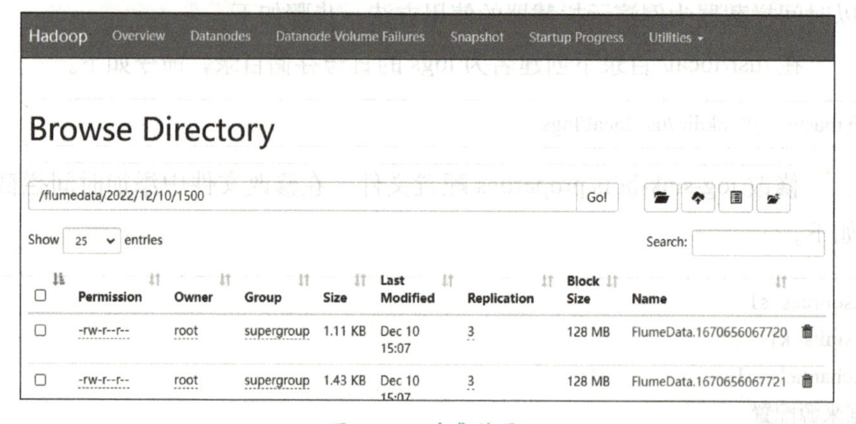

图 2-91 采集结果

任务实施

【任务目的】

Flume 在大数据的生产环境中是用来完成数据采集的重要工具，使用 Flume NG 相关命令可实现 httpd 服务器产生日志信息的采集并保存到 HDFS 中。

【任务流程】

任务流程如图 2-92 所示。

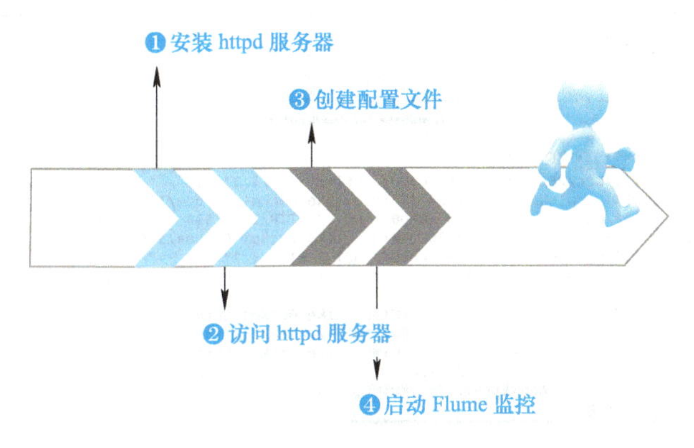

图 2-92　任务流程

【任务步骤】

第一步：安装 httpd 服务器，在“/var/www/html”目录下创建一个名为 index.html 的页面并启动服务，访问本机地址以查看是否能够访问，代码如下。

```
[root@master ~]# yum -y install httpd
[root@master ~]# cd /var/www/html/
[root@master html]# vi index.html        # 输入如下内容
First-Flume-server
[root@master html]# service httpd start
```

访问 HTML，如图 2-93 所示。

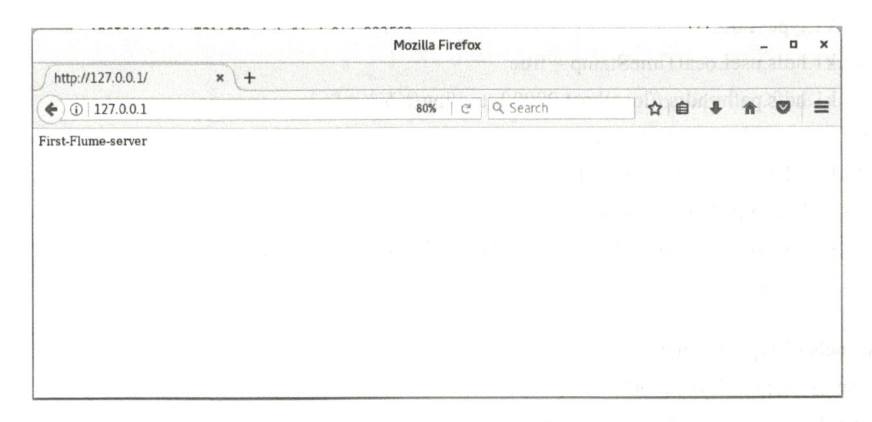

图 2-93　访问 HTML

第二步： 通过浏览器访问过 httpd 服务器之后，日志文件中会生成多条日志数据，日志文件在“/var/log/httpd/access-log”文件中，每次访问都会向这个文件中追加一条访问日志，查看日志内容的代码如下。

```
[root@master ~]# cd /var/log/httpd
[root@master httpd]# cat access_log
```

查看日志如图 2-94 所示。

```
root@master:/var/log/httpd
File  Edit  View  Search  Terminal  Help
192.168.0.1 - - [10/Dec/2022:15:21:18 +0800] "GET / HTTP/1.1" 304 - "-" "Mozilla/5.0 (Windows
NT 10.0; Win64; x64) AppleWebKit/537.36 (KHTML, like Gecko) Chrome/108.0.0.0 Safari/537.36"
192.168.0.1 - - [10/Dec/2022:15:21:18 +0800] "GET / HTTP/1.1" 304 - "-" "Mozilla/5.0 (Windows
NT 10.0; Win64; x64) AppleWebKit/537.36 (KHTML, like Gecko) Chrome/108.0.0.0 Safari/537.36"
192.168.0.1 - - [10/Dec/2022:15:21:19 +0800] "GET / HTTP/1.1" 304 - "-" "Mozilla/5.0 (Windows
NT 10.0; Win64; x64) AppleWebKit/537.36 (KHTML, like Gecko) Chrome/108.0.0.0 Safari/537.36"
192.168.0.1 - - [10/Dec/2022:15:21:19 +0800] "GET / HTTP/1.1" 304 - "-" "Mozilla/5.0 (Windows
NT 10.0; Win64; x64) AppleWebKit/537.36 (KHTML, like Gecko) Chrome/108.0.0.0 Safari/537.36"
192.168.0.1 - - [10/Dec/2022:15:21:20 +0800] "GET / HTTP/1.1" 304 - "-" "Mozilla/5.0 (Windows
NT 10.0; Win64; x64) AppleWebKit/537.36 (KHTML, like Gecko) Chrome/108.0.0.0 Safari/537.36"
192.168.0.1 - - [10/Dec/2022:15:21:20 +0800] "GET / HTTP/1.1" 304 - "-" "Mozilla/5.0 (Windows
NT 10.0; Win64; x64) AppleWebKit/537.36 (KHTML, like Gecko) Chrome/108.0.0.0 Safari/537.36"
[root@master httpd]#
```

图 2-94　查看日志

第三步： 创建名为“httpd_log_hdfs.properties”的配置文件，并设置监控 httpd 服务器的日志信息，将数据采集到 HDFS 分布式文件系统后进行每小时打开一个新文件的配置，代码如下。

```
[root@master httpd]# cd /usr/local/flume/conf/
[root@master conf]# vi httpd_log_hdfs.properties  # 配置文件内容如下
a1.sources=s1
a1.sinks=k1
a1.channels=c1

a1.sources.s1.type = exec
a1.sources.s1.command = tail -f  /var/log/httpd/access_log
a1.sources.s1.channels=c1
a1.sources.s1.fileHeader = false

a1.sinks.k1.type=hdfs
a1.sinks.k1.hdfs.useLocalTimeStamp = true
a1.sinks.k1.hdfs.path=hdfs://localhost:9000/httpd/log/%Y%m%d
a1.sinks.k1.hdfs.fileType=DataStream
a1.sinks.k1.hdfs.writeFormat=TEXT
a1.sinks.k1.hdfs.minBlockReplicas=1
a1.sinks.k1.hdfs.rollInterval=3600          # 每隔一小时打开一个新文件
a1.sinks.k1.channel=c1

a1.channels.c1.type=memory
a1.channels.c1.capacity=10000
a1.channels.c1.transactionCapacity=100
```

Flume 配置文件如图 2-95 所示。

```
root@master:/usr/local/flume/conf
File Edit View Search Terminal Help
a1.sources=s1
a1.sinks=k1
a1.channels=c1

a1.sources.s1.type=exec
a1.sources.s1.command=tail -f /var/log/httpd/access_log
a1.sources.s1.channels=c1
a1.sources.s1.fileHeader=false

a1.sinks.k1.type=hdfs
a1.sinks.k1.hdfs.useLocalTimeStamp=true
a1.sinks.k1.hdfs.path=hdfs://localhost:9000/httpd/log/%Y%m%d
a1.sinks.k1.hdfs.fileType=DataStream
a1.sinks.k1.hdfs.writeFormat=TEXT
a1.sinks.k1.hdfs.minBlockReplicas=1
a1.sinks.k1.hdfs.rollInterval=10
a1.sinks.k1.channel=c1

a1.channels.c1.type=memory
a1.channels.c1.capacity=10000
a1.channels.c1.transactionCapacity=100
```

图 2-95　Flume 配置文件

第四步：启动 Flume 监控日志文件，同时不停地刷新 Web 界面，此时，Flume 会不断采集数据到 HDFS，查看 HDFS 中是否生成数据文件和文件内容，代码如下。

```
[root@master flume]# bin/flume-ng agent --name a1 --conf conf  --conf-file conf/httpd_log_hdfs.properties
[root@master flume]# hdfs dfs -cat /httpd/log/20221210/FlumeData.1670657124706
```

采集结果如图 2-96 所示。

```
root@master:/usr/local/flume
File Edit View Search Terminal Help
[root@master flume]# hdfs dfs -cat /httpd/log/20221210/FlumeData.1670657124706
192.168.0.1 - - [10/Dec/2022:15:21:16 +0800] "GET / HTTP/1.1" 304 - "-" "Mozilla/5.0 (Windows
 NT 10.0; Win64; x64) AppleWebKit/537.36 (KHTML, like Gecko) Chrome/108.0.0.0 Safari/537.36"
192.168.0.1 - - [10/Dec/2022:15:21:17 +0800] "GET / HTTP/1.1" 304 - "-" "Mozilla/5.0 (Windows
 NT 10.0; Win64; x64) AppleWebKit/537.36 (KHTML, like Gecko) Chrome/108.0.0.0 Safari/537.36"
192.168.0.1 - - [10/Dec/2022:15:21:17 +0800] "GET / HTTP/1.1" 304 - "-" "Mozilla/5.0 (Windows
 NT 10.0; Win64; x64) AppleWebKit/537.36 (KHTML, like Gecko) Chrome/108.0.0.0 Safari/537.36"
192.168.0.1 - - [10/Dec/2022:15:21:18 +0800] "GET / HTTP/1.1" 304 - "-" "Mozilla/5.0 (Windows
 NT 10.0; Win64; x64) AppleWebKit/537.36 (KHTML, like Gecko) Chrome/108.0.0.0 Safari/537.36"
192.168.0.1 - - [10/Dec/2022:15:21:18 +0800] "GET / HTTP/1.1" 304 - "-" "Mozilla/5.0 (Windows
 NT 10.0; Win64; x64) AppleWebKit/537.36 (KHTML, like Gecko) Chrome/108.0.0.0 Safari/537.36"
192.168.0.1 - - [10/Dec/2022:15:21:19 +0800] "GET / HTTP/1.1" 304 - "-" "Mozilla/5.0 (Windows
 NT 10.0; Win64; x64) AppleWebKit/537.36 (KHTML, like Gecko) Chrome/108.0.0.0 Safari/537.36"
[root@master flume]#
```

图 2-96　采集结果

任务拓展

【拓展目的】

了解 Kafka 的相关知识，巩固 Flume 数据采集应用。

【拓展内容】

使用 Flume 实时监控日志数据，并作为 Kafka 生产者将数据发送到 Kafka，使用 Kafka 接收。

【拓展步骤】

第一步：在 Flume 的 conf 目录下创建名为 kafka_flume.properties 的配置文件，实时监控日志数据并发送到 Kafka，代码如下。

```
a1.sources = s1
a1.sinks = k1
a1.channels = c1

# Describe/configure the source
a1.sources.s1.type= exec
a1.sources.s1.command = tail -f /var/log/httpd/access_log
a1.sources.s1.channels=c1
a1.sources.s1.fileHeader = false
a1.sources.s1.interceptors = i1
a1.sources.s1.interceptors.i1.type = timestamp

#Kafka sink 配置
a1.sinks.k1.type = org.apache.flume.sink.kafka.KafkaSink
a1.sinks.k1.topic = kf
a1.sinks.k1.brokerList = localhost:9092
a1.sinks.k1.requiredAcks = 1

# Use a channel which buffers events in memory
a1.channels.c1.type = memory
a1.channels.c1.capacity = 1000
a1.channels.c1.transactionCapacity = 100

# Bind the source and sink to the channel
a1.sources.s1.channels = c1
a1.sinks.k1.channel = c1
[root@master flume]# bin/flume-ng agent --name a1 --conf conf  --conf-file conf/kafk
a_flume.properties
```

效果如图 2-97 所示。

```
root@master:/usr/local/flume
File  Edit  View  Search  Terminal  Help
rvice:/usr/local/hadoop/share/hadoop/yarn/webapps:/usr/local/hadoop/share/hadoop/yarn/yarn-ser
vice-examples:/usr/local/hadoop/etc/hadoop:/usr/local/hbase/conf:/usr/local/hive/lib/*' -Djava
.library.path=:/usr/local/hadoop/lib/native org.apache.flume.node.Application --name a1 --conf
-file conf/kafka_flume.properties
SLF4J: Class path contains multiple SLF4J bindings.
SLF4J: Found binding in [jar:file:/usr/local/flume/lib/log4j-slf4j-impl-2.18.0.jar!/org/slf4j/
impl/StaticLoggerBinder.class]
SLF4J: Found binding in [jar:file:/usr/local/hadoop/share/hadoop/common/lib/slf4j-reload4j-1.7
.36.jar!/org/slf4j/impl/StaticLoggerBinder.class]
SLF4J: Found binding in [jar:file:/usr/local/hive/lib/log4j-slf4j-impl-2.17.1.jar!/org/slf4j/i
mpl/StaticLoggerBinder.class]
SLF4J: See http://www.slf4j.org/codes.html#multiple_bindings for an explanation.
SLF4J: Actual binding is of type [org.apache.logging.slf4j.Log4jLoggerFactory]
```

图 2-97　启动数据采集

第二步： 进入 Kafka 的 bin 目录，启动消费者，命令如下。

```
[root@master bin]# ./kafka-console-consumer.sh --bootstrap-server 192.168.0.130:9092 --topic kf
```

效果如图 2-98 所示。

```
root@master:/usr/local/kafka/bin
File  Edit  View  Search  Terminal  Help
[root@master bin]# ./kafka-console-consumer.sh --bootstrap-server 192.168.0.130:9092 --topic kf
```

图 2-98　启动消费者

第三步： 刷新 httpd 页面，查看消费者命令行，会实时显示采集到的数据，结果如图 2-99 所示。

```
root@master:/usr/local/kafka/bin
File  Edit  View  Search  Terminal  Help
192.168.0.1 - - [10/Dec/2022:16:49:11 +0800] "GET / HTTP/1.1" 304 - "-" "Mozilla/5.0 (Windows NT 10.0
; WOW64; Trident/7.0; rv:11.0) like Gecko"
192.168.0.1 - - [10/Dec/2022:16:49:11 +0800] "GET / HTTP/1.1" 304 - "-" "Mozilla/5.0 (Windows NT 10.0
; WOW64; Trident/7.0; rv:11.0) like Gecko"
192.168.0.1 - - [10/Dec/2022:16:49:11 +0800] "GET / HTTP/1.1" 304 - "-" "Mozilla/5.0 (Windows NT 10.0
; WOW64; Trident/7.0; rv:11.0) like Gecko"
192.168.0.1 - - [10/Dec/2022:16:49:11 +0800] "GET / HTTP/1.1" 304 - "-" "Mozilla/5.0 (Windows NT 10.0
; WOW64; Trident/7.0; rv:11.0) like Gecko"
192.168.0.1 - - [10/Dec/2022:16:49:15 +0800] "GET / HTTP/1.1" 304 - "-" "Mozilla/5.0 (Windows NT 10.0
; WOW64; Trident/7.0; rv:11.0) like Gecko"
192.168.0.1 - - [10/Dec/2022:16:49:15 +0800] "GET / HTTP/1.1" 304 - "-" "Mozilla/5.0 (Windows NT 10.0
; WOW64; Trident/7.0; rv:11.0) like Gecko"
192.168.0.1 - - [10/Dec/2022:16:49:15 +0800] "GET / HTTP/1.1" 304 - "-" "Mozilla/5.0 (Windows NT 10.0
; WOW64; Trident/7.0; rv:11.0) like Gecko"
192.168.0.1 - - [10/Dec/2022:16:49:15 +0800] "GET / HTTP/1.1" 304 - "-" "Mozilla/5.0 (Windows NT 10.0
; WOW64; Trident/7.0; rv:11.0) like Gecko"
192.168.0.1 - - [10/Dec/2022:16:49:15 +0800] "GET / HTTP/1.1" 304 - "-" "Mozilla/5.0 (Windows NT 10.0
; WOW64; Trident/7.0; rv:11.0) like Gecko"
```

图 2-99　消费者结果

实战强化

在以上的学习中，通过任务实施的实现能够熟练使用 Flume 相关知识，下面在 Flume 中配置指定日志采集目录和上传目录后，使用 Flume 工具采集日志文件至 HDFS 系统，步骤如下。

第一步： 在本地创建日志保存目录并在 HDFS 上创建日志输出目录，命令如下。

```
[root@master ~]# hdfs dfs -mkdir /flumelog
```

创建日志输出目录如图 2-100 所示。

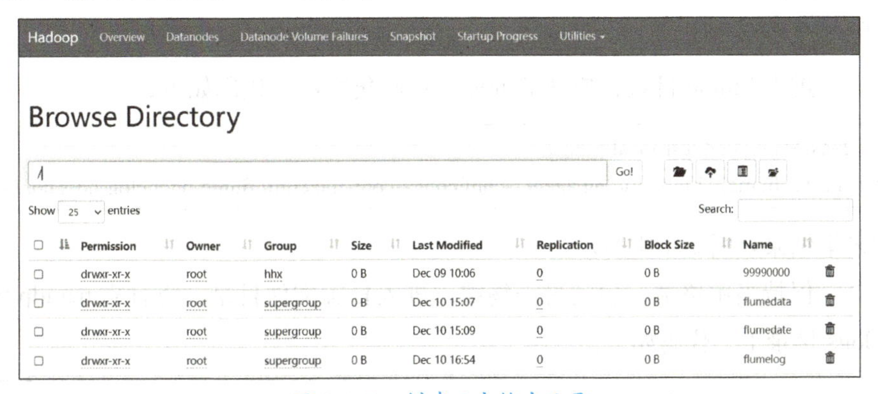

Permission	Owner	Group	Size	Last Modified	Replication	Block Size	Name
drwxr-xr-x	root	hhx	0 B	Dec 09 10:06	0	0 B	99990000
drwxr-xr-x	root	supergroup	0 B	Dec 10 15:07	0	0 B	flumedata
drwxr-xr-x	root	supergroup	0 B	Dec 10 15:09	0	0 B	flumedate
drwxr-xr-x	root	supergroup	0 B	Dec 10 16:54	0	0 B	flumelog

图 2-100　创建日志输出目录

第二步： 进入 /usr/local/flume/conf 目录，并创建配置文件 flume-phonelog-hdfs.conf，添加收集设置，代码如下。

```
[root@master ~]# cd /usr/local/flume/conf
[root@node conf]# vi flume-phonelog-hdfs.conf
# Describe/configure the source
a1.sources = r1
a1.sinks = k1
a1.channels = c1
# Describe/configure the source
a1.sources.r1.type = spooldir
a1.sources.r1.spoolDir = /usr/local/logs
a1.sources.r1.basenameHeader = true
a1.sources.r1.basenameHeaderKey = fileName
# Describe the sink
# 设置压缩与非压缩，此处设置为非压缩
a1.sinks.k1.hdfs.fileType=DataStream
# 格式化文件，可选“Text”或“Writable”，此处选择“Text”，即文本方式
a1.sinks.k1.hdfs.writeFormat= Text
a1.sinks.k1.type = hdfs
a1.sinks.k1.channel = c1
a1.sinks.k1.hdfs.path = hdfs://master:9000/flumelog/%{fileName}
a1.sinks.k1.hdfs.batchSize= 100
a1.sinks.k1.hdfs.rollSize = 33554432
a1.sinks.k1.hdfs.rollCount = 0
a1.sinks.k1.hdfs.rollInterval = 0
a1.sinks.k1.hdfs.minBlockReplicas=1
# Use a channel which buffers events in memory
a1.channels.c1.type = memory
a1.channels.c1.capacity = 1000
a1.channels.c1.transactionCapacity = 1000
# Bind the source and sink to the channel
a1.sources.r1.channels = c1
a1.sinks.k1.channel = c1
```

第三步： 进入 Flume 目录，启动 Flume 运行收集文件，代码如下。

```
[root@ master log]# cd /usr/local/flume/
[root@ master flume]# bin/flume-ng agent --conf conf --conf-file conf/ flume-phonelog-hdfs.conf --name a1
```

数据采集结果如图 2-101 所示。

第四步： 保持当前终端，启动另一终端，进入日志文件目录，将日志 ncmdp.txt 复制到 /usr/local/logs 目录下，代码如下。

```
[root@ master ~]# cp /usr/local/ncmdp.txt /usr/local/logs
```

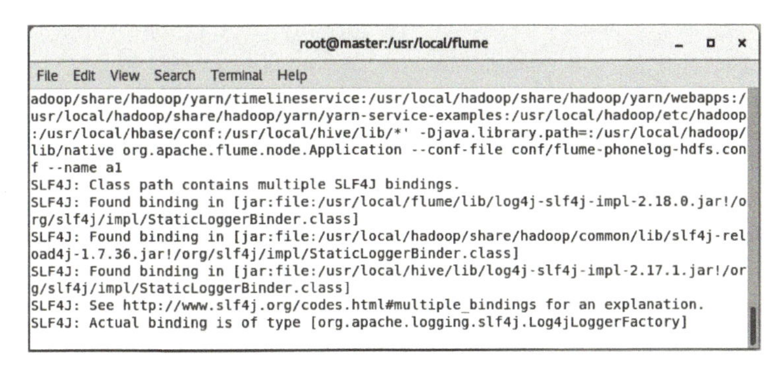
```
root@master:/usr/local/flume
File Edit View Search Terminal Help
adoop/share/hadoop/yarn/timelineservice:/usr/local/hadoop/share/hadoop/yarn/webapps:/
usr/local/hadoop/share/hadoop/yarn/yarn-service-examples:/usr/local/hadoop/etc/hadoop
:/usr/local/hbase/conf:/usr/local/hive/lib/*' -Djava.library.path=:/usr/local/hadoop/
lib/native org.apache.flume.node.Application --conf-file conf/flume-phonelog-hdfs.con
f --name a1
SLF4J: Class path contains multiple SLF4J bindings.
SLF4J: Found binding in [jar:file:/usr/local/flume/lib/log4j-slf4j-impl-2.18.0.jar!/o
rg/slf4j/impl/StaticLoggerBinder.class]
SLF4J: Found binding in [jar:file:/usr/local/hadoop/share/hadoop/common/lib/slf4j-rel
oad4j-1.7.36.jar!/org/slf4j/impl/StaticLoggerBinder.class]
SLF4J: Found binding in [jar:file:/usr/local/hive/lib/log4j-slf4j-impl-2.17.1.jar!/or
g/slf4j/impl/StaticLoggerBinder.class]
SLF4J: See http://www.slf4j.org/codes.html#multiple_bindings for an explanation.
SLF4J: Actual binding is of type [org.apache.logging.slf4j.Log4jLoggerFactory]
```

图 2-101 数据采集结果

第五步：验证数据是否被收集到 HDFS 中，查看 HDFS 收集文件中的内容，代码如下。

```
[root@master log]# hadoop fs -ls /flumelog
```

结果如图 2-102 所示。

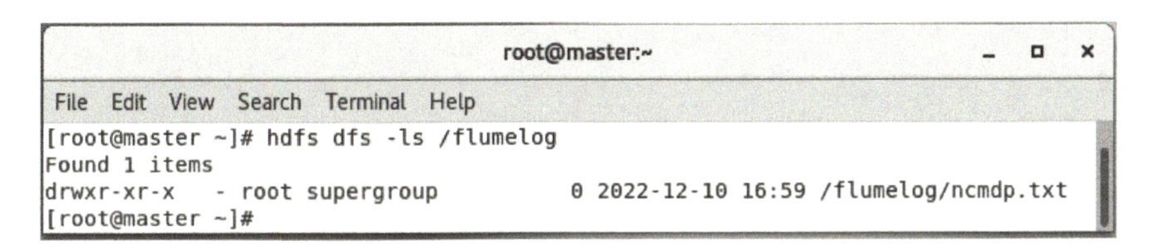
```
root@master:~
File Edit View Search Terminal Help
[root@master ~]# hdfs dfs -ls /flumelog
Found 1 items
drwxr-xr-x   - root supergroup          0 2022-12-10 16:59 /flumelog/ncmdp.txt
[root@master ~]#
```

图 2-102 查看 HDFS 收集文件中的内容

第六步：通过浏览器端口查看日志采集结果，如图 2-103 所示。

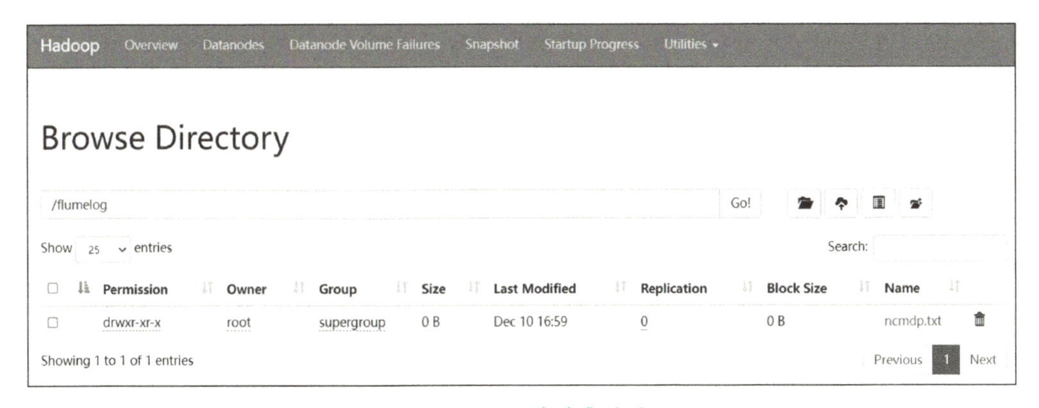

图 2-103 日志采集结果

通过对文件数据采集和存储的实现，读者会对 HDFS、Flume 等相关知识有初步了解，对 HDFS Shell、Flume NG 操作命令的基本使用有所掌握，并能够通过所学知识实现交通、医疗、电商等行业海量数据的采集与存储。

查看数据是否被收集到HDFS中，查看HDFS收集文件中的内容，代码如下。

```
[root@master log]# hadoop fs -ls /flume/log
```

结果如图2-102所示。

通过浏览器端口查看日志采集结果，如图2-103所示。

通过对文件数据采集和存储的实现，读者会对HDFS、Flume等相关知识有初步了解，对HDFS Shell、Flume NG操作命令的基本使用有所掌握，并能够通过所学知识实现交通、医疗、电商等行业海量数据的采集与存储。

Project 3

项目3

数据处理与分析

项目描述

Hadoop 其实很简单！

项目经理：能够进行数据的采集与文件存储了吗？

开发工程师：已经掌握了 HDFS 和 Flume 的基本使用了。我是不是很厉害？

项目经理：只学习了一点皮毛就开始得意了？你还有好多东西要学习呢！

开发工程师：是吗？还有什么内容呢？

项目经理：你还要对 MapReduce、Hive 进行学习。

开发工程师：好的，我这就去学习。

数据的处理与分析是大数据项目最重要的一部分。在 HDFS 中存储的数据量非常大，在包含了有用信息的同时，还包含着大量无用的、有干扰的数据，数据的处理就是对这些不可用数据进行清洗、变换，最终得到可以被使用的数据，之后可以对处理后的数据进行分析，找到有用的数据，为后期决策提供支持。本项目通过 MapReduce 和 Hive 相关知识的使用，实现流量数据的处理和分析。

学习目标

通过对项目 3 相关内容的学习，读者可了解 MapReduce、Hive 等相关概念，熟悉 MapReduce、Hive 基本架构，掌握 Hadoop Streaming 命令和 HQL 命令的使用，具有使用 Hadoop Streaming 命令、HQL 实现日志数据清洗和分析的能力。思维导图如下：

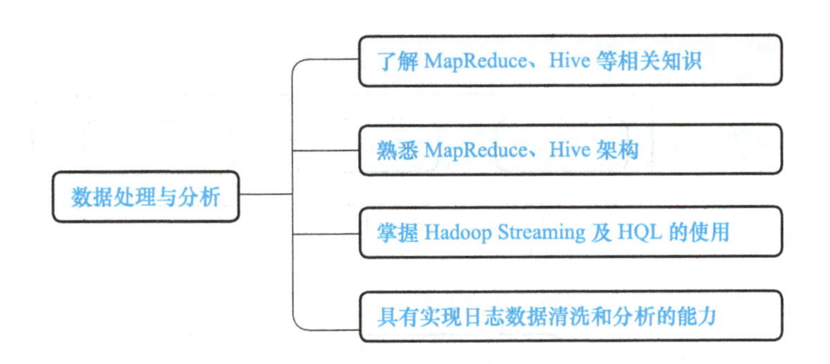

任务 1 MapReduce 清洗计算流量数据

任务分析

本任务主要通过 Hadoop Streaming 相关命令运行 MapReduce 来实现单词计数操作。在任务实现过程中，简单讲解了 MapReduce 的相关概念、执行流程及资源分配，详细说明了正则表达式和 Hadoop Streaming 命令的相关内容，并在任务实施中进行 MapReduce 相关知识的使用。

任务技能

技能点一 MapReduce 概述

1．MapReduce 简介

MapReduce 最初是由 Google 公司研究并提出的分布式运算编程框架，主要是为了解决搜索引擎中大规模网页数据的并行化处理问题，而 Hadoop 的 MapReduce 是 Google MapReduce 的克隆版本。MapReduce 在数据处理时会将整个过程分为两个阶段，即 Map 阶段和 Reduce 阶段。其中，在 Map 阶段，会将一个大任务分成多个子任务，并通过 map() 函数对数据集上的元素进行操作，之后生成键值对形式的中间结果；在 Reduce 阶段，主要对 Map 阶段生成的中间结果中的相同键的所有值通过 reduce() 函数进行规约操作，之后得到最终需要的结果，简单来说，就是将 Map 阶段结果进行合并，MapReduce 数据处理示例如图 3-1 所示。

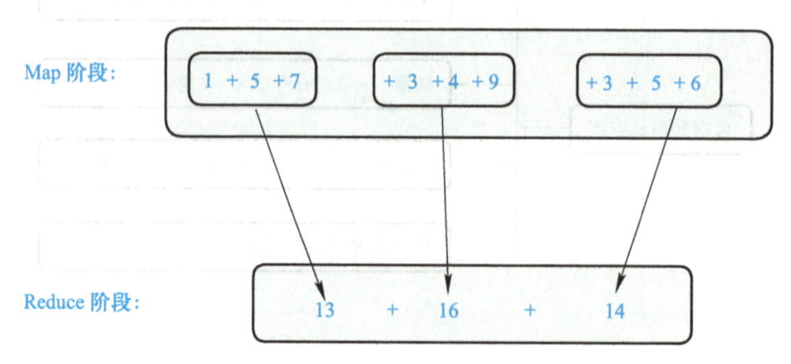

图 3-1 MapReduce 数据处理示例

使用 Hadoop MapReduce 编写分布式并行计算程序非常简单，开发人员只需实现 map() 和 reduce() 函数的编写即可，代码编写简单并且代码量较小，而其他分布式存储、工作调度、负载平衡、容错处理、网络通信等问题则通过 YARN 框架进行处理。Hadoop MapReduce 除了易于编程外，还具有如下优势。

- 可扩展性好，能够动态进行计算节点的增加 / 削减，实现真正的弹性计算模式。
- 容错性高，在计算节点出现故障的情况下，任务仍然可以自动迁移、重试和预测执行。
- 公平使用调度算法，通过优先级和任务抢占的方式，能够实现长 / 短任务的兼顾，提供交互式任务执行效率。
- 就近使用调度算法，通过将任务调度到距离其最近的数据节点执行，降低网络带宽的占用率。
- 具有灵活的资源分配和调度功能，极大地保证了集群资源的利用率达到最大，并有效避免了计算节点出现闲置和过载的情况，同时支持资源配额管理。
- 在实际生产环境中通过大量使用和验证 Hadoop MapReduce，能够保证集群计算节点个数达到 4000。

尽管 Hadoop MapReduce 有着诸多的优势，但其依然存在着一些不可忽略的缺点。Hadoop MapReduce 的缺点如下。

- 程序执行效率低，数据量小时，MapReduce 作业可能只需几分钟就能完成，但数据量较大时，会出现几个小时甚至好几天才能完成的情况。
- 低层化严重，例如，要实现一个简单的查询功能，需要对 map() 和 reduce() 函数进行编写，代码复杂，工作效率较低。
- MapReduce 存在算法不能实现的情况，如机器学习的模型训练。

2. MapReduce 架构

MapReduce 架构非常简单，与 HDFS 一样采用了 Master/Slave 架构，主要由 Client、JobTracker、TaskTracker、Task 这 4 个部分组成，如图 3-2 所示。

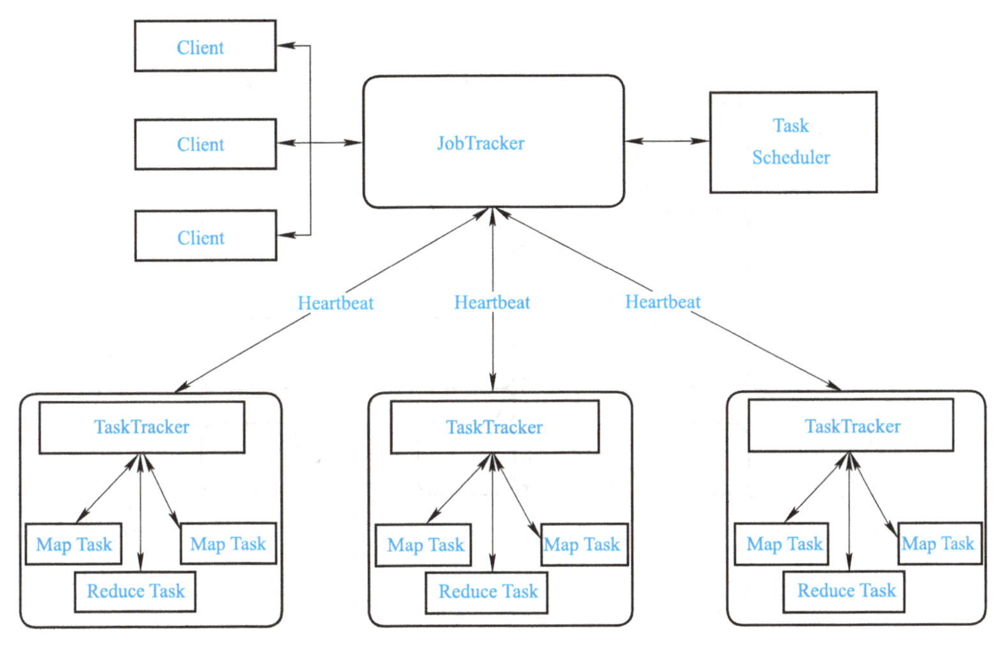

图 3-2 MapReduce 架构

关于图包含的各个部分的具体解释如下：

- Client。即客户端，可以将用户编写好的 MapReduce 程序提交到 JobTracker 端，而用户可以通过客户端提供的接口进行作业状态的查看。
- JobTracker。JobTracker 主要负责监控资源和调度作业。JobTracker 会对所有 TaskTracker 和 Job 的健康状况进行监控，一旦发现出现问题，JobTracker 就会立即将当前的任务转移到其他节点执行，并且在任务执行期间，JobTracker 会对任务的执行进度、资源使用量等信息进行跟踪并报告给调度器，而调度器会选择合适的任务在资源出现空闲时使用该资源。
- TaskTracker。TaskTracker 会将当前节点资源的使用和任务运行进度等情况通过 HeartBeat 进行周期性的汇总并报给 JobTracker，通过执行 JobTracker 发送过来的命令进行相应的操作，如新任务启动、任务关闭等。
- Task。Task 目前可分为 Map Task 和 Reduce Task 两种，可通过 TaskTracker 进行启动。

3．MapReduce 程序执行流程

在 MapReduce 程序的执行过程中，按照功能的不同可以将执行过程分为 5 个阶段，分别为 Input、Map、Shuffle、Reduce 和 Output 阶段。MapReduce 通过 5 个阶段的相互配合实现数据的相关处理操作。MapReduce 执行流程如图 3-3 所示。

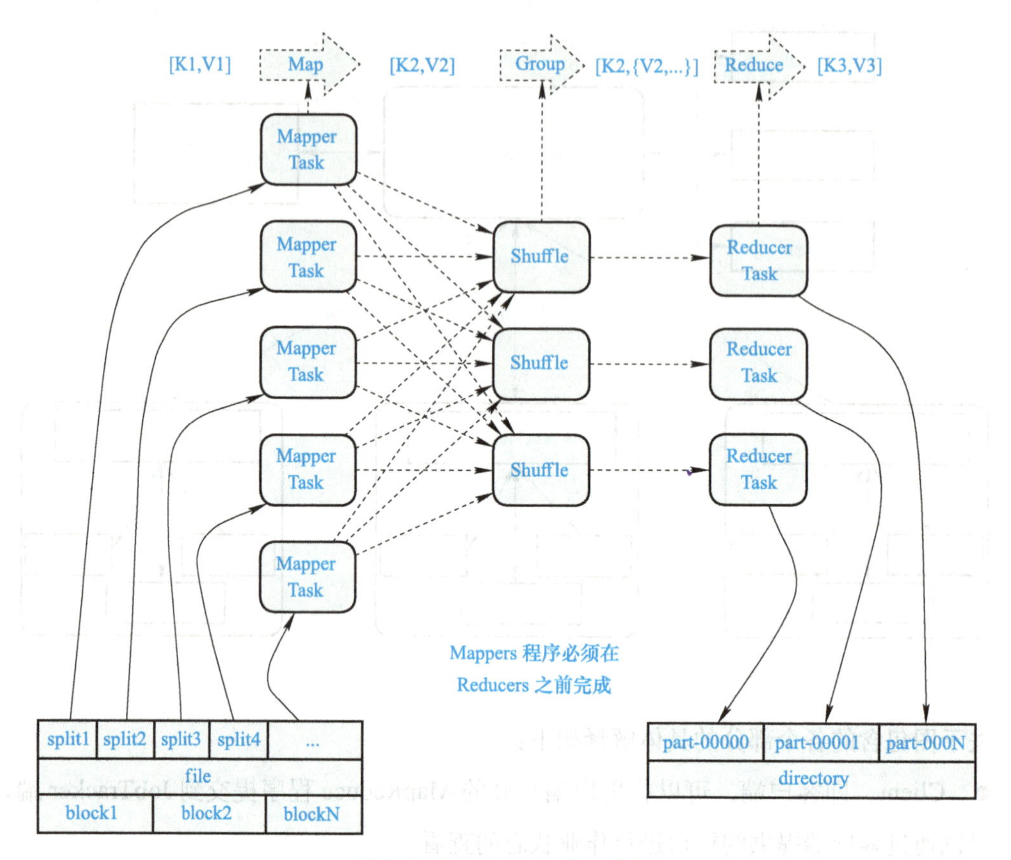

图 3-3　MapReduce 执行流程

1）Input 阶段：从节点上反序列化数据，进行数据读取、切片操作后，提供给 Map 阶段进行处理。

2）Map 阶段：对 Input 阶段提供的数据进行处理，将其包含的每条数据的形式转换为键值对后提供给 Shuffle 阶段。

3）Shuffle 阶段：优化 Map 阶段提供数据的中间键值对，并在实现分区后，将其分发到不同的 Reduce 处理。

4）Reduce 阶段：对 Shuffle 阶段优化分区的数据通过 key 值进行处理，并将处理后的结果发送到 Output 阶段。

5）Output 阶段：将 Reduce 阶段提供的数据按照对应格式输出到文档中。

注意，在 MapReduce 任务的整个执行过程中，不同的 Map 任务之间不仅不会进行通信，而且不同的 Reduce 任务之间也不会发生任何信息交换，其间涉及的数据交互的实现都需通过 MapReduce 框架自身完成。

4．MapReduce 任务分配与资源划分

任务分配与资源划分是 MapReduce 中非常重要的两个内容。其中，任务分配主要是针对空闲资源指定执行任务，Hadoop 可以实现将多维度资源（CPU、内存等）分配问题向单

维度的槽分配问题的转换，并且根据实际生产环境中不同种类任务所需计算资源的不同，可进一步将槽分成 Map 槽和 Reduce 槽，Map 任务只能使用 Map 槽执行，Reduce 任务只能使用 Reduce 槽执行。JobTracker 将任务分配给 TaskTracker 执行如图 3-4 所示。

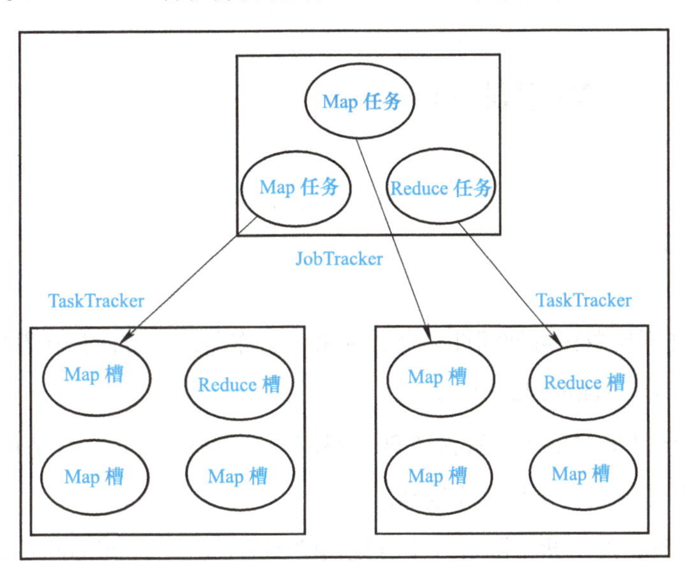

图 3-4　JobTracker 将任务分配给 TaskTracker 执行

资源划分主要是针对资源利用情况进行操作，通过静态资源方案的使用，在每个节点的 Hadoop 相关服务启动前进行 Map 槽和 Reduce 槽数量设置以实现资源的划分，在 Hadoop 服务启动完成后将不能修改。通过对资源个数固定，尽管可以解决系统资源过度开销而使任务失败的问题，但会出现一些别的问题，如下。

● 槽的种类固定，会出现某类槽紧缺的情况，导致槽使用率降低。

● 槽的数量固定，会导致 TaskTracker 资源使用率过高或过低。

● 槽的大小固定，在提交作业时，当作业需要的内存较少时，将会产生资源浪费；当作业需要的内存较大时，则会发生资源抢占的情况。

技能点二 YARN 资源管理器介绍

1．YARN 简介

Apache Hadoop YARN 的全称为 Yet Another Resource Negotiator，是 Hadoop 通用资源管理和调度平台，能够为 MapReduce、Storm、Spark 等计算框架（即上层应用）提供统一的资源管理和调度，使资源管理、数据共享、集群利用率等方面有极大的改善。简单来说，如果将 YARN 看作一个分布式的操作系统，将 MapReduce、Storm、Spark 等运算程序当作运行在系统上的应用程序，那么 YARN 的主要作用就是提供运算资源以用于执行运算程序。YARN 在 Hadoop 中的位置如图 3-5 所示。

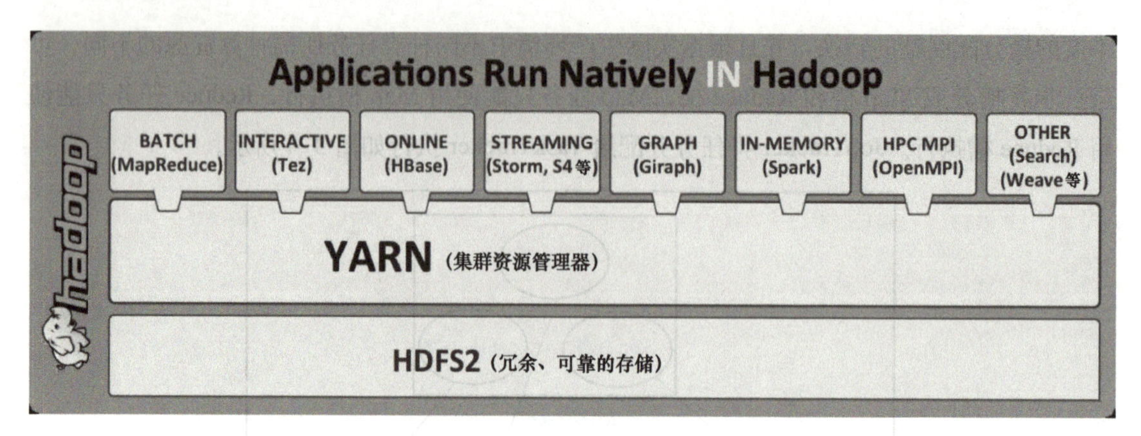

图 3-5　YARN 在 Hadoop 中的位置

MapReduce 计算模型在可伸缩性、资源利用、工作负载等方面存在着如下的局限性。

- 无法运行 non-MapReduce 的 Job。
- JobTracker 是集群事务（资源管理、跟踪资源消耗 / 可用、任务的声明周期管理）的集中处理点，存在单点故障且风险较高。
- 随着硬件价格的不断下降以及集群规模的不断扩大，MapReduce 框架的可伸缩性可能会满足不了项目的需求。
- 把资源强制划分为 Map/Reduce Slot，两者不可替代使用。当只有 Map Task 时，Reduce Slot 不能用；当只有 Reduce Task 时，Map Slot 不能用，容易造成资源利用不足。
- Hadoop 作为一种共享、多租户的系统，已被广泛使用在生产环境中。Hadoop 技术栈的升级可以对用户项目造成巨大的影响，所以 MapReduce 的兼容性至关重要。

YARN 作为 MapReduce 缺点的补充出现，用于替代传统 MapReduce 框架，并提供以下几个功能。

- 统一资源管理和调度：集群中所有节点的内存、CPU、磁盘、网络等资源被抽象为 Container，之后计算程序向 YARN 进行所需 Container 的申请，而 YARN 将按策略对资源进行调度及进行 Container 分配。
- 资源隔离：通过轻量级资源隔离机制 Cgroup，YARN 实现了资源的隔离，有效避免了资源之间的互相干扰。一旦出现 Container 使用资源量超过阈值的情况，该 Container 就会立即被关闭。

2. YARN 架构及实现流程

YARN 是一个资源管理、任务调度的框架，同样使用了 Master/Slave 架构，主要由 ResourceManager、NodeManager、ApplicationMaster 和 Container 等组件组成，YARN 架构如图 3-6 所示。

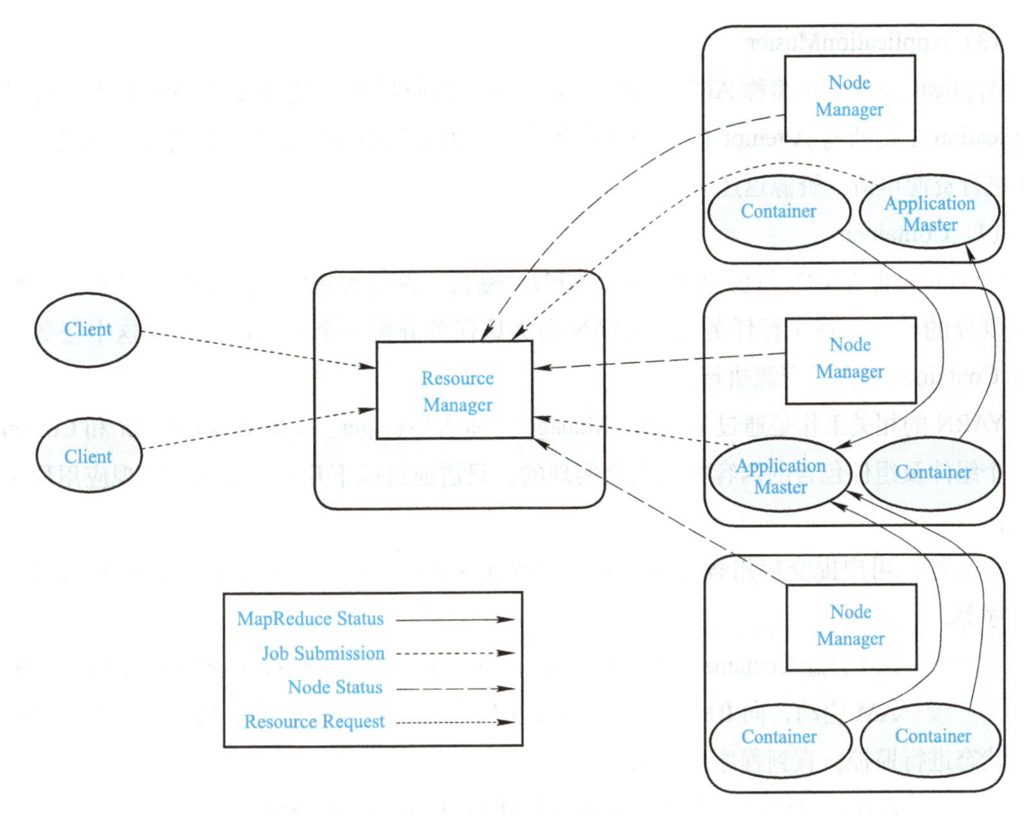

图 3-6 YARN 架构

（1）ResourceManager

ResourceManager 简称 RM，主要用于实现所有 NodeManager 资源统一的管理和调度。NodeManager 除了对 ApplicationMaster 资源请求申请进行处理并分配空闲的 Container 外，还可以根据 Container 运行程序并通过 ApplicationMaster 实现运行状态的监控。RM 主要由调度器和应用程序管理器两个组件组成。

- 调度器（Scheduler）：调度器可以根据各个应用程序的资源需求将节点中的资源进行分配，但会受容量、队列等内容的限制。并且，调度器只进行资源分配，既不会对应用的状态进行监听、跟踪，也不会保证失败的任务重启。

- 应用程序管理器（ApplicationsManager）：应用程序管理器主要负责对整个平台上所有应用程序的管理，包括 ApplicationMaster 容器服务的重启、应用程序的提交、应用程序运行状态监控等。

（2）NodeManager

NodeManager 简称 NM，主要负责节点的维护工作，不仅对当前节点上的资源使用情况、Container 运行状态等进行监听，并向 RM 进行定时的汇报，而且会对 ApplicationMaster 的 Container 启动、停止等任务进行处理。

（3）ApplicationMaster

ApplicationMaster 简称 AM，主要用于负责具体应用程序的调度和协调操作，可以对 Application 上的所有 Attempt 在 cluster 中各个节点的运行情况进行监控和管理，以及进行向 RM 进行资源申请、资源返还等操作。

（4）Container

Container 即 YARN 资源（如内存、CPU、磁盘、网络等资源）的抽象，是资源分配时资源划分的单位。在执行任务时，YARN 会为该任务分配一个 Container，而这个任务只能使用 Container 包含的资源执行。

YARN 的相关工作是通过 ResourceManager、NodeManager、ApplicationMaster 和 Container 这 4 个组件及组件包含的内容相互配合实现的，只需通过以下几个步骤即可实现应用程序的执行。

第一步：用户提交应用程序到 RM，包括 AM 程序、启动 AM 的命令、命令参数、用户程序等。

第二步：RM 分配 Container 给应用程序后，向 NM 发送在该 Container 中启动 AM 的命令。

第三步：AM 启动，向 RM 注册完成后，RM 为任务进行资源的申请，并对应用程序的运行状态进行监控，直到程序执行结束。

第四步：AM 通过轮询的方式向 RM 申请并领用 Container 资源。

第五步：资源申请完成后，AM 向 NM 发送启动任务的请求。

第六步：NM 为任务的执行设置相关的运行环境，将任务启动命令写入脚本后，通过运行脚本方式启动任务的执行。

第七步：在程序执行期间，实时向 AM 汇报任务执行的状态和进度，以保证任务执行失败时可以重新启动该任务。

第八步：应用程序运行完毕后，AM 向 RM 关闭自己并注销，Container 资源被释放，进入空闲状态，等待再次被使用。

技能点三 正则表达式

1．正则表达式介绍

Regular Expression (RE) 即正则表达式或规则表达式，是一种文本匹配模式，在代码中常被写为 RegEx、RegExp 或 RE，可用来检索和替换符合规则的文本。

正则表达式是对普通字符（A/a ~ Z/z 之间的字母或数字）、特殊字符（#、%、& 等字符）等文本进行规则匹配的一种逻辑公式。规则字符是预先定义的由特定字符组成的字符集合，用来表示对字符串的过滤逻辑。

采用传统方式对静态文本执行搜索或替换任务虽然能达到搜索与替换预期文本的效果，

但缺少一定的灵活性，并且使用这种方法搜索动态文本十分困难。通过正则表达式不但能够实现静态文本的搜索和替换，还能够对极具灵活性和不确定性的动态文本实现检索等。正则表达式可完成的操作如下。

- 数据验证：可以对输入的字符进行规则匹配，判断输入的字符是否符合或包含特定的字符。
- 文本替换：正则表达式能够识别文档中的特定字符，实现完全删除或替换该字符的功能。
- 提取符合规则的字符串：可以查找文档内或输入域内符合规则的特定文本。

正则表达式在处理文本文件时有较高的灵活性、较强的功能性，因此在各文本编辑器中都有应用，如 Microsoft Word、Visual Studio 等大型编辑器，都可以使用正则表达式来处理文本内容。

2. 正则表达式定义

正则表达式简单易学，抽象的概念容易理解。一些初学者在使用正则表达式时感觉非常困难的原因在于，他们对文本本身不了解，分析不够透彻，以至于找不到其中的规则。当对文本有所了解后，即可通过定义正则表达式实现文本中内容的过滤。正则表达式的定义非常简单，只需将一些特定字符组合在一起即可，正则表达式常用的操作符见表 3-1。

表 3-1 正则表达式常用的操作符

操作符	说明
[]	字符集，对单个字符给出取值范围
[^]	非字符集，对单个字符给出排除范围
*	前一个字符 0 次或无限次扩展
+	前一个字符一次或无限次扩展
?	前一个字符 0 次或一次扩展
|	左右表达式中的任意一个
{m}	扩展前一个字符 *m* 次
{m,n}	扩展前一个字符 *m*～*n* 次（含 *n*）
^	匹配字符串开头
$	匹配字符串结尾
()	分组标记，内部只能使用 | 操作符
\d	匹配一个数字字符，等价于 [0-9]
\D	匹配一个非数字字符，等价于 [^0-9]
\f	匹配一个换页符
\n	匹配一个换行符

（续）

操作符	说明
\r	匹配一个回车符
\s	匹配任何空白字符，包括空格、制表符、换页符等
\S	匹配任何非空白字符
\w	匹配字母、数字、下画线
\W	匹配非字母、数字、下画线

简单的正则表达式定义如下。

```
[a-z]              // 表示 a ～ z 单个字符
[abc]              // 表示 a、b、c
abc*               // 表示 ab、abc、abcc、abccc 等
abc+               // 表示 abc、abcc、abccc 等
abc?               // 表示 ab、abc
abc|def            // 表示 abc、def
ab{2}c             // 表示 abbc
ab{1,2}c           // 表示 abc、abbc
^abc               // 表示 abc 且在一个字符串的开头
abc$               // 表示 abc 且在一个字符串的结尾
^[A-Za-z]+$        // 表示由 26 个字母组成的字符串
^[A-Za-z0-9]+$     // 表示由 26 个字母和数字组成的字符串
^-?\d+$            // 表示整数形式的字符串
[1-9]\d{5}         // 表示 6 位邮政编码
\d{3}-\d{8}|\d{4}-\d{7}    // 表示电话号码
```

3．Python RE 库

Python 中提供了一个应用于实现正则表达式匹配字符串的 RE 库，其是 Python 的自带库，不需要进行下载及安装，在使用时只需要使用 import re 引入即可。在使用正则表达式实现文本过滤之前需要进行正则表达式的定义，RE 库提供了多种正则表达式定义方法，其中，r 方式是最普通的一种方式，在使用时会先将字符串转换为正则表达式对象，之后才会被函数执行以实现过滤效果，但每次使用该模式都需要重新进行转换，严重影响过滤的效率；而 compile() 方法会直接根据字符串创建正则表达式对象，再次使用时不需要重复转换，效率更高。正则表达式定义语法如下。

```
// 第一种方式
r' 正则表达式 '
// 第二种方式，flags 用于设置匹配方式，可选填
re.compile(r' 正则表达式 ',flags)
```

正则表达式定义完成后，即可通过 RE 库提供的多种方法执行正则表达式以在不同情况下实现文本过滤效果，其中常用的正则表达式执行方法见表 3-2。

表 3-2　常用的正则表达式执行方法

正则表达式执行方法	描　述
search()	搜索匹配正则表达式的第一个字符串的位置
match()	从头开始搜索匹配正则表达式的内容
findall()	搜索全部符合正则表达式的内容
split()	将字符串按照规则进行分隔
sub()	替换指定字符后搜索匹配正则表达式的内容

（1）search()

search() 通过对整个字符串内容的搜索找到第一个匹配成功的内容，并以 Match 对象形式返回，匹配不成功则返回 None。search() 方法接收 3 个参数：第一个参数为正则表达式；第二个参数为要匹配的字符串；第三个参数为标志位，用于设置正则表达式的匹配方式，如忽略大小写、多行模式等，但需要注意的是使用 compile() 方法时不能使用该参数。search() 语法格式如下。

```
re.search(pattern, string, flags)
```

其中，flags 包含的参数值见表 3-3。

表 3-3　flags 包含的参数值

参　数　值	作　用
re.I	忽略大小写
re.L	表示特殊字符集 \w、\W、\b、\B、\s、\S 依赖于当前环境
re.M	多行模式
re.X	为了增加可读性，忽略空格和 # 后面的注释

使用 search() 方法以忽略大小写方式实现从字符串中找到第一个为字母的字符，代码如下。

```
// 导入 RE 库
import re
// 定义正则表达式及匹配方式
pattern=re.compile(r'[a-z]',re.I)
// 筛选第一个符合正则表达式的字符
content=re.search(pattern,"12A4x")
```

结果如图 3-7 所示。

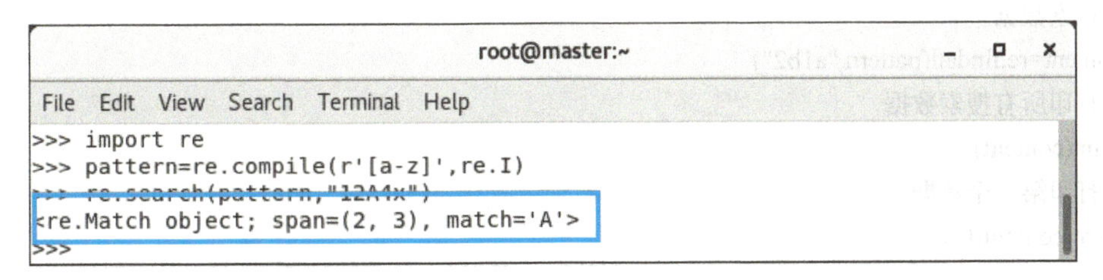

图 3-7　找到第一个为字母的字符

（2）match()

match() 方法可以从整个字符串的起始位置开始搜索匹配正则表达式的内容，不管最后成不成功，只要起始位置没有匹配成功就返回 None，起始位置匹配成功则以 Match 对象形式返回，其接收参数及作用与 search() 方法相同，语法格式如下：

```
re.match(pattern, string, flags)
```

使用 match() 方法可实现从字符串开头进行匹配，找到从起始位置就符合正则表达式的字符，代码如下。

```
pattern=re.compile(r'[a-z]')
// 失败匹配
a=re.match(pattern,"12A4x")
// 打印返回结果
print(a)
// 成功匹配
re.match(pattern,"a1b2")
```

结果如图 3-8 所示。

```
root@master:~
File Edit View Search Terminal Help
>>> pattern=re.compile(r'[a-z]')
>>> a=re.match(pattern,"12A4x")
>>> print(a)                          匹配失败
None
>>> re.match(pattern,"a1b2")
<re.Match object; span=(0, 1), match='a'>     匹配成功
>>>
```

图 3-8　从字符串开头进行匹配

（3）findall()

findall() 方法可以在整个字符串中搜索所有符合正则表达式的内容，并以列表形式返回搜索结果，可通过索引方式获取，当没有匹配内容时，返回空的列表。其包含参数及使用方式与 search() 方法相同。findall() 方法的语法格式如下：

```
re.findall(pattern, string, flags)
```

使用 findall() 方法获取所有符合正则表达式的字符，代码如下。

```
pattern=re.compile(r'[a-z]')
// 搜索数据
content=re.findall(pattern,"a1b2")
// 打印所有搜索数据
print(content)
// 打印第一个数据
print(content[0])
```

结果如图 3-9 所示。

```
root@master:~
File Edit View Search Terminal Help
>>> pattern=re.compile(r'[a-z]')
>>> content=re.findall(pattern,"a1b2")
>>> print(content)
['a', 'b']
>>> print(content[0])
a
>>>
```

图 3-9 获取所有符合正则表达式的字符

（4）split()

split() 可以将字符串中符合正则表达式的字符当作分隔符将整个字符串分隔，并以列表类型返回分隔后的内容，当没有符合字符时，则将整个字符串以列表形式返回。其接收 4 个参数：第一个参数为正则表达式；第二个参数为原始字符串；第三个参数为最大分隔次数，默认为 0，表示不限次数；第四个参数为标志位。split() 方法的语法格式如下。

```
re.split(pattern, string, maxsplit,flags)
```

使用 split() 方法对字符串进行分隔，代码如下。

```
pattern=re.compile(r'[a-z]')
// 分隔数据
content=re.split(pattern,"1a2b3")
// 打印分隔后的数据
print(content)
```

结果如图 3-10 所示。

```
root@master:~
File Edit View Search Terminal Help
>>> pattern=re.compile(r'[a-z]')
>>> content=re.split(pattern,"1a2b3")
>>> print(content)
['1', '2', '3']
>>>
```

图 3-10 对字符串进行分隔

（5）sub()

sub() 可以将字符串中所有符合正则表达式的字符替换为指定的字符，并将结果以字符串的形式返回。其接收 5 个参数：第一个参数为正则表达式；第二个参数为替换字符；第三个参数为原始字符串；第四个参数为最大替换次数，默认为 0，表示不限次数；第五个参数为标志位。sub() 方法的语法格式如下。

```
re.sub(pattern, repl, string,count,flags)
```

使用 sub() 方法对字符串中的字符进行替换，代码如下。

```
pattern=re.compile(r'[a-z]')
// 替换字符
content=re.sub(pattern,"@","1a2b3")
// 打印替换后的字符串
print(content)
```

结果如图 3-11 所示。

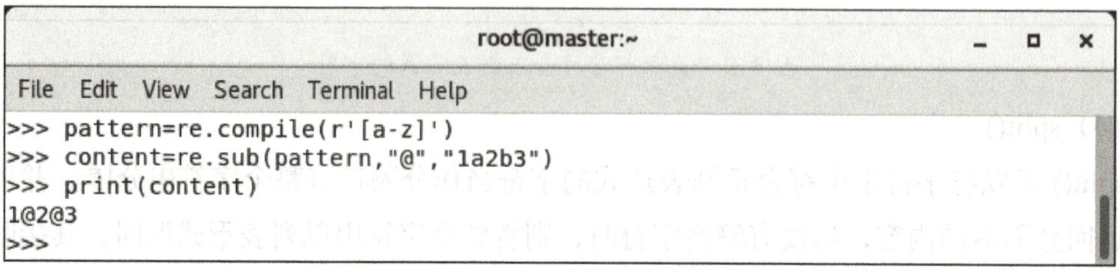

```
root@master:~
File  Edit  View  Search  Terminal  Help
>>> pattern=re.compile(r'[a-z]')
>>> content=re.sub(pattern,"@","1a2b3")
>>> print(content)
1@2@3
>>>
```

图 3-11　对字符串中的字符进行替换

在使用 search() 和 match() 方法实现正则表达式的匹配后，会将匹配结果以 Match 对象的形式返回，通过直接打印的方式不能够直观地输出其包含的内容。为了满足开发者的各种需求，RE 库提供了多种属性和方法来实现 Match 包含内容的获取。其中，常用属性及方法见表 3-4。

表 3-4　Match 对象常用属性及方法

属性及方法	说　明
string	待匹配的文本
re	匹配时使用的 patter 对象（正则表达式）
pos	正则表达式搜索文本的开始位置
endpos	正则表达式搜索文本的结束位置
group()	输出匹配结果
start()	匹配结果在原始字符串的开始位置
end()	匹配结果在原始字符串的结束位置
span()	返回匹配范围

使用 Match 对象属性和方法的代码如下。

```
pattern=re.compile(r'[a-z]',re.I)
content=re.search(pattern,"12A4x")
// 获取原字符串
content.string
// 获取正则表达式对象
content.re
// 获取匹配起始位置
```

```
content.pos
// 获取匹配结束位置
content.endpos
// 获取匹配结果
content.group(0)
// 获取匹配结果在字符串中的开始位置
content.start()
// 获取匹配结果在字符串中的结束位置
content.end()
// 获取匹配范围
content.span()
```

结果如图 3-12 所示。

```
root@master:~
File  Edit  View  Search  Terminal  Help
>>> pattern=re.compile(r'[a-z]',re.I)
>>> content=re.search(pattern,"12A4x")
>>> content.string
'12A4x'
>>> content.re
re.compile('[a-z]', re.IGNORECASE)
>>> content.pos
0
>>> content.endpos
5
>>> content.group(0)
'A'
>>> content.start()
2
>>> content.end()
3
>>> content.span()
(2, 3)
>>>
```

图 3-12　使用 Match 对象的属性和方法

技能点四　Hadoop Streaming

1．Hadoop Streaming 简介

Hadoop Streaming 是 Hadoop 提供的一种编程工具，可以使任何语言编写的 Map 程序和 Reduce 程序在 Hadoop 集群中运行，但需要注意的是，map() 函数和 reduce() 函数的数据流必须遵循对应编程语言的标准输入 / 输出。简单来说，Hadoop Streaming 类似于发动机的启动按钮，当按下启动按钮后，MapReduce 启动，并运行开发人员编写好的 MapReduce 程序。启动按钮如图 3-13 所示。

图 3-13　启动按钮

2. Hadoop Streaming 使用

使用 Hadoop Streaming 运行 MapReduce 程序非常简单，只需在 Hadoop 安装包的 bin 目录下，通过在 hadoop 脚本后添加 Streaming 的 jar 包的完整路径即可实现程序的运行，其中，Streaming 的 jar 包存放在安装包的 share/hadoop/tools/lib 目录下。Hadoop Streaming 语法如下。

```
hadoop jar /usr/local/hadoop/share/hadoop/tools/lib/hadoop-streaming.jar [genericOptions] [streamingOptions]
```

其中：

- genericOptions：通用命令选项。
- streamingOptions：流式命令选项。

注意：确保在流式命令选项之前放置通用命令选项，否则命令将失败。

Hadoop Streaming 提供了多个运行 MapReduce 程序的命令参数，为程序的运行提供相关的设置。常用的通用命令参数见表 3-5。

表 3-5 常用的通用命令参数

参　数	说　明
-conf configuration_file	指定一个应用程序配置文件
-D property=value	对给定的属性使用值
-fs host:port or local	指定一个名称节点
-files	指定要复制到 Map / Reduce 群集的逗号分隔文件
-libjars	指定逗号分隔的 jar 文件以包含在类路径中
-archives	指定以逗号分隔的档案在计算机上取消存档

部分常用命令参数见表 3-6。

表 3-6 部分常用命令参数

参　数	说　明
-input directoryname or filename	Mapper 输入位置
-output directoryname	Reducer 输出位置
-mapper executable or JavaClassName	Mapper 可执行文件，如果没有指定，则使用 IdentityMapper 作为默认值
-reducer executable or JavaClassName	Reducer 可执行文件，如果没有指定，则使用 IdentityReducer 作为默认值
-file filename	在计算节点上，使 Mapper、Reducer 或 Combiner 可执行文件在本地可用
-inputformat JavaClassName	提供的类应该返回文本类的键 / 值对。如果未指定，则将使用 TextInputformat 作为默认值
-outputformat JavaClassName	提供的类应该采用文本类的键 / 值对。如果未指定，则将使用 TextOutputformat 作为默认值
-partitioner JavaClassName	确定某个被减少密钥的类被发送到

（续）

参　数	说　明
-combiner streamingCommand or JavaClassName	组合可执行的 Map 输出
-cmdenv name=value	将环境变量传递给 Streaming 命令
-inputreader	对于向后兼容性，指定一个记录阅读器类（而不是输入格式类）
-verbose	详细输出
-lazyOutput	创建输出延迟，如果输出格式基于 FileOutputFormat，则仅在第一次调用 Context.write 时创建输出文件
-numReduceTasks	指定减速器的数量
-mapdebug	脚本在 Map 任务失败时调用
-reducedebug	脚本在 Reduce 任务失败时调用

在生产环境中，对于 Hadoop Streaming 命令，通常为多个命令组合在一起使用，通过不同的命令组合可以实现多种功能。下面通过 Hadoop Streaming 命令执行 Map 程序和 Reduce 程序来读取 HDFS 上的文件并将内容重新输出到 HDFS 上进行存储，步骤如下。

第一步：创建 test.txt 文件，并添加内容，然后将其上传到 HDFS 的根目录保存，test.txt 文件内容如图 3-14 所示。

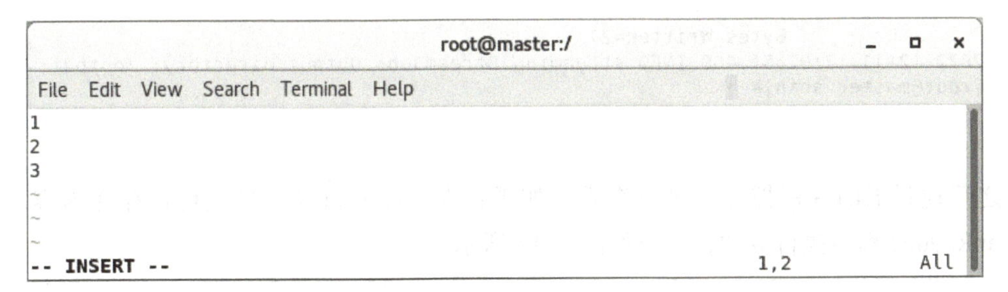

图 3-14　test.txt 文件内容

第二步：创建 Map.py 文件，编写数据读取程序，按行读取数据并输出，代码如下。

```
#!/usr/bin/env python
# 导入 Python 所需库
import sys
# 循环取出每行数据
for line in sys.stdin:
    try:
# 将数据输出到 Reduce
        print (line)
    except Exception  as e:
        pass
```

第三步：创建 Reduce.py 文件，编写代码，将 Map.py 中的数据按行输出并保存到 HDFS 中，代码如下。

```
#!/usr/bin/env python
import sys
for line in sys.stdin:
    print (line)
```

第四步：通过 Hadoop Streaming 命令将 Map.py 和 Reduce.py 提交到 MapReduce 上运行，代码如下。

```
hadoop jar /usr/local/hadoop/share/hadoop/tools/lib/hadoop-streaming-3.3.3.jar -file /usr/local/Map.py -mapper Map.py -file /usr/local/Reduce.py -reducer Reduce.py -input /test.txt -output /output
```

结果如图 3-15 所示。

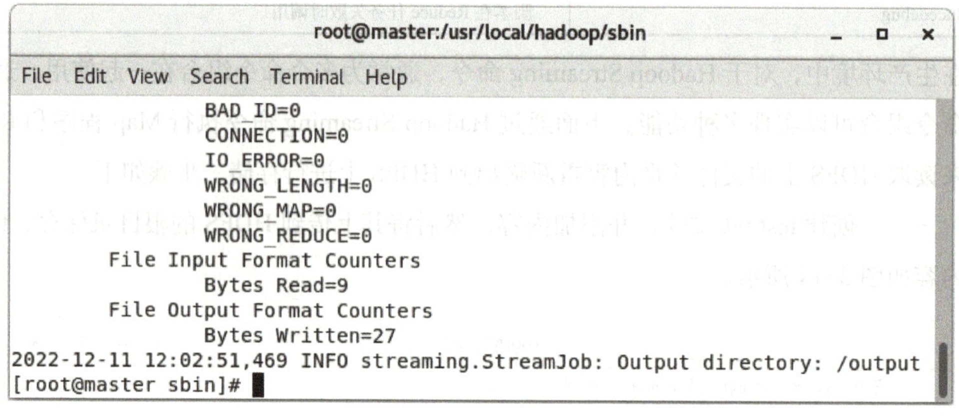

图 3-15　提交任务到 MapReduce 上运行

之后通过 HDFS 监控界面进行查看，如果存在 output 目录并且该目录存在内容，则说明 MapReduce 程序执行成功，结果如图 3-16 所示。

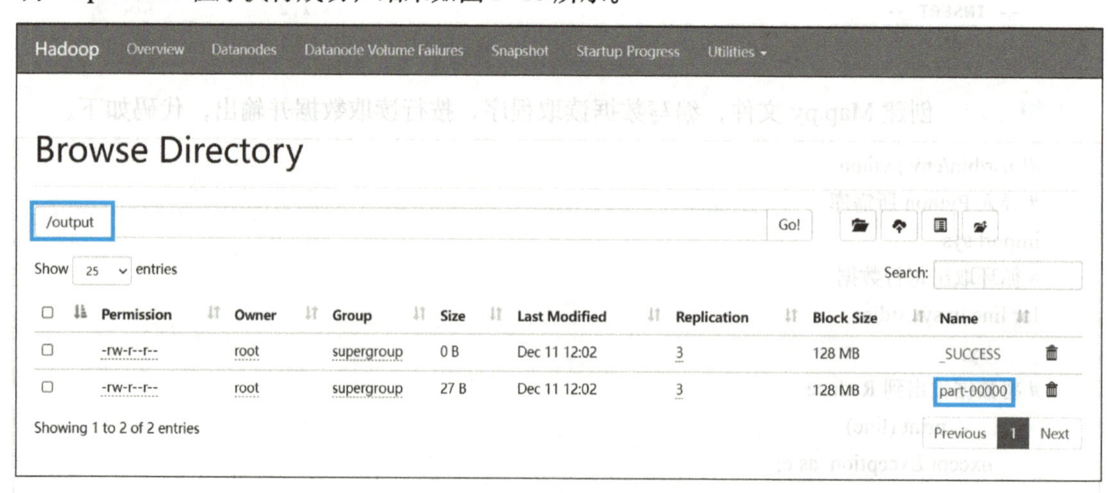

图 3-16　查看执行结果

然后在当前命令窗口中，通过 HDFS 文件内容查看命令，查看新生成文件的内容与 test.txt 文件内容是否相同，如果相同，则说明数据存储成功，如图 3-17 所示。

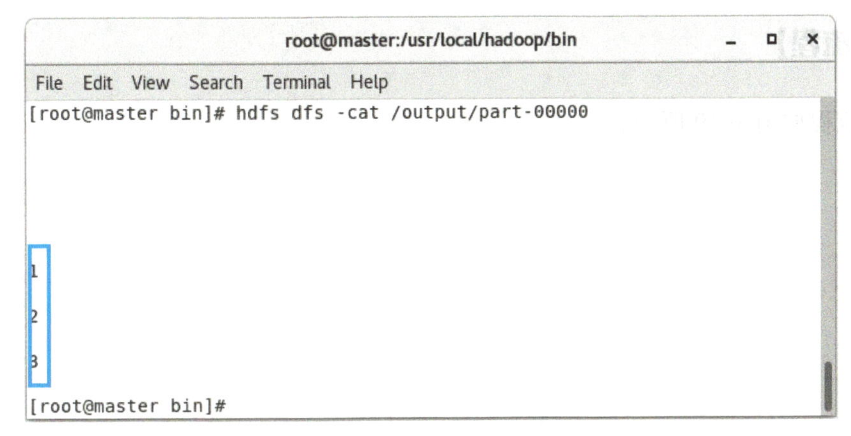

图 3-17 查看新生成文件的内容

任务实施

【任务目的】

单词计数是将文本文件以空格或逗号对文档内的单词进行分隔，将每行的单词作为一组 key-value 类型的数据，key 为文档中的单词，value 初始化设置为 1，在计算过程中将 key 值相同的 key-value 对分到同一组并对 value 值进行求和操作，最后得到每个单词在文档内出现的次数。可使用 Hadoop 自带的 MapReduce.jar 包完成单词计数功能，并巩固之前所学的 HDFS Shell 等知识，单词计数执行流程如图 3-18 所示。

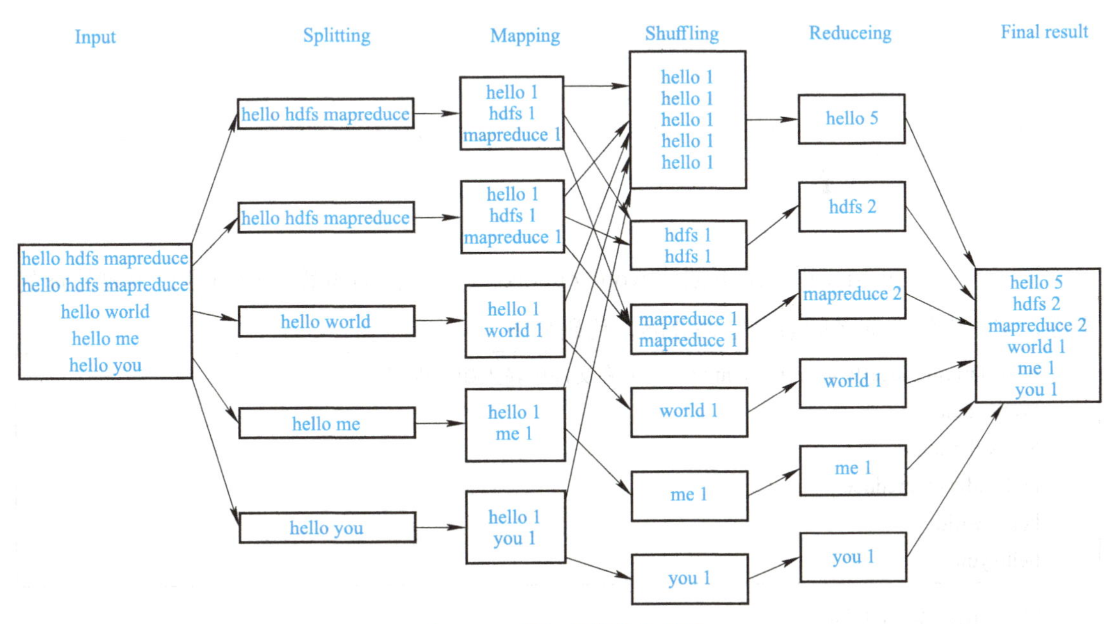

图 3-18 单词计数执行流程

【任务流程】

任务流程如图 3-19 所示。

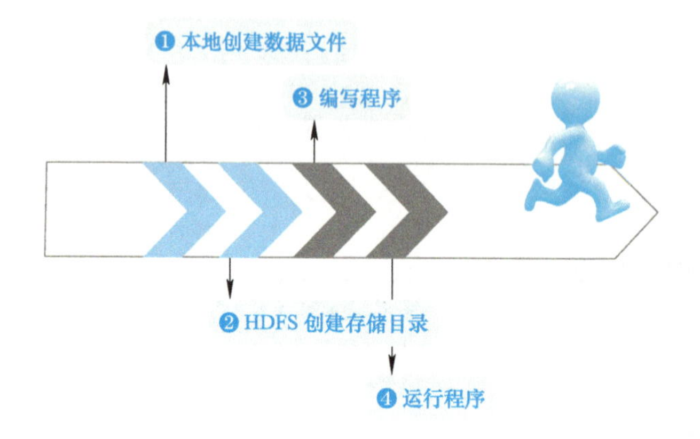

图 3-19 任务流程

【任务步骤】

第一步： 将 Hadoop 安装目录内的 hadoop-streaming 2.7.2 工具包复制到本机 /usr/local 的目录下，代码如下。

```
[root@master ~]# cp /usr/local/hadoop/share/hadoop/tools/lib/hadoop-streaming-2.7.7.jar /usr/local
```

结果如图 3-20 所示。

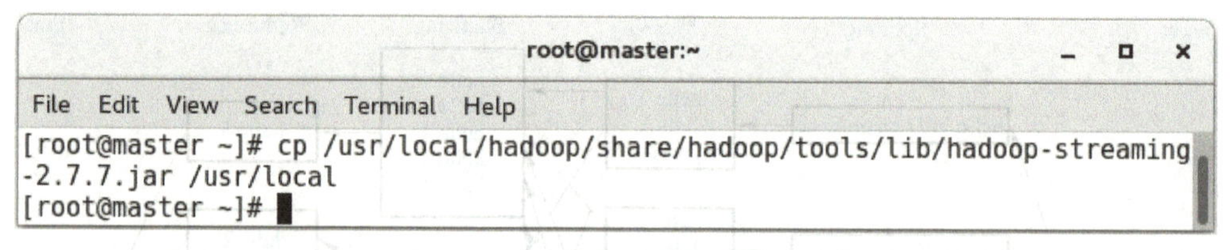

图 3-20 复制 hadoop-streaming 文件

第二步： 在 /usr/local 目录下创建 wordcount.txt 文件，然后编辑一段内容作为要处理的文件，文件内的单词之间通过空格分隔，代码如下。

```
[root@master local]# vi wordcount.txt        # 在文件中输入如下内容
Word count
Spark Streaming
hello hdfs mapreduce
hello world
hello you
```

结果如图 3-21 所示。

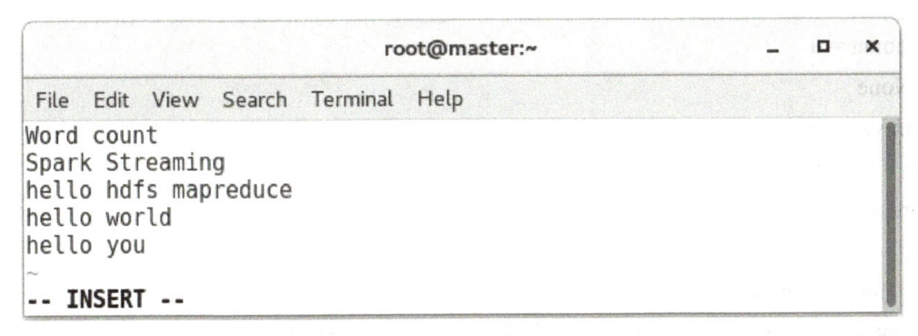
```
Word count
Spark Streaming
hello hdfs mapreduce
hello world
hello you
~
-- INSERT --
```

图 3-21　创建 wordcount.txt 文件

第三步：在 HDFS 上创建一个名为 /wordcount/input 的文件夹，并将本机 /usr/local 中新建的 wordcount.txt 文件上传到 HDFS 的 /wordcount/input 目录中，代码如下。

```
[root@master local]# hadoop fs -mkdir -p /wordcount/input
[root@master local]# hadoop fs -put /usr/local/wordcount.txt /wordcount/input
```

第四步：在 /usr/local 目录中设计 Map.py 文件，将 wordcount.txt 文件内容按照空格进行分隔，并将分隔后的数据转换为 key-value 对的形式，代码如下。

```
[root@master local]# vi /usr/local/Map.py
#!/usr/bin/env python
import sys
for line in sys.stdin:
    line = line.strip()
    words = line.split()
    for word in words:
        print("%s\t%s" % (word, 1))
```

Map.py 文件如图 3-22 所示。

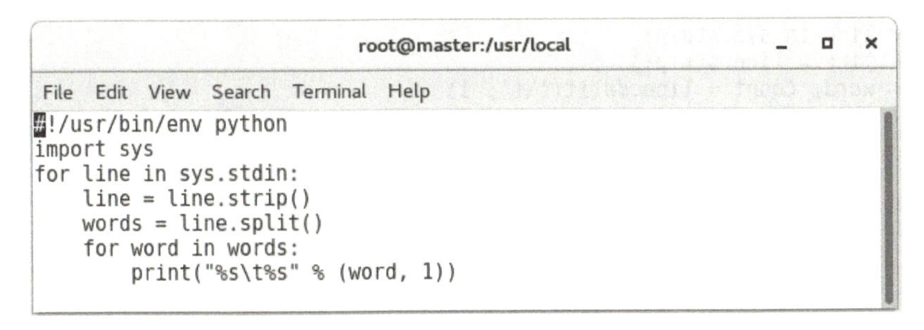
```
#!/usr/bin/env python
import sys
for line in sys.stdin:
    line = line.strip()
    words = line.split()
    for word in words:
        print("%s\t%s" % (word, 1))
```

图 3-22　Map.py 文件

第五步：在 /usr/local 目录中设计 Reduce.py 文件，将 key-value 对形式的数据进行统计并输出，代码如下。

```
[root@master local]# vi /usr/local/Reduce.py
#!/usr/bin/env python
from operator import itemgetter
import sys
current_word = None
```

```
current_count = 0
word = None
for line in sys.stdin:
    line = line.strip()
    word, count = line.split('\t', 1)
    try:
        count = int(count)
    except ValueError:   #count 如果不是数字的话，直接忽略掉
        continue
    if current_word == word:
        current_count += count
    else:
        if current_word:
            print("%s\t%s" % (current_word, current_count))
        current_count = count
        current_word = word
if word == current_word:   # 不要忘记最后的输出
print("%s\t%s" % (current_word, current_count))
```

Reduce.py 文件如图 3-23 所示。

```
root@master:/usr/local
File  Edit  View  Search  Terminal  Help
#!/usr/bin/env python
from operator import itemgetter
import sys
current_word = None
current_count = 0
word = None
for line in sys.stdin:
    line = line.strip()
    word, count = line.split('\t', 1)
    try:
        count = int(count)
    except ValueError:   #count如果不是数字的话，直接忽略掉
        continue
    if current_word == word:
```

图 3-23　Reduce.py 文件

第六步：使用 hadoop-streaming 包运行 Python MapReduce，并指定文件路径，最后通过执行命令查看 HDFS 文件系统中处理后的文件，代码如下。

```
[root@master local]# hadoop jar /usr/local/hadoop-streaming-3.3.3.jar -file /usr/local/Map.py -mapper Map.py -file /usr/local/Reduce.py -reducer Reduce.py -input /wordcount/input/wordcount.txt -output /wordcount/output
[root@master local]# hadoop fs -ls /wordcount/output/
[root@master local]# hadoop fs -cat /wordcount/output/part-00000
```

单词计数结果如图 3-24 所示。

```
root@master:/usr/local
File  Edit  View  Search  Terminal  Help
[root@master local]# hdfs dfs -ls /wordcount/output
Found 2 items
-rw-r--r--   3 root supergroup          0 2022-12-11 12:31 /wordcount/output/_SUCCESS
-rw-r--r--   3 root supergroup         76 2022-12-11 12:31 /wordcount/output/part-00000
[root@master local]# hdfs dfs -cat /wordcount/output/part-00000
Spark   1
Streaming       1
Word    1
count   1
hdfs    1
hello   3
mapreduce       1
world   1
you     1
[root@master local]#
```

图 3-24　单词计数结果

任务拓展

【拓展目的】

熟练运用 MapReduce 的相关知识，掌握使用 Java 编写 MapReduce 程序的方法。

【拓展内容】

使用 Java 语言编写 MapReduce 程序来实现两个文本文件内容的合并操作，然后将程序提交到集群运行。

【拓展步骤】

第一步：在“/usr/local”目录下创建两个文本文件，分别命名为“f1.txt”和“f2.txt”，创建完成后上传到 HDFS 文件系统，代码如下。

```
[root@master local]# vi f1.txt      # 输入以下内容
20150101 x
20150102 y
20150103 x
20150104 y
20150105 z
20150106 x
[root@master ~]# vi f2.txt
20150101 y
```

```
20150102 y
20150103 x
20150104 z
20150105 y
[root@master ~]# hadoop fs -mkdir -p /user/root/input
[root@master ~]# hadoop fs -put ./f*.txt /user/root/input
[root@master ~]# hadoop fs -ls /user/root/input
```

上传文件后的结果如图 3-25 所示。

```
root@master:/usr/local
File Edit View Search Terminal Help
[root@master local]# vim /usr/local/f1.txt
[root@master local]# vim /usr/local/f2.txt
[root@master local]# hdfs dfs -mkdir -p /user/root/input
[root@master local]# hdfs dfs -put ./f*.txt /user/root/input
[root@master local]# hdfs dfs -ls /user/root/input
Found 2 items
-rw-r--r--   3 root supergroup         66 2022-12-11 12:34 /user/root/input/f1.txt
-rw-r--r--   3 root supergroup         55 2022-12-11 12:34 /user/root/input/f2.txt
[root@master local]#
```

图 3-25　上传文件后的结果

第二步：使用 IDEA 创建一个名为“wordmeger”的 Java 项目，并创建一个名为“wordmeger”的 Java 类，如图 3-26 所示。

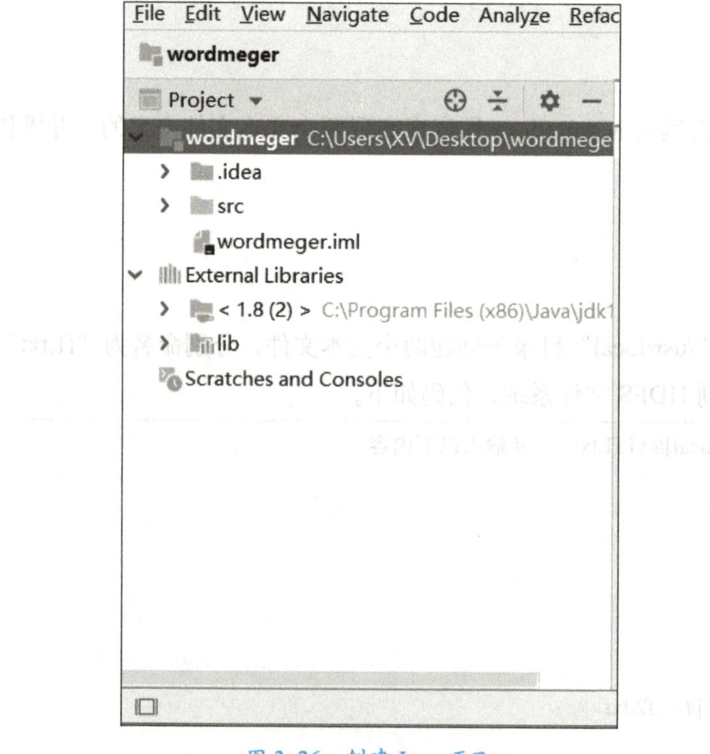

图 3-26　创建 Java 项目

第三步：编写 Java 程序，当遇到小文件时，每个文件都会被当成一个切片，资源消耗非常大，Hadoop 支持将小文件合并后当成一个切片处理，根据数据处理需求编写程序，代码如下。

```
import java.io.IOException;
import org.apache.hadoop.conf.Configuration;
import org.apache.hadoop.fs.Path;
import org.apache.hadoop.io.Text;
import org.apache.hadoop.mapreduce.Job;
import org.apache.hadoop.mapreduce.Mapper;
import org.apache.hadoop.mapreduce.Reducer;
import org.apache.hadoop.mapreduce.lib.input.FileInputFormat;
import org.apache.hadoop.mapreduce.lib.output.FileOutputFormat;
public class wordmeger {
    public static class Map extends Mapper<Object, Text, Text, Text> {
        private static Text text = new Text();
public void map(Object key, Text value, Context context)
// 相当于直接把值打印到磁盘文件中。value 其实就是每一行的文件内容
        throws IOException, InterruptedException {
        text = value;
        context.write(text, new Text(""));
        }
        }
        public static class Reduce extends Reducer<Text, Text, Text, Text> {public void reduce(Text key, Iterable
<Text> values, Context context)
        throws IOException, InterruptedException {
        context.write(key, new Text(""));
        }
        }
        public static void main(String[] args) throws Exception {
        Configuration conf = new Configuration();
        // 获取要处理的数据
        conf.set("fs.defaultFS",
        // 设置 IP
        "hdfs://192.168.10.10:9000");
        String[] otherArgs = new String[] { "input", "output" };
        if (otherArgs.length != 2) {
        System.err.println("Usage: wordmeger and duplicate removal <in> <out>");
        System.exit(2);
        }
        Job job = Job.getInstance(conf, "wordmeger and duplicate removal");
```

```
        job.setJarByClass(wordmeger.class);
        job.setMapperClass(Map.class);
        job.setReducerClass(Reduce.class);
        job.setOutputKeyClass(Text.class);
        job.setOutputValueClass(Text.class);
        FileInputFormat.addInputPath(job, new Path(otherArgs[0]));
        FileOutputFormat.setOutputPath(job, new Path(otherArgs[1]));
        System.exit(job.waitForCompletion(true) ? 0 : 1);
        }
        }
```

第四步：在 IDEA 中依次选择“File”→“Project Settings”→“Artifacts”命令，然后单击“+”按钮，选择“JAR”→“Empty”选项，在 Name 框中输入包名“wordmeger”，然后在“Available Elements”框中双击“'wordmeger'compile output”选项，单击 OK 按钮将程序添加到 Jar 包，结果如图 3-27 所示。

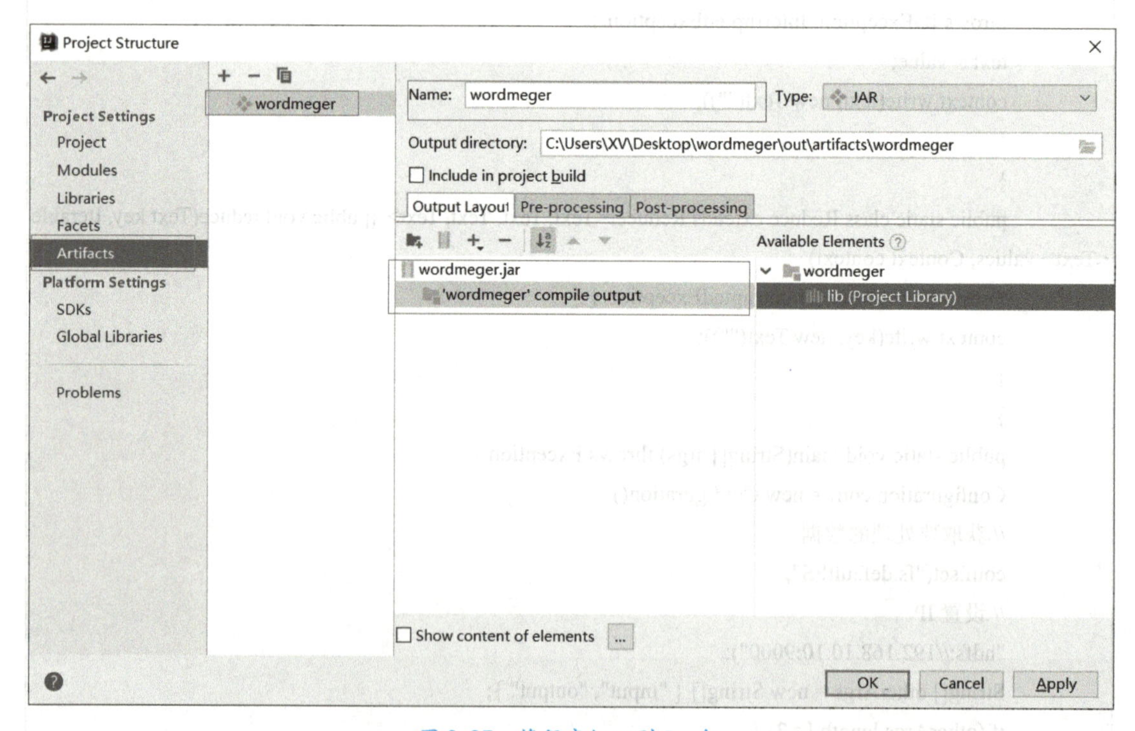

图 3-27 将程序加入到 Jar 包

第五步：在 IDEA 中选择“Artifacts”→“Build”选项，开始生成 Jar 包，Jar 包生成完成后会在项目中创建一个存储 Jar 包的 out 目录，如图 3-28 所示。

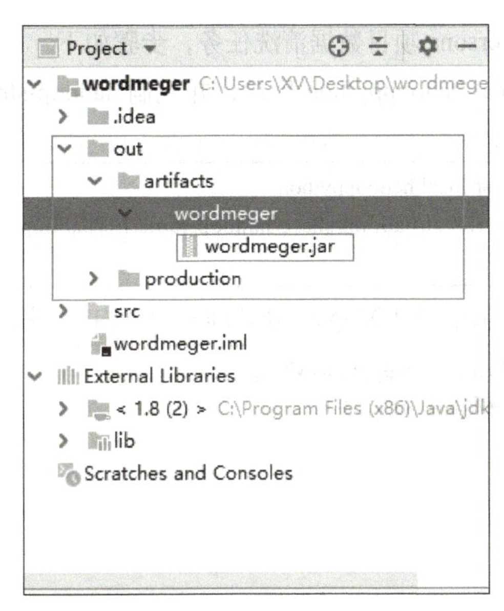

图 3-28　生成 Jar 包

第六步：将 wordmeger.jar 上传到集群，提交到 Hadoop 运行，查看运行结果，代码如下。

```
[root@master local]# hadoop jar wordmeger.jar wordmeger /user/root/input/* /user/root/ou
tput
[root@master local]# hdfs fs -ls /user/root/output
[root@master local]# hdfs fs -cat /user/root/output/part-r-00000
```

结果如图 3-29 所示。

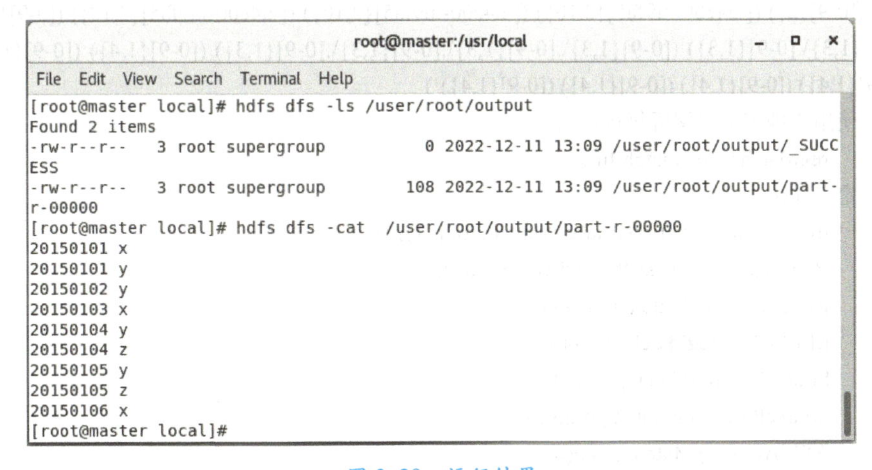

图 3-29　运行结果

实战强化

在将数据文件上传至 HDFS 系统后，使用 Python 编写清洗元数据文件中的用户访问 IP、用户请求时间和请求 URL 的 MapReduce 代码，最终使用 hadoop-streaming-3.3.3.jar 工具执行 MapReduce 进行 Persona 项目数据清洗任务，步骤如下。

第一步： 新建 /usr/local/hadooppython 目录，并复制 hadoop-streaming-3.3.3.jar 工具包到本地新建目录，代码如下。

```
[root@master ~]# mkdir /usr/local/hadooppython
[root@master ~]# cp /usr/local/hadoop/share/hadoop/tools/lib/hadoop-streaming-3.3.3.jar /usr/local/hadooppython
```

第二步： 在 Python 目录中设计 Map.py 来处理元数据内容（注意语言缩进），代码如下。

```
[root@master ~]# vi /usr/local/hadooppython/Map.py
# 指定本文件为 Python 解释器执行文件
#!/usr/bin/env python
# 导入 Python 所需库
import sys
import re
import time
import datetime
# 循环取出每行数据
for line in sys.stdin:
    try:
# 定义正则表达式分析数据
        reg = re.compile('([0-9]{1,13}) ([0-9]{1,13}) ([0-9]{7,11}) ([0-9]{1,3}\.[0-9]{1,3}\.[0-9]{1,3}\.[0-9]{1,3}) ([0-9]{4,5}) ([0-9a-fA-F]{2}-[0-9a-fA-F]{2}-[0-9a-fA-F]{2}-[0-9a-fA-F]{2}-[0-9a-fA-F]{2}-[0-9a-fA-F]{2}:(CMCC-EDU|CMCC)) ([0-9]{1,3}\.[0-9]{1,3}\.[0-9]{1,3}\.[0-9]{1,3}) ([0-9]{1,3}\.[0-9]{1,3}\.[0-9]{1,3}\.[0-9]{1,3}) ([0-9]{2}) ([\u4e00-\u9fa5]{2,10}) ([\u4e00-\u9fa5]{2,10}) ([\u4e00-\u9fa5]{2,10}) ([0-9]{1,3}\.[0-9]{1,3}\.[0-9]{1,3}\.[0-9]{1,3}) ([0-9]{1,3}\.[0-9]{1,3}\.[0-9]{1,3}\.[0-9]{1,3}) ([0-9]{1,4}) ([0-9]{1,4}) ([0-9]{1,4}) ([0-9]{1,4}) ([0-9]{1,4}) ([0-9]{1,4}) ([0-9]{1,4})')
    # 使用正则表达式解析每行数据
        regMatch = reg.match(line)
    # 定义输出
        ltime = time.localtime(int(regMatch.group(1))/1000)
        BeginTime = time.strftime("%y%m%d",ltime)
        EndTime = regMatch.group(2)
        MSISDN = regMatch.group(3)
        SourceIP = regMatch.group(4)
        SourcePort = regMatch.group(5)
        APMAC = regMatch.group(6)
        APIP = regMatch.group(8)
        DestinationIP = regMatch.group(9)
        DestinationPort = regMatch.group(10)
        Service = regMatch.group(11)
        ServiceType1 = regMatch.group(12)
        ServiceType2 = regMatch.group(13)
        UpPackNum = regMatch.group(16)
```

```
            DownPackNum = regMatch.group(17)
            UpPayLoad = regMatch.group(18)
            DownPayLoad = regMatch.group(19)
            HttpStatus = regMatch.group(20)
            ClientType = regMatch.group(21)
            ResponseTime = regMatch.group(22)
            print('%s\t%s\t%s\t%s\t%s\t%s\t%s\t%s\t%s\t%s\t%s\t%s\t%s\t%s\t%s\t%s\t%s\t%s\t%s\t%s' % (BeginTime,EndTime,MSISDN,SourceIP,SourcePort,APMAC,APIP,DestinationIP,DestinationPort,Service,ServiceType1,ServiceType2,UpPackNum,DownPackNum,UpPayLoad,DownPayLoad,HttpStatus,ClientType,ResponseTime))
        except Exception    as e:
            pass
```

第三步：在 Python 目录中进行去空行设计并输出内容的 Reduce.py（注意语言缩进），代码如下。

```
[root@master ~]# vi /usr/local/hadooppython/Reduce.py
#!/usr/bin/env python
import sys
for line in sys.stdin:
    line = line.strip()
    if line !=' ':
        print (line)
```

第四步：使用 Hadoop-Streaming 包执行 Python MapReduce 过程，代码如下。

```
[root@master ~]# hadoop jar /usr/local/hadooppython/hadoop-streaming-3.3.3.jar -file /usr/local/hadooppython/Map.py -mapper Map.py -file /usr/local/hadooppython/Reduce.py -reducer Reduce.py -input /phonelog/input/ncmdp.txt -output /phonelog/output
```

清洗过程如图 3-30 所示。

```
root@master:/usr/local/hadooppython
File  Edit  View  Search  Terminal  Help
                Peak Map Physical memory (bytes)=270389248
                Peak Map Virtual memory (bytes)=2781794304
                Peak Reduce Physical memory (bytes)=183074816
                Peak Reduce Virtual memory (bytes)=2787913728
        Shuffle Errors
                BAD_ID=0
                CONNECTION=0
                IO_ERROR=0
                WRONG_LENGTH=0
                WRONG_MAP=0
                WRONG_REDUCE=0
        File Input Format Counters
                Bytes Read=28589384
        File Output Format Counters
                Bytes Written=0
2022-12-11 13:25:06,682 INFO streaming.StreamJob: Output directory: /phonelog/output
[root@master hadooppython]#
```

图 3-30　清洗过程

第五步：在执行日志清洗过程中，通过在浏览器地址栏中输入 http://127.0.0.1:8088 进入 YARN 的 Web 端口页面以查看当前运行状态，如图 3-31 所示。

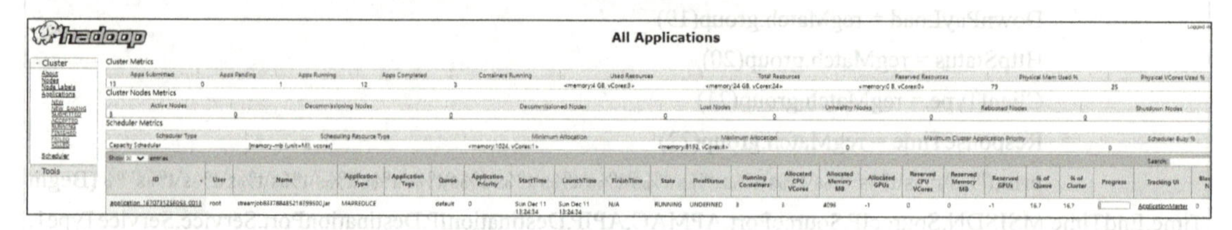

图 3-31　YARN Web 端口页面

该 Web 端口的主要模块说明见表 3-7。

表 3-7　Web 端口的主要模块说明

模　块	说　明
ID	当前任务的序列号
User	用户名（任务的执行者）
Name	任务 Jar 包的名称
Application Type	当前任务的类型
Start/Finish Time	开始时间 / 结束时间
State	当前任务的状态（进行中 / 已结束）
Finish	任务的结果（成功 / 失败）
Progress	进程（当前任务的进度）

第六步：查看日志文件清洗结果，代码如下。

```
[root@master ~]# hadoop fs -ls /hadooppython/output
[root@master ~]#hadoop fs -cat /hadooppython/output/part-00000
```

清洗后日志文件的部分结果如图 3-32 所示。

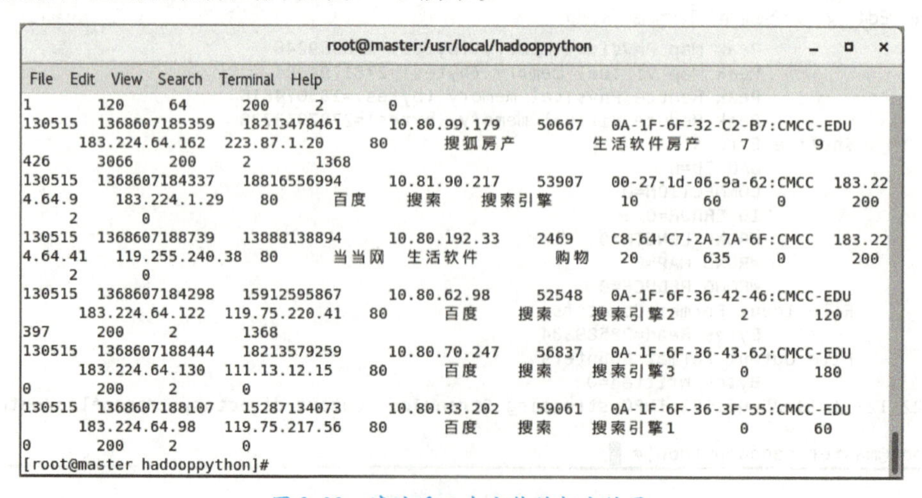

图 3-32　清洗后日志文件的部分结果

任务2 Hive 分析流量数据

任务分析

本任务主要通过HQL相关操作指令实现对数据库、表的操作。在任务实现过程中，简单讲解了Hive的相关概念和工作原理，详细说明了Hive数据存储和HQL操作指定的相关内容，并在任务实施案例中进行HQL操作命令的使用。

任务技能

技能点一 Hive概念

1. Hive数据仓库简介

Hive是在Hadoop上建立的用来处理结构化数据的数据仓库工具，最初是Facebook为解决每天产生的海量社交网络数据的计算存储问题而开发的，后来由Apache软件基金会开发为开源项目。Hive没有专门的数据存储格式，也没有为数据建立索引，用户可以非常自由地组织Hive中的表，只需要在创建表时告诉Hive数据中的列分隔符和行分隔符。

因为Hive构建在静态批处理的Hadoop上，所以没有办法满足大规模数据的低延时快速查询。Hive的设计严格遵守Hadoop的MapReduce作业执行模型，能够将用户的查询语句通过解释器转换为MapReduce，然后被提交到Hadoop集群，并由Hadoop对作业的执行过程进行监控，最后将结果返回给用户。Hive的优点如下。

- 有较高的可扩展性，Hive可以做到随时扩展集群规模且不需要重启服务。
- 具有较强的延展性，用户可根据需求自行编写函数以完成业务需求。
- 良好的容错性，可以保障即使节点出现问题，SQL语句也仍可完成执行。

尽管Hive的优点很多，但其同样存在着一些缺点。Hive的缺点如下。

- Hive不支持记录级别的增删改操作，但可通过查询生成新表或将结果保存到文件中。
- 因为MapReduce Job的启动耗时较长，所以Hive的查询延时也很严重，不能应用在交互查询系统中。

2. 组件

Hive架构包括Driver、Metastore、Thrift Server、CLI（Command Line Interface）、Thrift和

Web GUI 等组件。这些组件可分为两大类：服务端组件和客户端组件。

（1）服务端组件

- Driver：该组件包括 Complier、Optimizer 和 Executor，能将用户编写的 HQL 语句进行编译、解析，生成执行计划，然后调用 MapReduce 进行数据分析。
- Metastore：元数据服务组件，用来存储 Hive 元数据，因此 Hive 能够把 Metastore 服务分离并安装到远程集群，从而降低 Hive 服务与 Metastore 服务的耦合度，保证 Hive 运行的健壮性。
- Thrift Server：Thrift 是 Facebook 旗下的软件框架，能够进行跨语言服务的开发，Hive 集成了该服务，支持不同语言调用 Hive 接口。

（2）客户端组件

- CLI：即命令行接口。
- Thrift：Hive 架构中的多数客户端接口是建立在 Thrift 之上的，包括 JDBC 和 ODBC 接口。
- Web GUI：Hive 提供了通过网页访问 Hive 服务的服务，对应 Hive 的 HWI 组件。

3. Hive 特性

Hive 作为 Hadoop 的基础数据仓库工具，可以对存储在 Hadoop 中的大规模数据进行查询和分析。Hive 提供了一系列数据提取、转换、加载的工具。另外，Hive 提供了类似 SQL 的查询语言 HiveQL 或 HQL，使熟悉 SQL 的用户查询数据更加方便。同时，HiveQL 允许开发者自定义 Mapper 和 Reducer 来完成自带 Mapper 和 Reducer 无法完成的分析工作。Hive 的设计特点如下。

- 支持索引，加快数据的查询。
- 存储类型具有多样性。
- 使用关系型数据库存储元数据，减少查询过程中执行语句检查的时间。
- 能够直接使用存储在 HDFS 中的数据。
- 内置大量 UDF 函数（Hive 内置函数）来操作时间、字符串和其他的数据挖掘工具，并支持 UDF 函数扩展。
- 支持类 SQL 的查询方式，将 SQL 查询转换为 MapReduce 的 Job 在 Hadoop 集群上执行。

4. 体系结构

Hive 系统的架构主要由用户界面、元数据存储、HiveQL 处理引擎、执行引擎和存放数据的 HDFS 系统或 HBase 数据库组成，体系结构如图 3-33 所示。

- 用户界面：用户界面指 Hive 提供给用户编写查询命令的接口 / 界面，较为常见的编程结构有 3 种形式，分别为 Hive 命令行、客户端和 Web UI。

● 元数据存储：负责存储表、数据库、列模式或元数据表，它们的数据类型与 HDFS 进行映射。

● HiveQL 处理引擎：是一种使用传统方式执行 MapReduce 程序的替代方式之一。

● 执行引擎：是 HiveQL 处理引擎和 MapReduce 的结合，执行引擎使用的是 MapReduce 方法，能够处理查询并产生和 MapReduce 一样的结果。

● HDFS 系统或 HBase 数据库：存储查询的结果。

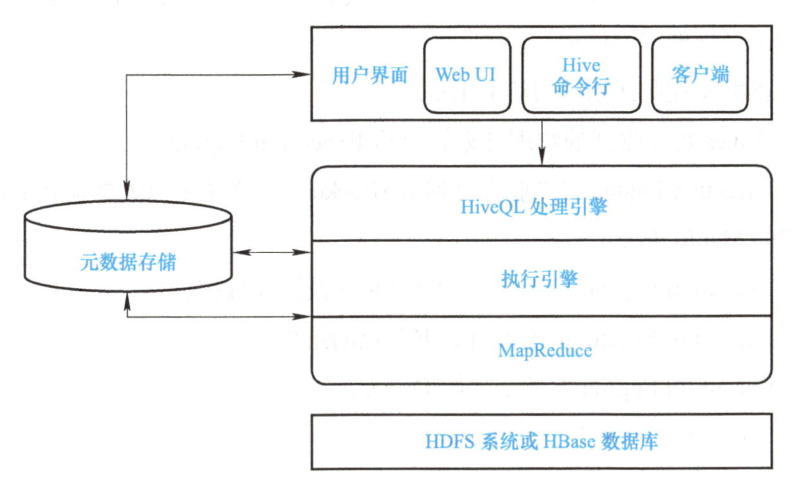

图 3-33 Hive 体系结构

5. 工作原理

Hive 提供了命令行和 Web UI 两种方式来供用户编写查询命令。用户提交的查询命令会由一系列的 Hive 内部组件转换为 MapReduce 操作，然后提交到 Hadoop 集群去执行，最后将执行结果返回给用户。Hive 完成这一操作的流程如图 3-34 所示。

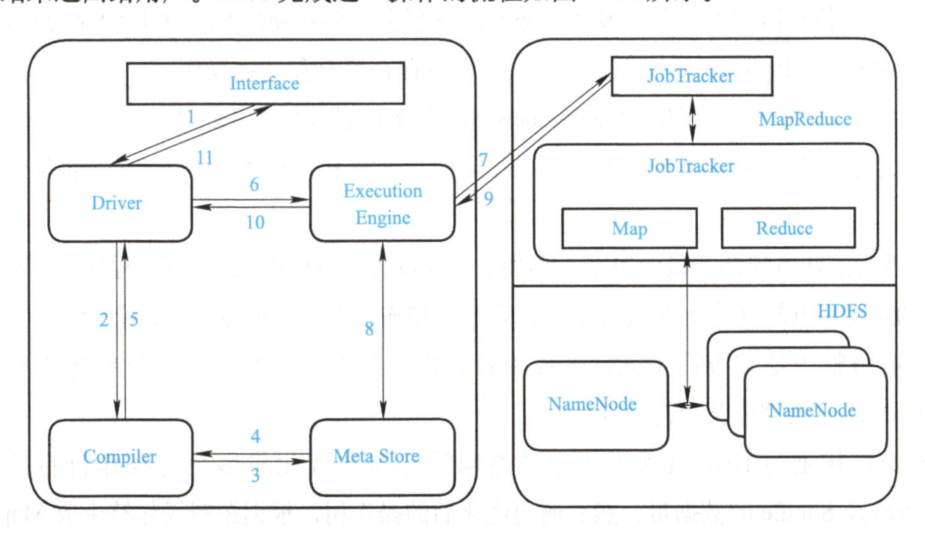

图 3-34 Hive 与 Hadoop 之间的工作流程

根据图 3-34 可知，Hive 的操作流程大致可以分为以下几个步骤。

第一步：用户通过 Interface（命令行或 Web UI 界面）提交查询等任务给 Driver。

第二步：Driver 将查询发送给 Compiler（编译器）。

第三步：Compiler 根据用户提交的任务到 Meta Store（数据库）中获取 Hive 的元数据信息。

第四步：Compiler（编译器）得到 Hive 元数据信息后会先将 HiveQL 转换为抽象的语法树，再将语法树转换为查询块，之后将查询块转换为逻辑查询计划，最后将逻辑查询计划转换为 MapReduce（物理查询计划）。

第五步：将物理查询计划返回给 Driver。

第六步：Driver 将接收到的物理计划转交给 Execution Engine。

第七步：Execution Engine 将作业提交到 JobTracker，并在主节点处将其分配到 TaskTracker 执行用于查询的 MapReduce。

第八步：Execution Engine 可以通过 Meta Store 执行元数据操作。

第九步：Execution Engine 接收来自数据节点的结果。

第十步：Execution Engine 发送结果给 Driver。

第十一步：Driver 将结果发送给 Hive 接口。

6. HiveQL 语句转换为 MapReduce(MR) 任务的过程

用户将编写好的 HiveQL 语句提交到 Hive 后，Hive 需要与 Hadoop 进行交互来完成查询等操作。交互的过程主要分为以下 3 个步骤。

第一步：HiveQL 进入驱动模块并用模块中的编译器进行解析编译。

第二步：使用优化器对操作进行优化计算。

第三步：执行器启动一个或多个 MapReduce 任务，但在使用 SELECT * FROM tablename 命令时不会启动 MapReduce 任务，因为该操作不存在聚合和选择操作。

Hive 把 HiveQL 语句转换成 MapReduce(MR) 任务的过程如图 3-35 所示。大概过程如下。

1）驱动模块中的编译器将 HiveQL 语句进行词法和语法解析并转换成抽象语法树的形式。

2）因为语法树的结构过于复杂，不便于直接编译成 MapReduce 算法程序，需要通过对语法树的遍历将其转换为包含输入源、计算过程和输出 3 部分的基础查询单元。

3）遍历整个基础查询单元，生成由各种操作符组成的操作树。这些操作符可以在 Map、Reduce 阶段完成某一特定操作。

4）操作树通过 Hive 驱动模块中的逻辑优化器的优化将多余的操作符合并，减少 MapReduce 及 Shuffle 的数据量，然后遍历优化后的操作树，根据逻辑操作符生成 MapReduce 任务，再使用 Hive 的物理优化器对 MapReduce 任务进行优化，生成最终的 MapReduce 任务执行计划。

5）最后由 Hive 驱动模块中的执行器对最终的 MapReduce 任务执行输出。

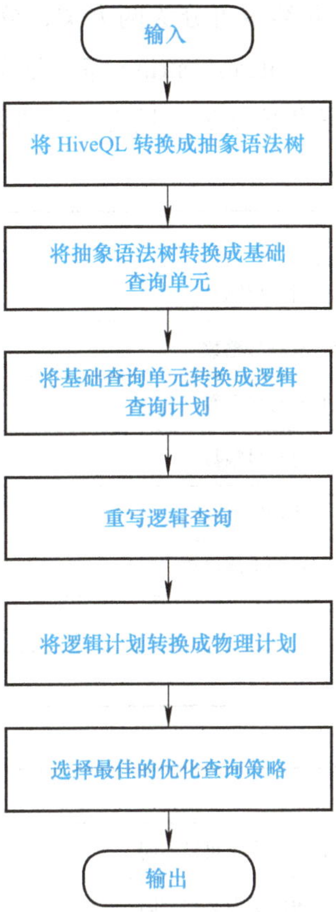

输入

将 HiveQL 转换成抽象语法树

将抽象语法树转换成基础查询单元

将基础查询单元转换成逻辑查询计划

重写逻辑查询

将逻辑计划转换成物理计划

选择最佳的优化查询策略

输出

图 3-35　HiveQL 语句转换为 MapReduce 任务的过程

Hive 驱动模块中的执行器执行最终的 MapReduce 任务时，通过一个表示“Job 执行计划”的 XML 文件来驱动内置原生的 Mapper 和 Reducer 模块，Hive 本身不会生成 MapReduce 算法程序。Hive 不需直接部署在 JobTracker 所在管理节点上执行，通过和 JobTracker 通信来初始化 MapReduce 任务。通常在大型集群中，会有特定的计算机来部署 Hive 工具，这些计算机的作用主要是远程操作和管理节点上的 JobTracker 通信来执行任务。Hive 要处理的数据文件存储在 HDFS 上。

技能点二　Hive 数据存储

Hive 作为一种数据仓库工具，虽然与传统关系型数据库有本质区别，但却提供了与传统数据库类似的概念，可以通过 HiveQL（HQL）语句完成数据库和表的创建。根据 Hive 官网中给出的介绍可知，Hive 的数据模型可以分为数据库（Database）、表（Table）、分区表（Partition）和桶表（Bucket）。在 Hive 中，由存储的数据和描述表格式的元数据组成了 Hive 的逻辑表。其中，数据一般会存储在 HDFS 文件系统中，描述表格式的元数据会存储在关系型数据库中。

1．数据类型

Hive 分布式数据仓库中的数据类型可分为两大类，分别为原始数据类型和复杂数据类型。原始数据类型主要包括 int、boolean、string 等。复杂数据类型包括 struct（数组）、array、map 等。原始数据类型与复杂数据类型见表 3-8 和表 3-9。

表 3-8　原始数据类型

类　型	描　述	示　例
tinyint	1 个字节（8 位）有符号整数	1
smallint	2 个字节（16 位）有符号整数	1
int	4 个字节（32 位）有符号整数	1
bigint	8 个字节（64 位）有符号整数	1
float	4 个字节（32 位）单精度浮点数	1.0
double	8 个字节（64 位）双精度浮点数	1.0
boolean	True/False	True
string	字符串	‘xia’“xia”

表 3-9　复杂数据类型

类　型	描　述	举　例
struct	一组命名的字段，字段类型可以不同	struct('a',2,1,2)
array	一组有序字段，字段的类型必须相同	array(3,4)
map	一组无序的键值对，键的类型必须是原子，值可以是任何类型，同一个映射的键的类型必须相同，值的类型也必须相同	map('a',2,'b',5)

通过对以上两种数据类型的介绍可知，Hive 并不支持日期类型的数据，日期都是用字符串表示的。

因为 Hive 是使用 Java 编写的，所以 Hive 也支持基本类型的转换，低字节的基本类型可以向高字节类型转换，如 tinyint、smallint、int 可以转换为 float，而所有的 int、float 以及 string 类型可以转换为 double 类型。Hive 使用自定义函数 cast() 支持高字节类型转换为低字节类型。

由于 Hive 是基于 Java 语言开发的数据仓库工具，所以 Hive 中的数据类型和 Java 的基本数据类型（除 char 类型外）是一一对应的，见表 3-10。

表 3-10　Hive 对应 Java 的基本数据类型

Hive 内数据类型	Java 内数据类型	字节或类型
tinyint	byte	单字节
smallint	short	2 个字节

（续）

Hive 内数据类型	Java 内数据类型	字节或类型
int	int	4 个字节
bigint	long	8 个字节
float	float	
double	double	
boolean	boolean	True/False

表 3-10 中无 string 类型，因为 Hive 的 string 类型相当于数据库内的 varchar 类型，该类型是一个可变的字符串，不能进行声明，其中最多能存储 2GB 的字符数。

2．数据库（Database）

Hive 中的数据库类似于关系数据库中的命名空间，能够将用户和数据库的应用进行隔离，划分到不同的数据库或模式中。用户可以使用 Hive 提供的 CREATE DATABASE dbname、USE dbname 和 DROP DATABASE dbname 对数据库进行操作。

3．表（Table）

Hive 中的表在逻辑上是由数据和描述表格式的相关元数据组成的。表中数据的真实存储位置在 HDFS（分布式文件系统）中，HDFS 中的元数据存储在关系型数据库中。当在 Hive 中创建了一个逻辑表且还未为表添加数据时，该表会存储在分布式文件中，类似于在 HDFS 中创建一个文件夹。Hive 的表可以分为内部表和外部表。

- 内部表：内部表的数据文件存储在 Hive 数据仓库中，内部表在加载数据时会将数据文件剪切到配置文件 hive.metastore.warehouse.dir 属性设置的默认位置，当内部表被删除以后，HDFS 中的目录及数据也会被删除。
- 外部表：外部表数据文件的存储位置在非 Hive 数据仓库的外部分布式文件系统中，也可以存储到 Hive 数据仓库中。与内部表的区别在于，外部表做删除操作时只会删除元数据信息，不会删除 HDFS 上的数据，因为外部表在加载数据时会将数据文件复制到配置文件 hive.metastore.warehouse.dir 属性设置的默认位置。Hive 数据仓库是 HDFS 上的一个目录，可以通过 Hive 配置文件进行修改。

4．分区表（Partition）

Hive 中表的分区是根据“分区列”的值完成的，Hive 的分区主要体现在 HDFS 文件系统中表的主目录下会根据分区列的值创建多个子目录，文件夹的名字即为分区列的名字，分区列不属于表中的字段，而是独立存在的列，根据这个独立的列去存储表中的数据文件。分区的使用加快了数据查询的速度，当使用条件查询某个分区中的数据时，不需要读取所有表进行扫描。

5. 桶表（Bucket）

表和分区表都是目录级别的拆分数据，桶表则是对数据源和数据文件本身进行拆分。使用桶表会将源数据文件按一定规律拆分成多个文件，对数据进行哈希取值，然后放到不同的文件中存储。数据加载到桶表时，会对字段取哈希值，然后与桶的数量取模，把数据放到对应的文件中。桶表专门用于抽样查询，不是日常用来存储数据的表。

技能点三 HiveQL 操作

1. 数据库操作

Hive 中的数据库操作使用的是 HiveQL 语句，与关系型数据库中的 SQL 语句使用方法基本一致，均包含了数据库的创建、删除等操作。

（1）创建数据库

命令格式如下。

```
CREATE DATABASE [IF NOT EXISTS] < 数据库名 > [COMMENT] ' 数据库的描述信息 ' [LOCATION] ' 数据库在 HDFS 中的位置 ';
```

参数解释如下：

- IF NOT EXISTS：创建数据库时，若数据库已经存在，则使用该参数不会抛出异常。
- COMMENT：设置数据库的描述信息（用一句话或几个词描述数据库的功能，方便管理）。
- LOCATION：创建数据库时指定数据库在 HDFS 中的位置。

使用 HiveQL 语句创建或删除 Hive 数据库时与传统关系型数据库的操作一样。使用 HiveQL 创建一个名为“student”的库，代码如下。

```
hive> CREATE DATABASE IF NOT EXISTS student COMMENT 'first db';   // 使用 IF NOT EXISTS 参数创建已存在的库
```

创建数据库如图 3-36 所示。

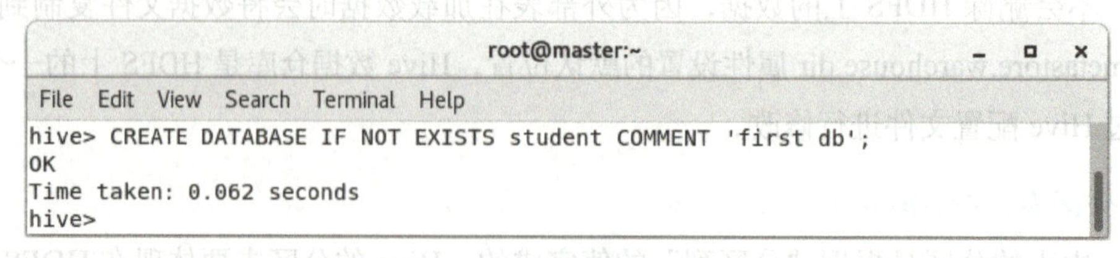

图 3-36 创建数据库

（2）查看所有数据库

该命令没有任何参数，在 Hive 命令行中直接使用就能够打印出 Hive 中的所有数据库，命令格式如下。

```
Hive> SHOW DATABASES;
```

查看所有数据库如图 3-37 所示。

```
root@master:~
File Edit View Search Terminal Help
hive> SHOW DATABASES;
OK
default
demodata
student
test1
test3
Time taken: 0.008 seconds, Fetched: 5 row(s)
hive>
```

图 3-37　查看所有数据库

(3) 查看库信息

命令格式如下。

```
DESCRIBE DATABASE < 数据库名 >;
```

通过在命令后指定数据库名称即可查看该数据库的详细信息。这些信息包括数据库名称、所属用户等，见表 3-11。

表 3-11　数据库详细信息

字　段	描　述
student	数据库名
first db	去重
hdfs://master:9000/user/hive/warehouse/student.db	数据库在 HDFS 中的路径
root	所属用户

使用 DESCRIBE DATABASE 命令查看 student 数据库的详细信息，代码如下。

```
hive> DESCRIBE DATABASE student;
```

结果如图 3-38 所示。

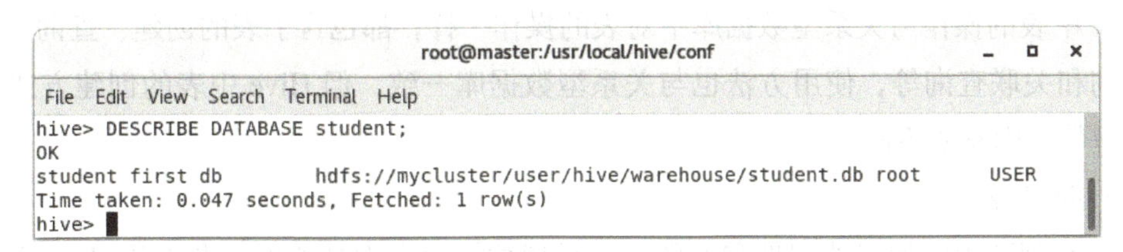

图 3-38　查看数据库详细信息

(4) 选择已存在的库

在命令窗口中对某个数据库中的表进行操作时，需要使用 USE 命令选择表所在的数据库，命令格式如下。

```
USE < 数据库名 >;
```

选择 student 数据库并查看该数据库中的所有表，代码如下。

```
hive> USE student;
```

结果如图 3-39 所示。

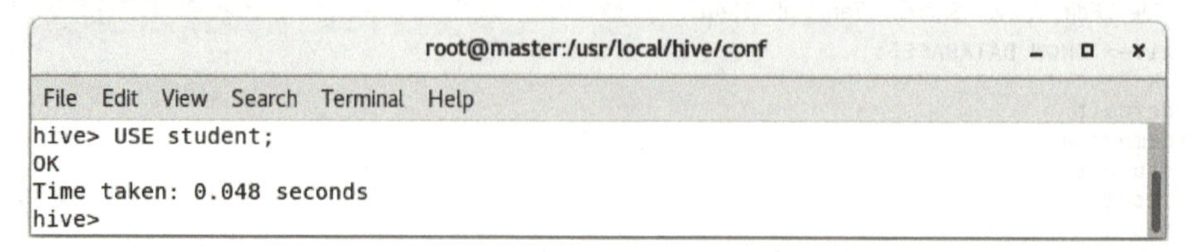

图 3-39　选择数据库

（5）删除数据库

该命令能够彻底删除数据库和数据库中表的数据，命令格式如下。

```
DROP DATABASE [IF EXISTS] < 数据库名 > [CASCADE];
```

命令参数说明如下。

- IF EXISTS：删除已经不存在的库时，使用该参数不会抛出异常。
- CASCADE：强制删除数据库。

强制删除 student 数据库，且设置当 student 数据库已经不存在时不要抛出异常，代码如下。

```
hive> DROP DATABASE IF EXISTS student CASCADE;
```

结果如图 3-40 所示。

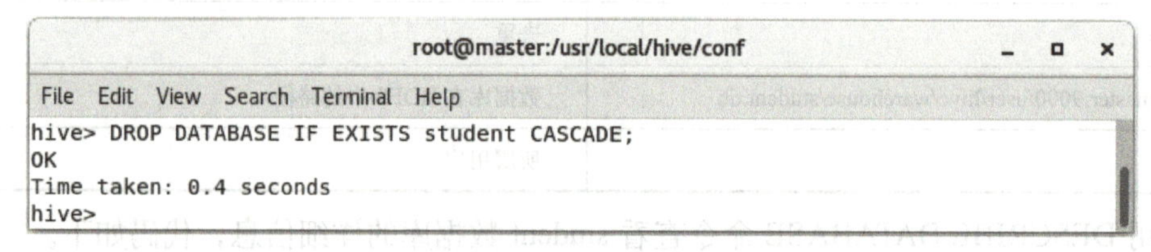

图 3-40　删除数据库

2. 表操作

Hive 中表的操作与关系型数据库中对表的操作一样，都包含了表的创建、查询、删除、嵌套查询和关联查询等，使用方法也与关系型数据库一致，但 Hive 中表的创建方式和参数与关系型数据库有所不同。

（1）创建表

Hive 在创建表时使用的属性和参数与关系型数据库有细微差别。在创建 Hive 表时可以指定数据字段的分隔符和表的元数据路径等，创建表的命令格式如下。

```
CREATE [EXTERNAL] TABLE < 表名 >(row1 数据类型，row2 数据类型，…)
[COMMENT] ' 表描述信息 '
[PARTITIONED BY] ( 分区字段及类型 )
[ROW FORMAT DELIMITED]
{FIELDS TERMINATED BY '\t'|
```

```
FIELDS TERMINATED BY ','|
MAP KEYS TERMINATED BY ':'}
[STORED AS]
{TEXTFILE |
SEQUENCEFILE |
RCFILE |
ORC |
PARQUET
}
[LOCATION] '表元数据路径';
Load data local inpath <数据文件在 HDFS 中的完整路径> into table <表名>
```

参数说明如下。

命令格式中，[] 中的参数为可选参数，<> 中的参数为必填参数，{} 中的参数为选填参数。

- EXTERNAL：该参数表示创建的表为外部表，不使用该参数则表示创建的表为内部表。
- COMMENT：为表或字段添加注释。
- PARTITIONED BY：该参数表示创建的表为分区表。
- ROW FORMAT DELIMITED：指定表字段的分隔符，包含以下几个选项。

  FIELDS TERMINATED BY ','：指定每行中的字段分隔符为逗号。

  LINES TERMINATED BY '\n'：指定行分隔符。

  COLLECTION ITEMS TERMINATED BY ','：指定集合中元素之间的分隔符。

  MAP KEYS TERMINATED BY ':'：指定数据中 Map 类型的 key 与 value 之间的分隔符。
- STORED AS：设置 HDFS 上文件的存储格式，可选的存储格式如下。

  TEXTFILE：文本格式，默认值。

  SEQUENCEFILE：二进制序列文件。

  RCFILE：列式存储格式文件。

  ORC：列式存储格式文件，比 RCFILE 有更高的压缩比和读写效率。
- LOCATION：指定表在 HDFS 上的存储位置。

进入 Hive 命令行，在 Hive 中创建一个 test 数据库，并在该库中使用表创建命令创建一个名为“student”的内部表，设置每行中的字段分隔符都是逗号，代码如下。

```
hive> CREATE DATABASE test;
hive> USE test;
hive> CREATE TABLE student(id int,name string,score int) ROW FORMAT DELIMITED FIELDS
TERMINATED BY ',';
```

结果如图 3-41 所示。

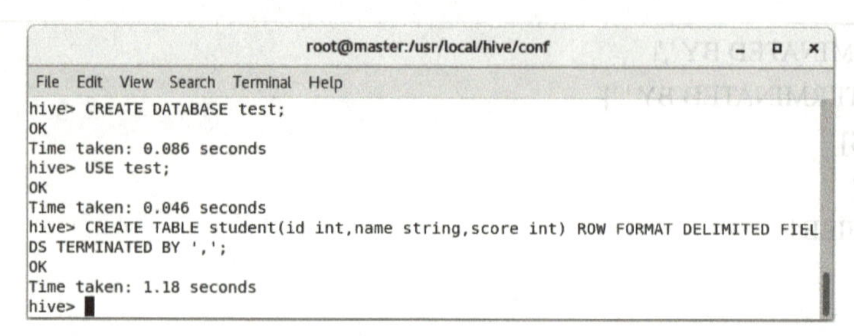

图 3-41　创建 student 表

（2）修改表名

在使用命令创建表时，很可能会因为手误将表名或字段名写错，这时删除表并重新创建可能会造成数据的丢失，所以需要使用命令对表进行修改。表名修改后，数据的所在位置会发生改变，但分区名不变，修改表名的命令格式如下。

```
ALTER TABLE old_name RENAME TO new_name;
```

命令参数说明如下。

- old_name：旧表名。
- new_name：新表名。

新建一个名为“tablelist”的表，然后将该表的表名修改为“user”，代码如下。

```
hive> CREATE TABLE tablelist(id int,name string,score int) ROW FORMAT DELIMITED FIELDS
TERMINATED BY ',';
hive> ALTER TABLE tablelist RENAME TO usertab;
hive>SHOW TABLES;
```

结果如图 3-42 所示。

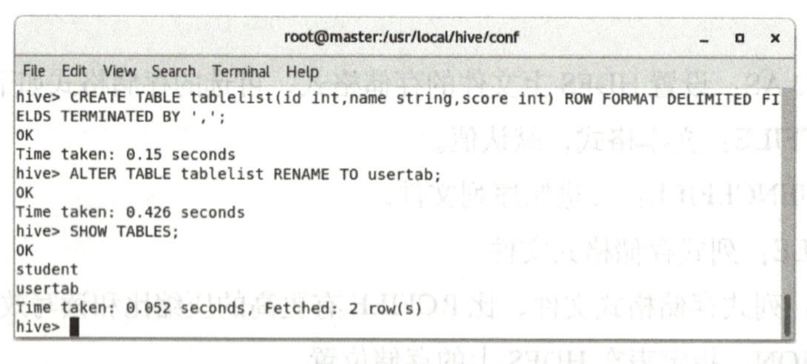

图 3-42　修改表名

（3）修改字段名

创建表时可能会出现字段名设置与含义不符或字段类型与数据类型不符的情况，这时可以对表中字段的名称或属性等进行修改，命令格式如下。

```
ALTER TABLE table_name CHANGE
col_old_name col_new_name column_type
[COMMENT col_comment]
[FIRST|AFTER column_name];
```

命令参数说明如下。

- table_name：指定被修改的表。
- col_old_name：旧字段名。
- col_new_name：新字段名。
- column_type：字段类型。
- col_comment：字段注释。
- FIRST|AFTER：调整修改后的字段位置，FIRST 指放到 column_name 字段前，AFTER 指放到 column_name 字段后。

将 usertab 表中的“name”字段名修改为“username”，其位置与类型不变，代码如下。

```
hive> ALTER TABLE usertab CHANGE name username STRING;
```

结果如图 3-43 所示。

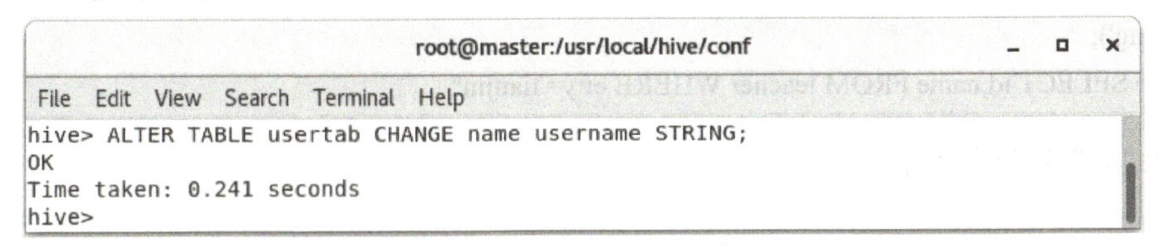

图 3-43 修改字段名

（4）删除表

表删除命令，对于内部表来说，会将数据一起删除；而对于外部表来说，只会删除表结构。删除表的命令格式如下。

```
DROP TABLE < 表名 >;
```

进入 Hive 命令行，删除 student 表，代码如下。

```
hive> DROP TABLE student;
```

结果如图 3-44 所示。

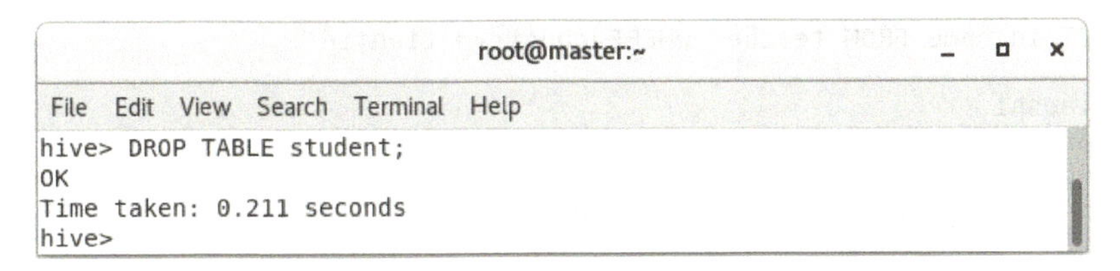

图 3-44 删除表

（5）分区表创建方法

在本地“/usr/local”目录下创建两个数据源文件，分别为 teacher1.txt 和 teacher2.txt，在“test”数据库中创建一个名为“teacher”的分区表，并设置分区列为“city”。在为 teacher 表加载数据时分别设置“city”的值为“tianjin”和“beijing”，代码如下。

```
[root@master local]# vi teacher1.txt   # 在文件中输入以下内容
1,lilaoshi
2,zhanglaoshi
3,wanglaoshi
[root@master local]# vi teacher2.txt   # 在文件中输入以下内容
1,zhaolaoshi
2,sunlaoshi
3,chenglaoshi
[root@master local]# hive
hive> USE test;
hive> CREATE TABLE teacher(id int,name string) PARTITIONED BY (city string) ROW FORMAT DELIMITED FIELDS TERMINATED BY ',';
hive> LOAD DATA LOCAL INPATH '/usr/local/teacher1.txt' INTO TABLE teacher PARTITION (city='tianjin');
hive> LOAD DATA LOCAL INPATH '/usr/local/teacher2.txt' INTO TABLE teacher PARTITION (city='beijing');
hive> SELECT id,name FROM teacher WHERE city='tianjin';
```

结果如图 3-45 所示。

```
root@master:/usr/local/hive/conf
File  Edit  View  Search  Terminal  Help
hive> CREATE TABLE teacher(id int,name string) PARTITIONED BY (country string) ROW
 FORMAT DELIMITED FIELDS TERMINATED BY ',';
OK
Time taken: 0.17 seconds
hive> LOAD DATA LOCAL INPATH '/usr/local/teacher1.txt' INTO TABLE teacher PARTITIO
N (country='tianjin');
Loading data to table test.teacher partition (country=tianjin)
OK
Time taken: 1.656 seconds
hive> LOAD DATA LOCAL INPATH '/usr/local/teacher2.txt' INTO TABLE teacher PARTITIO
N (country='beijing');
Loading data to table test.teacher partition (country=beijing)
OK
Time taken: 0.792 seconds
hive> SELECT id,name FROM teacher WHERE country='tianjin';
OK
1       lilaoshi
2       zhanglaoshi
3       wanglaoshi
Time taken: 6.891 seconds, Fetched: 3 row(s)
hive>
```

图 3-45　创建分区表

查看分区表在 HDFS 中的存储形式，代码如下。

```
[root@master local]# hadoop fs -ls /user/hive/warehouse/test.db/teacher/city=beijing
[root@master local]# hadoop fs -ls /user/hive/warehouse/ test.db/teacher/city=tianjin
```

结果如图 3-46 所示。

```
root@master:/usr/local
File Edit View Search Terminal Help
[root@master local]# hdfs dfs -ls /user/hive/warehouse/test.db/teacher/country=beijing
Found 1 items
-rw-r--r--   3 root supergroup         39 2022-12-12 09:03 /user/hive/warehouse/test.db
/teacher/country=beijing/teacher2.txt
[root@master local]# hdfs dfs -ls /user/hive/warehouse/test.db/teacher/country=tianjin
Found 1 items
-rw-r--r--   3 root supergroup         38 2022-12-12 09:03 /user/hive/warehouse/test.db
/teacher/country=tianjin/teacher1.txt
[root@master local]#
```

图 3-46　查看分区表在 HDFS 中的存储形式

由以上结果可知，在 teacher 表的目录下出现了两个文件夹，分别为 city=tianjin 和 city=beijing，因此在查询分区“city=tianjin”时不会扫描全部的 teacher1.txt 文件，所以搜索效率会有所提高。

3．数据导入及导出

数据的导入及导出主要是指将 HDFS 或本地文件系统中的数据加载到 Hive 表中，或将 Hive 表中的数据导出到 HDFS 或本地文件系统。

（1）加载数据

数据表创建完成后需要为其加载数据，可通过 LOAD DATA 命令将数据加载到表中，命令格式如下。

```
LOAD DATA [LOCAL] INPATH ' 数据文件路径 ' into table < 表名 > [PARTITION] ( 分区列 =' 值 ');
```

命令参数说明如下。

- LOCAL：使用该参数表示数据文件路径为本地文件系统路径。
- PARTITION：当表为分区表时，使用该参数可为分区列设置值。

给外部表 student 添加数据，添加完成后查看添加到外部表的数据文件是否被剪切到了数据表所在的目录。在本地的“/usr/local”目录下创建一个名为“data.txt”的数据文件，并上传到 HDFS 中的“/data”目录下，然后加载到 student 表中，代码如下。

```
[root@master ~]# cd /usr/local/
[root@master local]# vi data.txt              # 在该文件中输入以下内容
1,zhangling,48
2,lilei,98
3,hanmeimei,72
4,baihe,63
[root@master local]# hadoop fs -mkdir /data
[root@master local]# hadoop fs -put ./data.txt /data
hive> CREATE EXTERNAL TABLE student(id int,name string,score int) ROW FORMAT DELIMITED
FIELDS TERMINATED BY ',' location '/home/student';
hive> LOAD DATA INPATH '/data/data.txt' into table student;
```

结果如图 3-47 所示。

```
root@master:/usr/local
File Edit View Search Terminal Help
hive> CREATE EXTERNAL TABLE student(id int,name string,score int) ROW FORMAT DELIMITED
FIELDS TERMINATED BY ',' location '/home/student';
OK
Time taken: 0.047 seconds
hive> LOAD DATA INPATH '/data/data.txt' into table student;
Loading data to table default.student
Table default.student stats: [numFiles=0, numRows=0, totalSize=0, rawDataSize=0]
OK
Time taken: 0.231 seconds
hive>
```

图 3-47 外部表加载数据

给 Hive 表导入数据的方式还有另外一种，就是将数据文件按照指定的格式上传到外部表数据目录下，步骤如下。

第一步： 在名为“test”的数据库中创建一个名为“banji”的外部表，并使用创建内部表时的 data.txt 文件作为数据源加载到 banji 表中，代码如下。

```
[root@master local]# hadoop fs -mkdir -p /home/hadoop/banji
[root@master local]# hadoop fs -put ./data.txt /home/hadoop/banji
[root@master local]# hive
hive> Create external table banji(id int,name string,score int) ROW FORMAT DELIMITED FIELDS
TERMINATED BY ',' Location '/home/hadoop/banji';
hive> select * from banji;
```

结果如图 3-48 所示。

```
root@master:/usr/local
File Edit View Search Terminal Help
hive> Create external table banji(id int,name string,score int) ROW FORMAT DELIMITED FIELDS TE
RMINATED BY ',' Location '/home/hadoop/banji';
OK
Time taken: 0.143 seconds
hive> select * from banji;
OK
1       zhangling       48
2       lilei   98
3       hanmeimei       72
4       baihe   63
Time taken: 0.263 seconds, Fetched: 4 row(s)
hive>
```

图 3-48 根据数据创建外部表

第二步： 尝试删除 banji 表，并查看 HDFS 中“banji”目录中的数据文件是否存在，代码如下。

```
hive> DROP TABLE banji;
[root@master local]# hadoop fs -cat /home/hadoop/banji/data.txt
```

结果如图 3-49 所示。

```
root@master:/usr/local
File Edit View Search Terminal Help
[root@master local]# hadoop fs -cat /home/hadoop/banji/data.txt
1,zhangling,48
2,lilei,98
3,hanmeimei,72
4,baihe,63
[root@master local]#
```

图 3-49 删除外部表并查看数据源是否存在

通过内部表和外部表的创建以及删除后的对比可以发现：内部表被删除后，数据源也会被删除；外部表被删除后，只是删除了存储表结构的元数据，并没有删除提供数据的文件。

Hive 加载数据时不会对元数据进行任何检查，只是简单地移动文件的位置。如果源文件格式不正确，也只有进行查询操作时才能发现，错误格式的字段会以 NULL 来显示。

（2）导出数据到本地

当 Hive 中的内部表需要删除重建或需要满足其他业务需求时，为了避免数据的丢失或为了方便进行数据的迁移，可以将 Hive 表中的数据导出到本地文件系统或 HDFS 中进行存储，导出数据时会将目标目录下的内容删除。导出数据的命令格式如下。

```
INSERT OVERWRITE [LOCAL] DIRECTORY ' 目标路径 'SELECT ...;
```

命令参数说明如下。

- LOCAL：可选参数，使用 LOCAL 参数表示将数据导出到本地文件系统，不使用则表示将数据导出到 HDFS 中。
- SELECT：可通过查询语句指定导出的内容。

统计 student 表中的全部数据，并导出到本地文件系统的“/usr/local/hivedata”目录下，代码如下。

```
[root@master local]# mkdir ./hivedata
hive> INSERT OVERWRITE LOCAL DIRECTORY '/usr/local/hivedata' select * from student;
```

结果如图 3-50 所示。

```
root@master:/usr/local/hive/conf
File Edit View Search Terminal Help
2022-12-12 09:17:41,126 Stage-1 map = 0%,  reduce = 0%
2022-12-12 09:18:00,143 Stage-1 map = 100%,  reduce = 0%, Cumulative CPU 3.49 sec
MapReduce Total cumulative CPU time: 3 seconds 490 msec
Ended Job = job_1670731256053_0016
Moving data to local directory /usr/local/hivedata
MapReduce Jobs Launched:
Stage-Stage-1: Map: 1   Cumulative CPU: 3.49 sec   HDFS Read: 4700 HDFS Write: 52
SUCCESS
Total MapReduce CPU Time Spent: 3 seconds 490 msec
OK
Time taken: 67.662 seconds
hive>
```

图 3-50 导出 student 表数据

4. 插入数据

对于 Hive 加载数据的方式，除了能够使用 load 加载命令外，还能够进行手动逐条插入，或将一个 Hive 表的查询结果插入另一个 Hive 表中，命令格式如下。

```
insert into tab_name( 字段列 ) values( 插入的值 )   // 插入单条数据
INSERT OVERWRITE|INTO table table_name [PARTITION ()]
SELECT ...;     // 将查询结果插入表中
```

命令参数说明如下。

- tab_name：表名。
- OVERWRITE：与 INTO 参数任选其一使用，OVERWRITE 表示覆盖原有表中的数据。
- INTO：表示在原有数据的基础上追加数据。
- [PARTITION ()]：在为分区表插入数据时设置分区字段值。

创建一个成绩表 scoretab，将 student 表中的数据插入成绩表中，并使用单条数据插入的方式插入一条新数据，代码如下。

```
hive>CREATE TABLE scoretab(id int,name string,score int) ROW FORMAT DELIMITED FIELDS
TERMINATED BY ',';
hive> INSERT INTO scoretab(id,name,score) VALUES(5,'liuer',98);
hive> SELECT * FROM scoretab;
```

结果如图 3-51 所示。

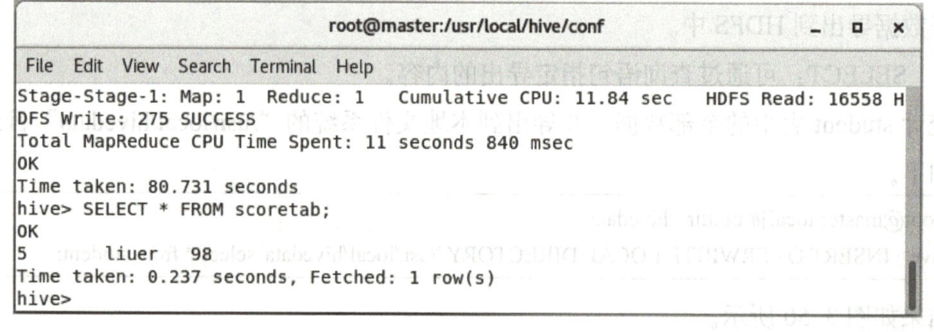

图 3-51　向表中插入数据

5. 查询语句

表查询语句与关系型数据库中的表查询语句基本相同，当列名称使用“*”时表示查询所有列，命令格式如下。

```
SELECT 列名称 FROM 表名 [WHERE] 查询条件
```

进入 Hive 命令行，为 student 表加载数据，之后使用 SELECT 查询 student 表中是否有数据，SELECT 命令格式如下。

```
[root@master local]# hive
hive> SELECT * FROM student;
```

结果如图 3-52 所示。

```
root@master:/usr/local
File  Edit  View  Search  Terminal  Help
hive> SELECT * FROM student;
OK
1       zhangling       48
2       lilei   98
3       hanmeimei       72
4       baihe   63
Time taken: 0.139 seconds, Fetched: 4 row(s)
hive>
```

图 3-52　查询 student 表中的数据

查询函数中还提供了与 SQL 语言一样的聚合函数，其使用方法也和 SQL 中的聚合函数一样，都是对字段进行聚合操作。常用的聚合函数见表 3-12。

表 3-12　常用的聚合函数

函　数	描　述	返回类型
count(*)	计算总行数	bigint
distinct()	去重	
sum(col)	计算指定列的值的和	double
sum(DISTINCT col)	去重后求和	double
avg(col)	计算指定列的平均值	double
avg(DISTINCT col)	去重后计算平均值	double
min(col)	返回某列的最小值	double
max(col)	返回某列的最大值	double
collect_list(col)	返回允许重复元素的数组	array

使用聚合函数统计 student 表中有多少个学生，并计算出该班级的平均分数，代码如下。

```
hive> SELECT COUNT(*),AVG(score) FROM student;
```

结果如图 3-53 所示。

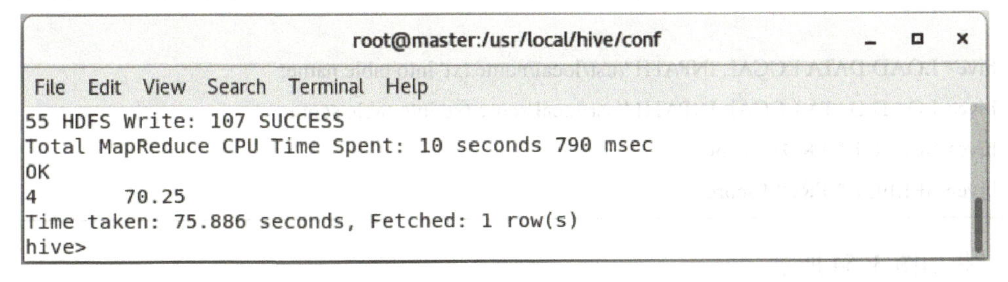

图 3-53　聚合函数使用结果

6．表连接

Hive中支持的连接与关系型数据库中的连接操作存在很多相似之处。例如，连接方式分为内连接、左连接、右连接等；连接操作常用于两个表或多个表之间的关联查询，如学生表中包含学生信息，成绩表中只包含成绩信息，但两个表都有学号列，这时就可以通过关联操作以学号作为关联条件将学生信息和成绩对应起来。当前有2个数据文件，分别为学生姓名和成绩，将两个数据文件内容分别加载到name表和score表中，内容如下。

```
[root@master local]# vi name.txt        # 文件内容如下
01, 张无忌
02, 周芷若
03, 梅超风
04, 赵敏
05, 郭襄
06, 张翠山
[root@master local]# vi score.txt    # 文件内容如下
01,11
03,33
04,44
06,66
07,77
08,88
```

进入Hive命令行，创建学生数据库student，在该数据库中分别创建姓名表name和分数表score，并将以上两个文件分别加载到Hive表中，代码如下。

```
hive> CREATE DATABASE student;
hive> USE student;
hive> CREATE TABLE name(id int,name string) ROW FORMAT DELIMITED FIELDS TERMINATED BY ',';
hive> CREATE TABLE score(id int,score string) ROW FORMAT DELIMITED FIELDS TERMINATED BY ',';
hive> LOAD DATA LOCAL INPATH '/usr/local/name.txt' into table name;
hive> LOAD DATA LOCAL INPATH '/usr/local/score.txt' into table score;
hive> SELECT * FROM name;
hive> SELECT * FROM score;
```

结果如图3-54所示。

```
root@master:/usr/local
File  Edit  View  Search  Terminal  Help
hive> SELECT * FROM name;
OK
1       张无忌
2       周芷若
3       梅超风
4       赵敏
5       郭襄
6       张翠山
Time taken: 0.046 seconds, Fetched: 6 row(s)
hive> SELECT * FROM score;
OK
1       11
3       33
4       44
6       66
7       77
8       88
Time taken: 0.047 seconds, Fetched: 6 row(s)
hive>
```

图 3-54　加载数据

（1）等值连接：JOIN…ON

等值连接能够返回两个表中满足连接条件的数据内容。查询每个学生的考试成绩，学号没有在成绩表中出现的表示没有参加考试，要求打印出学号、姓名和成绩，且需要一一对应，代码如下。

```
hive> SELECT a.id,a.name,b.score FROM name a JOIN score b ON a.id=b.id;
```

结果如图 3-55 所示。

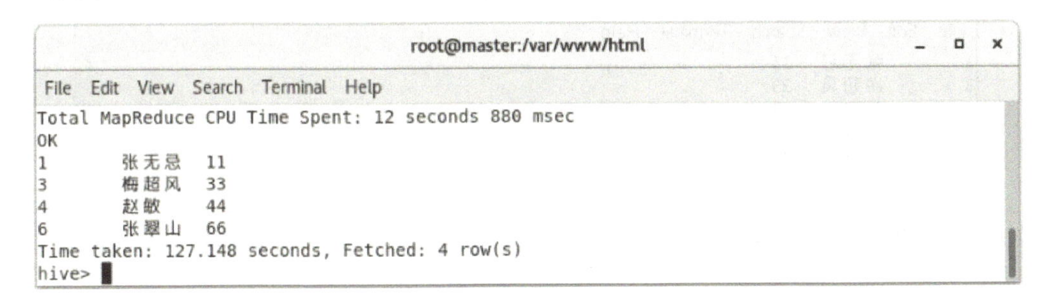

```
root@master:/var/www/html
File  Edit  View  Search  Terminal  Help
Total MapReduce CPU Time Spent: 12 seconds 880 msec
OK
1       张无忌   11
3       梅超风   33
4       赵敏     44
6       张翠山   66
Time taken: 127.148 seconds, Fetched: 4 row(s)
hive>
```

图 3-55　等值连接

代码中的“a”和“b”分别为 name 表和 score 表的别名，a.id 表示打印出 name 表中的 id 值，连接条件 a.id=b.id 表示返回两个表中 id 相等的行，原理如图 3-56 所示。

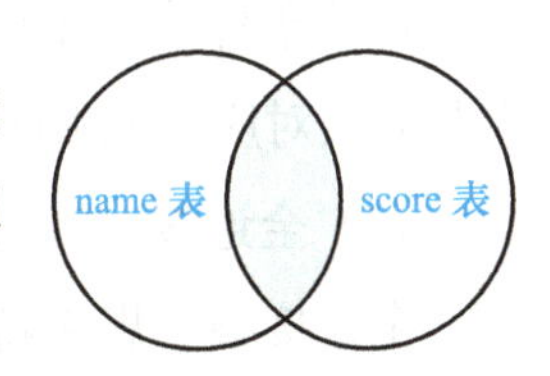

图 3-56　等值连接原理

（2）左连接：LEFT JOIN…ON…

左连接指返回左表中的全部数据和右表中满足条件的数据，若右表没有对应的数据，则显示为 NULL。现在需要查询参加过考试的学生成绩和未参加考试的学生，并且要求 id 与姓名和分数一一对应，代码如下。

```
hive> SELECT a.id,a.name,b.score FROM name a LEFT JOIN score b ON a.id=b.id;
```

结果如图 3-57 所示。

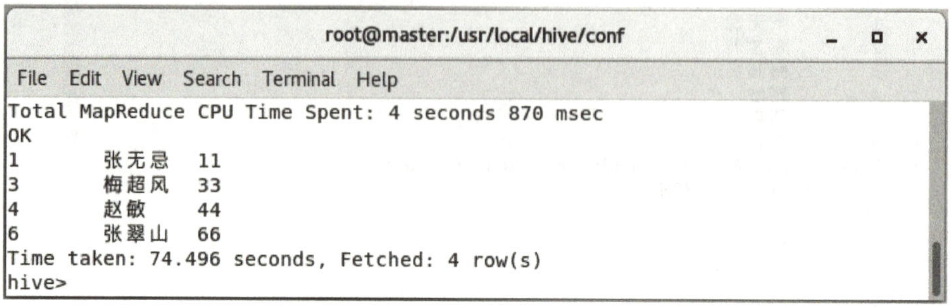

root@master:/usr/local/hive/conf
File Edit View Search Terminal Help
Total MapReduce CPU Time Spent: 4 seconds 870 msec
OK
1 张无忌 11
3 梅超风 33
4 赵敏 44
6 张翠山 66
Time taken: 74.496 seconds, Fetched: 4 row(s)
hive>

图 3-57 左连接

连接条件为取出两个表中 id 相等的行，若右表（score 表）中没有与左表对应的 id，则显示为 NULL，原理如图 3-58 所示。

name 表
score 表

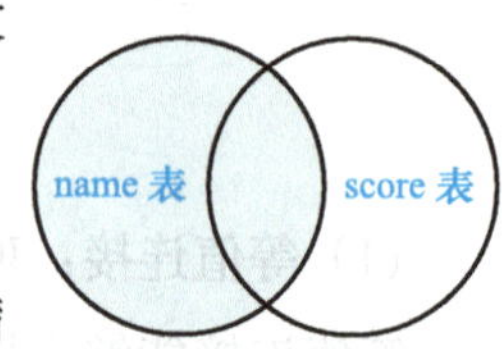

图 3-58 左连接原理

（3）右连接：RIGHT JOIN…ON…

右连接与左连接正好相反，结果为右表中的所有数据和左表中满足连接条件的数据，代码如下。

```
hive> SELECT a.id,a.name,b.score FROM name a RIGHT JOIN score b ON a.id=b.id;
```

结果如图 3-59 所示。

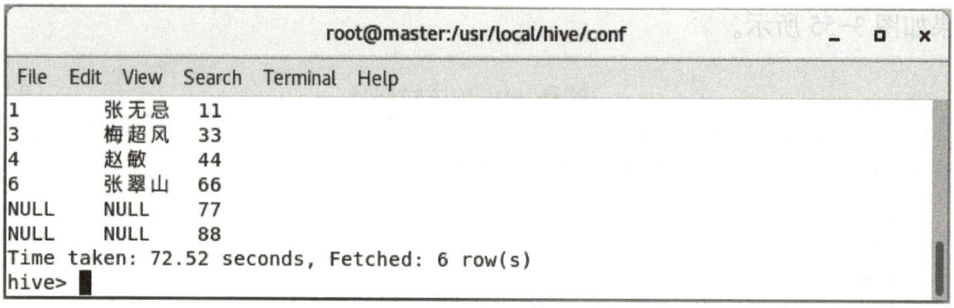

root@master:/usr/local/hive/conf
File Edit View Search Terminal Help
1 张无忌 11
3 梅超风 33
4 赵敏 44
6 张翠山 66
NULL NULL 77
NULL NULL 88
Time taken: 72.52 seconds, Fetched: 6 row(s)
hive>

图 3-59 右连接

连接条件为取出两个表中 id 相等的行，若左表（name 表）中没有与右表对应的 id 则显示为 NULL，原理如图 3-60 所示。

name 表
score 表

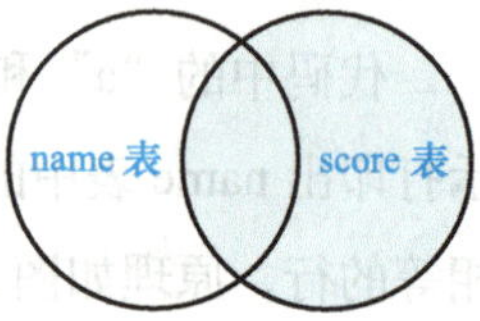

图 3-60 右连接原理

（4）全连接：FULL OUTER JOIN…ON

全连接顾名思义就是现实两个表中全部数据的连接，如果没有对应的数据则显示为 NULL。查询 name 表与 score 表中全部对应的数据，代码如下。

```
hive> SELECT a.id,a.name,b.score FROM name a FULL OUTER JOIN score b ON a.id=b.id;
```

结果如图 3-61 所示。

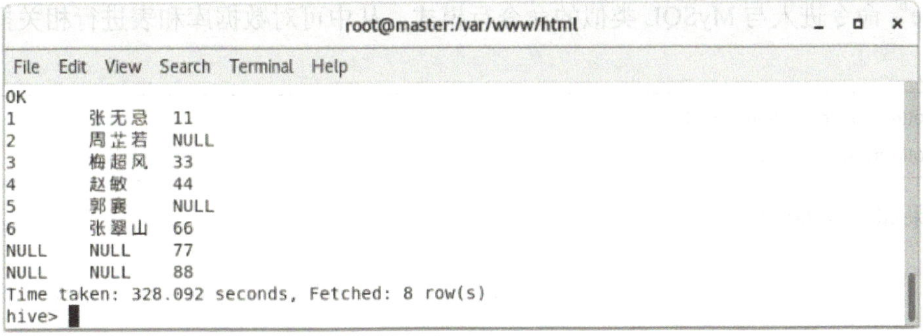

```
root@master:/var/www/html
File  Edit  View  Search  Terminal  Help
OK
1       张无忌   11
2       周芷若   NULL
3       梅超风   33
4       赵敏     44
5       郭襄     NULL
6       张翠山   66
NULL    NULL    77
NULL    NULL    88
Time taken: 328.092 seconds, Fetched: 8 row(s)
hive>
```

图 3-61　全连接

全连接将两个表中的内容全部显示出来，两个表中没有满足条件对应关系的则显示为空，全连接原理如图 3-62 所示。

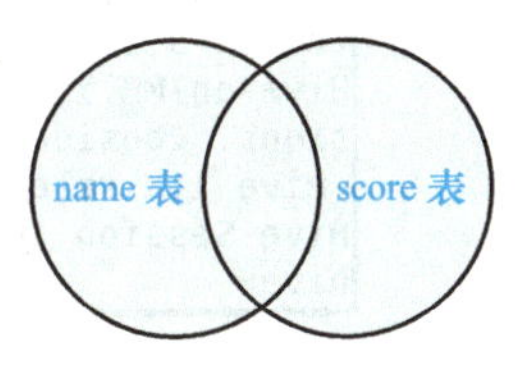

图 3-62　全连接原理

任务实施

【任务目的】

了解 HiveQL 各种操作命令的含义，掌握 HiveQL 基本命令的使用，能够通过 HiveQL 对 Hive 数据库、表等进行创建、删除等操作。

【任务流程】

任务流程如图 3-63 所示。

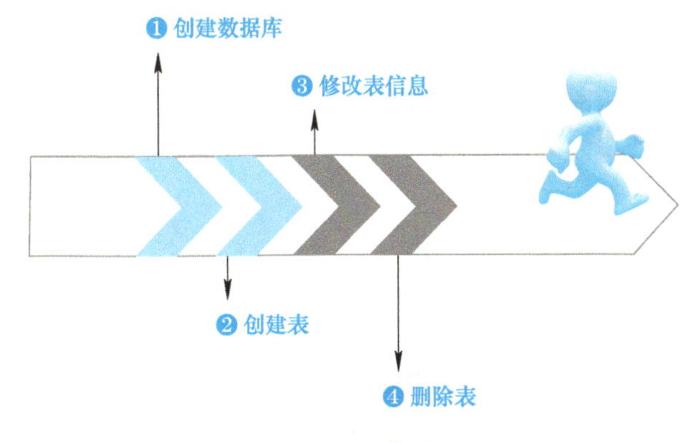

图 3-63　任务流程

【任务步骤】

第一步：在使用 Hive 数据库前需要启动 Hadoop 进程，在确认进程启动无误后即可使用“hive”命令进入与MySQL类似的命令行模式，从中可对数据库和表进行相关操作，代码如下。

```
[root@master ~]# start-all.sh
[root@master ~]# hive
```

结果如图3-64所示。

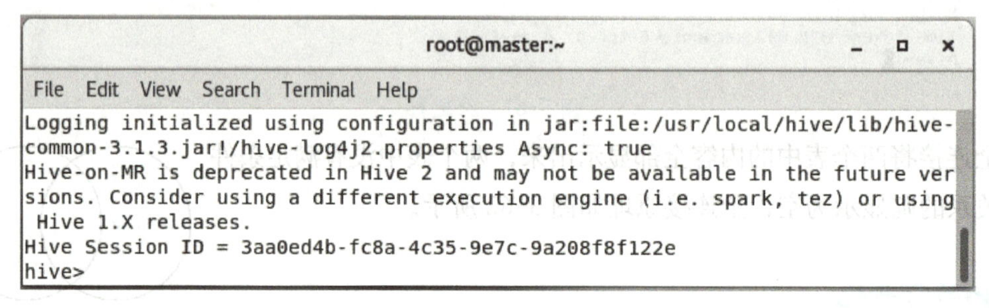

图3-64 进入Hive命令行

第二步： 进入Hive命令行后，创建一个名为“demodata”的数据库，并通过显示所有数据库和查找以“d”开头的数据库两种方式查看数据库是否创建成功，代码如下。

```
hive> CREATE DATABASE demodata;
hive> SHOW DATABASES;
hive> SHOW DATABASES LIKE 'd.*';
```

结果如图3-65所示。

```
root@master:~
File Edit View Search Terminal Help
hive> CREATE DATABASE demodata;
OK
Time taken: 1.479 seconds
hive> SHOW DATABASES;
OK
default
demodata
student
test
Time taken: 0.38 seconds, Fetched: 4 row(s)
hive> SHOW DATABASES LIKE 'd.*';
OK
default
demodata
Time taken: 0.056 seconds, Fetched: 2 row(s)
hive>
```

图3-65 创建数据库并查看是否创建成功

第三步： 在指定位置创建Hive数据库“test1”并查看该数据库的详细信息，然后创建test3表并为其添加属性信息，代码如下。

```
hive> CREATE DATABASE test1 LOCATION '/user/hive/warehouse/demodata';
hive> DESCRIBE DATABASE test1;
hive> CREATE DATABASE test3 WITH DBPROPERTIES('create'='hello','data'='2017-11-22');
hive> DESCRIBE DATABASE EXTENDED test3;
```

创建并查看数据库 test1 和 test3 如图 3-66 所示。

```
root@master:~
File Edit View Search Terminal Help
hive> CREATE DATABASE test1 LOCATION '/user/hive/warehouse/demodata';
OK
Time taken: 0.035 seconds
hive> DESCRIBE DATABASE test1;
OK
test1           hdfs://master:9000/user/hive/warehouse/demodata root  USER
Time taken: 0.013 seconds, Fetched: 1 row(s)
hive> CREATE DATABASE test3 WITH DBPROPERTIES('create'='hello','data'='2017-11-22');
OK
Time taken: 0.04 seconds
hive> DESCRIBE DATABASE EXTENDED test3;
OK
test3           hdfs://master:9000/user/hive/warehouse/test3.db root    USER    {data
=2017-11-22, create=hello}
Time taken: 0.012 seconds, Fetched: 1 row(s)
hive>
```

图 3-66　创建并查看数据库 test1 和 test3

第四步：修改 test1 表的属性信息并查看修改结果，代码如下。

```
hive> ALTER DATABASE test1 SET DBPROPERTIES('edited'='hello');
hive> DESCRIBE DATABASE EXTENDED test1;
```

结果如图 3-67 所示。

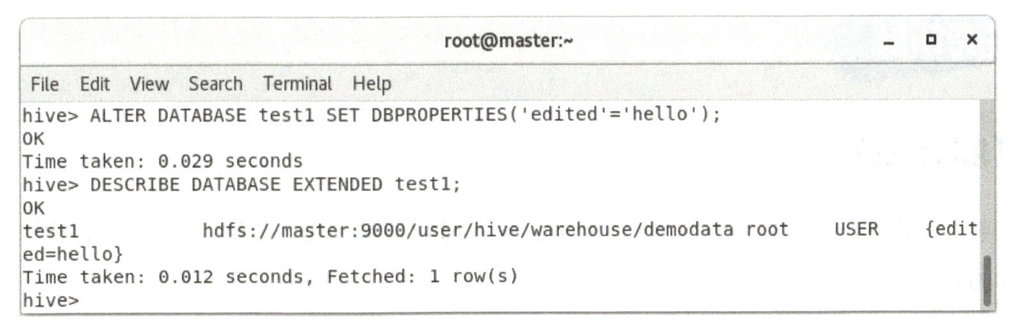

图 3-67　修改表的属性信息并查看修改结果

第五步：创建一个名为“work1”的表，然后根据 work1 表创建名为“work”的表，代码如下。

```
hive> CREATE TABLE work1(name string,salary float,subordinates array<string>,
deductions map<string,float>,address struct<street:string,city:string,stata:string,zip:int>);
hive> CREATE TABLE IF NOT EXISTS work like work1;
hive> SHOW TABLES;
```

结果如图 3-68 所示。

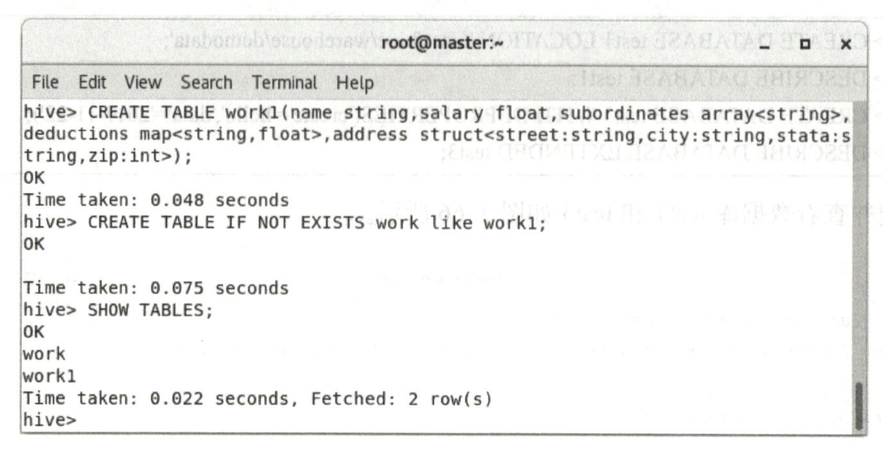

图 3-68 创建 Hive 表

第六步：将名为“work”的表删除，代码如下。

```
hive> DROP TABLE work;
```

结果如图 3-69 所示。

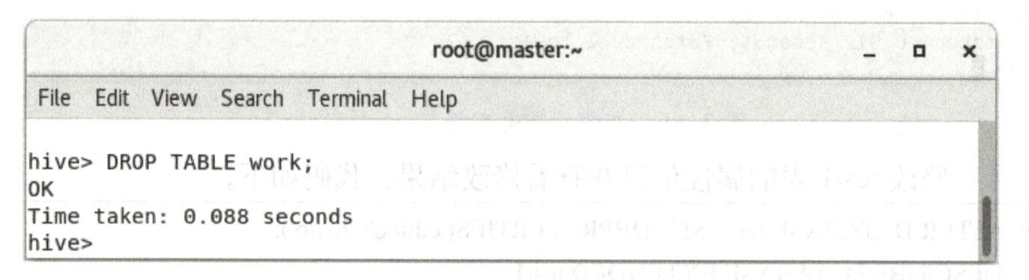

图 3-69 删除表

任务拓展

【拓展目的】

熟练运用 Hive 的基本操作命令及简单数据处理的基本方法，掌握使用 Hive 对数据进行统计的方法。

【拓展内容】

将一组购物数据进行预处理，并将处理结果上传到 HDFS 文件系统后导入 Hive 表中，最后通过 Hive 进行统计。

【拓展步骤】

第一步：将 samll_user.csv 文件中的字段名称删除，编写可执行脚本对 small_user.csv 文件进行预处理，处理完成后查看结果中的前 10 行，代码如下。

```
[root@master dataset]# sed -i '1d' small_user.csv
[root@master dataset]# vim pre_deal.sh
#!/bin/bash
# 设置输入文件，把用户执行 pre_deal.sh 命令时提供的第一个参数作为输入文件名称
infile=$1
# 设置输出文件，把用户执行 pre_deal.sh 命令时提供的第二个参数作为输出文件名称
outfile=$2
# 注意，最后的 $infile > $outfile 必须跟在 "}'" 这两个字符的后面
awk -F "," 'BEGIN{
        srand();
        id=0;
        Province[0]="山东";Province[1]="山西";Province[2]="河南";Province[3]="河北";Province[4]
="陕西";Province[5]="内蒙古";Province[6]="上海市";
        Province[7]="北京市";Province[8]="重庆市";Province[9]="天津市";Province[10]="福建";Province[11]
="广东";Province[12]="广西";Province[13]="云南";
        Province[14]="浙江";Province[15]="贵州";Province[16]="新疆";Province[17]="西藏";Province[18]
="江西";Province[19]="湖南";Province[20]="湖北";
        Province[21]="黑龙江";Province[22]="吉林";Province[23]="辽宁"; Province[24]="江苏";Province[25]
="甘肃";Province[26]="青海";Province[27]="四川";
        Province[28]="安徽"; Province[29]="宁夏";Province[30]="海南";Province[31]="香港";Province[32]
="澳门";Province[33]="台湾";
    }
    {
        id=id+1;
        value=int(rand()*34);
        print id"\t"$1"\t"$2"\t"$3"\t"$5"\t"substr($6,1,10)"\t"Province[value]
}' $infile > $outfile
[root@master dataset]# bash ./pre_deal.sh small_user.csv user_table.txt
[root@master dataset]# head -10 user_table.txt
```

结果如图 3-70 所示。

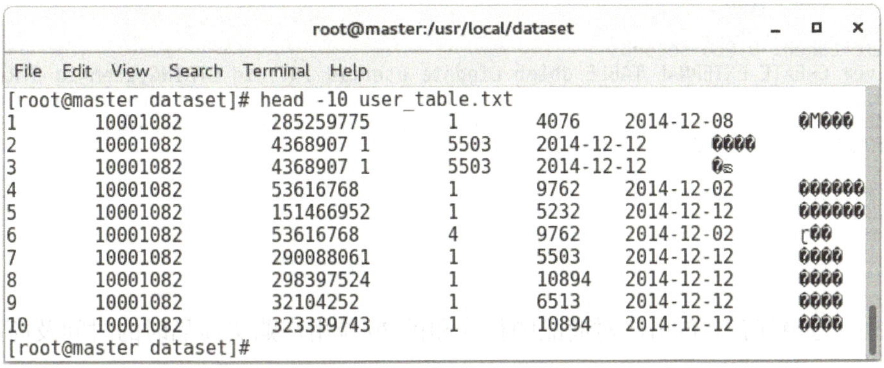

```
root@master:/usr/local/dataset
File  Edit  View  Search  Terminal  Help
[root@master dataset]# head -10 user_table.txt
1       10001082        285259775       1       4076    2014-12-08      �M��
2       10001082        4368907 1       5503    2014-12-12      ����
3       10001082        4368907 1       5503    2014-12-12      �s
4       10001082        53616768        1       9762    2014-12-02      ������
5       10001082        151466952       1       5232    2014-12-12      ������
6       10001082        53616768        4       9762    2014-12-02      r��
7       10001082        290088061       1       5503    2014-12-12      ����
8       10001082        298397524       1       10894   2014-12-12      ����
9       10001082        32104252        1       6513    2014-12-12      ����
10      10001082        323339743       1       10894   2014-12-12      ����
[root@master dataset]#
```

图 3-70　查看运行结果中的前 10 行

第二步：在 HDFS 文件系统上创建“/bigdata/dataset”目录并将经过处理的数据上传到 HDFS 中，代码如下。

```
[root@master ~]# hdfs dfs -mkdir -p /bigdata/dataset
[root@master ~]# hdfs dfs -put /usr/local/dataset/user_table.txt /bigdata/dataset
```

结果如图 3-71 所示。

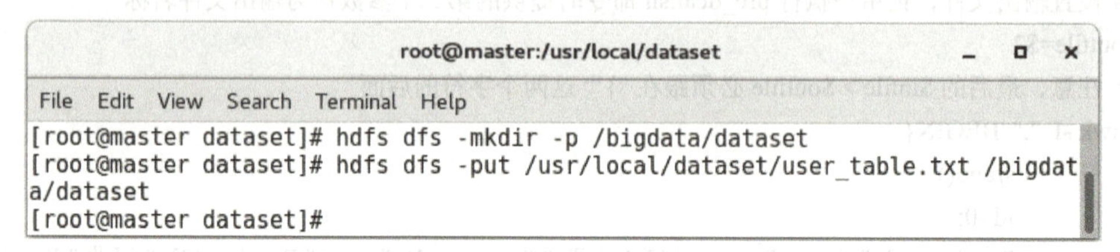

图 3-71　上传文件

第三步：在 Hive 中创建一个名为“dblab”的数据库，在该数据库中创建一个名为“bigdata_user”的外部表，字段包括 id、uid、item_id、behavior_type、item_category、visit_date、province，最后将 HDFS 中的数据加载到 Hive 中，代码如下。

```
[root@master ~]# hive
hive> create database dblab;
hive> use dblab;
hive> CREATE EXTERNAL TABLE dblab.bigdata_user(id INT,uid STRING,item_id STRING,behavior_type INT,item_category STRING,visit_date DATE,province STRING) COMMENT 'Welcome to xmu dblab!' ROW FORMAT DELIMITED FIELDS TERMINATED BY '\t' STORED AS TEXTFILE LOCATION '/bigdata/dataset';
```

结果如图 3-72 所示。

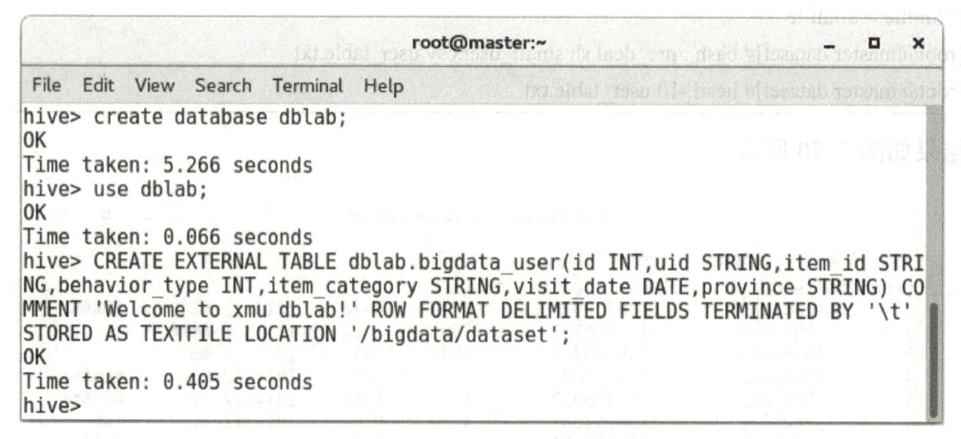

图 3-72　将 HDFS 数据加载到 Hive

第四步：查看前 10 位用户对商品的行为和前 20 位用户购买商品时的时间及商品种类，代码如下。

```
hive> show create table bigdata_user;
hive> desc bigdata_user;
hive> select behavior_type from bigdata_user limit 10;
hive> select visit_date,item_category from bigdata_user limit 20;
```

部分查看结果如图 3-73 所示。

```
root@master:~
File  Edit  View  Search  Terminal  Help
hive> select visit_date,item_category from bigdata_user limit 20;
OK
2014-12-08      4076
2014-12-12      5503
2014-12-12      5503
2014-12-02      9762
2014-12-12      5232
2014-12-02      9762
2014-12-12      5503
2014-12-12      10894
2014-12-12      6513
2014-12-12      10894
2014-12-12      2825
2014-11-28      2825
2014-12-15      3200
2014-12-03      10576
2014-11-20      10576
2014-12-13      10576
```

图 3-73　部分查看结果

实战强化

在完成元数据清洗的基础上，使用 Hive 分别统计页面浏览量、用户注册数、独立 IP 数和跳出用户数等数据信息，并汇总至一张数据表中，步骤如下。

第一步：创建用于存储清洗后数据的分区表，进入 Hive 模式并建立分区表 phone_db，代码如下。

```
[root@master ~]# CREATE EXTERNAL TABLE phone_db(BeginTime string,EndTime string,MSISDN string,SourceIP string,SourcePort string,APMAC string,APIP string,DestinationIP string,DestinationPort string,Service string,ServiceType1 string,ServiceType2 string,UpPackNum string,DownPackNum string,UpPayLoad string,DownPayLoad string,HttpStatus string,ClientType string,ResponseTime string) PARTITIONED BY (logdate string) ROW FORMAT DELIMITED FIELDS TERMINATED BY '\t' LOCATION '/phonelog/output';
```

建立分区表如图 3-74 所示。

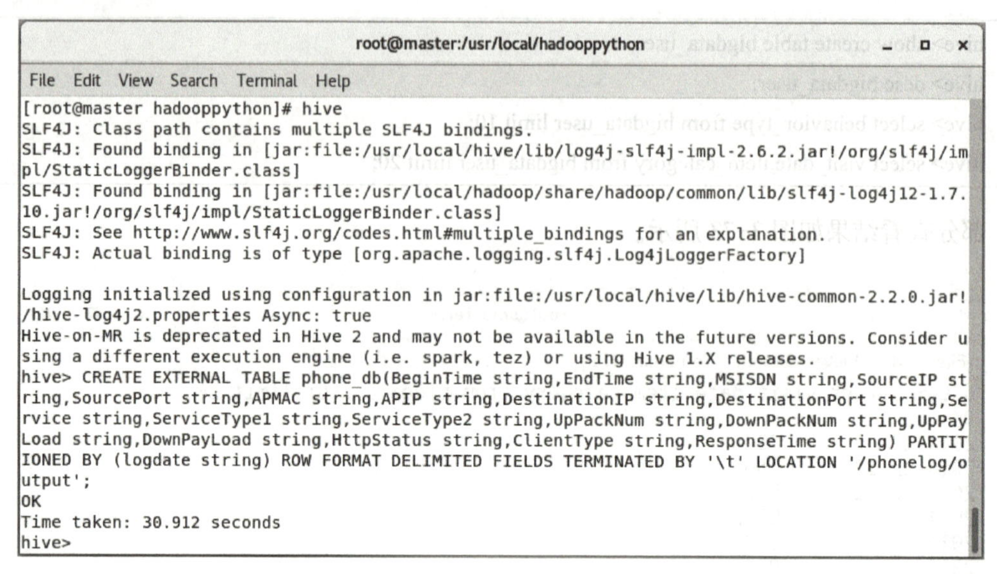

图 3-74　建立分区表

第二步：向分区表中加载数据并设置 2019_01_31 为分区时间，最后查看数据是否加载成功，代码如下。

```
hive> ALTER TABLE phone_db ADD PARTITION(logdate='2019_01_31') LOCATION '/phonelog/output/';
hive> SELECT * FROM phone_db;
```

结果如图 3-75 所示。

```
root@master:/usr/local/hadooppython
File  Edit  View  Search  Terminal  Help
130515  1368607185359   18213478461     10.80.99.179    50667   0A-1F-6F-32-C2-B7:CMCC-EDU   1
83.224.64.162   223.87.1.20     80      搜狐房产        生活软件        房产    7       9       4
26      3066    200     2       1368    2019_01_31
130515  1368607184337   18816556994     10.81.90.217    53907   00-27-1d-06-9a-62:CMCC  183.22
4.64.9  183.224.1.29    80      百度    搜索    搜索引擎        1       0       60      0       2
00      2       0       2019_01_31
130515  1368607188739   13888138894     10.80.192.33    2469    C8-64-C7-2A-7A-6F:CMCC  183.22
4.64.41 119.255.240.38  80      当当网  生活软件        购物    2       0       635     0       2
00      2       0       2019_01_31
130515  1368607184298   15912595867     10.80.62.98     52548   0A-1F-6F-36-42-46:CMCC-EDU   1
83.224.64.122   119.75.220.41   80      百度    搜索    搜索引擎        2       2       120     3
97      200     2       1368    2019_01_31
130515  1368607188444   18213579259     10.80.70.247    56837   0A-1F-6F-36-43-62:CMCC-EDU   1
83.224.64.130   111.13.12.15    80      百度    搜索    搜索引擎        3       0       180     0
200     2       0       2019_01_31
130515  1368607188107   15287134073     10.80.33.202    59061   0A-1F-6F-36-3F-55:CMCC-EDU   1
83.224.64.98    119.75.217.56   80      百度    搜索    搜索引擎        1       0       60      0
200     2       0       2019_01_31
Time taken: 30.171 seconds, Fetched: 14060 row(s)
hive>
```

图 3-75　加载数据并设置分区时间

第三步：统计各业务类型的浏览量，业务浏览量为 Service，统计出不同业务的用户浏览量可得出日常生活工作当中哪些业务使用最多，代码如下。

```
hive> CREATE TABLE phone_db_Serviceno_2019_01_31 AS SELECT Service,COU
NT(*) AS Serviceno FROM phone_db WHERE logdate='2019_01_31' group by Service;
```

结果如图 3-76 所示。

```
root@master:~
File Edit View Search Terminal Help
2022-12-12 10:13:11,917 Stage-1 map = 0%,  reduce = 0%
2022-12-12 10:13:25,620 Stage-1 map = 100%,  reduce = 0%, Cumulative CPU 3.73 sec
2022-12-12 10:13:36,217 Stage-1 map = 100%,  reduce = 100%, Cumulative CPU 7.72 sec
MapReduce Total cumulative CPU time: 7 seconds 720 msec
Ended Job = job_1670731256053_0027
Moving data to directory hdfs://mycluster/user/hive/warehouse/phone_db_serviceno_2019_01_31
MapReduce Jobs Launched:
Stage-Stage-1: Map: 1  Reduce: 1   Cumulative CPU: 7.72 sec   HDFS Read: 2343223 HDFS Write
: 1578 SUCCESS
Total MapReduce CPU Time Spent: 7 seconds 720 msec
OK
Time taken: 63.776 seconds
hive>
```

图 3-76　统计各业务类型的浏览量

第四步：统计执行完成后，查询各业务类型的浏览量，代码如下。

```
hive> select * from phone_db_Serviceno_2019_01_31;
```

结果如图 3-77 所示。

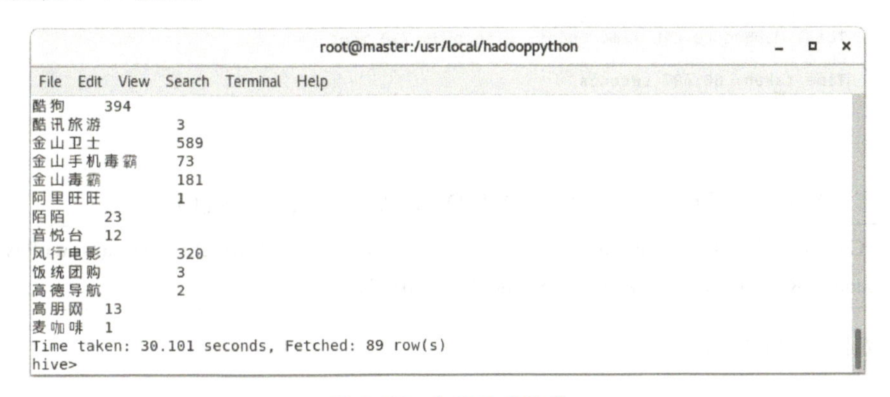

图 3-77　查看统计结果

第五步：统计各业务组浏览量，业务组浏览量为 ServiceType1，通过数据可知，业务组包含影视类、购物类和搜索类等，代码如下。

```
hive> CREATE TABLE phone_db_ServiceType1no_2019_01_31 AS SELECT ServiceType1,COUNT(*) AS ServiceType1no FROM phone_db WHERE logdate='2019_01_31' group by ServiceType1;
```

结果如图 3-78 所示。

```
root@master:~
File Edit View Search Terminal Help
2022-12-12 10:15:42,439 Stage-1 map = 0%,  reduce = 0%
2022-12-12 10:15:57,583 Stage-1 map = 100%,  reduce = 0%, Cumulative CPU 3.7
 sec
2022-12-12 10:16:08,041 Stage-1 map = 100%,  reduce = 100%, Cumulative CPU 7
.91 sec
MapReduce Total cumulative CPU time: 7 seconds 910 msec
Ended Job = job_1670731256053_0028
Moving data to directory hdfs://mycluster/user/hive/warehouse/phone_db_servi
cetype1no_2019_01_31
MapReduce Jobs Launched:
Stage-Stage-1: Map: 1  Reduce: 1   Cumulative CPU: 7.91 sec   HDFS Read: 234
3253 HDFS Write: 266 SUCCESS
Total MapReduce CPU Time Spent: 7 seconds 910 msec
OK
Time taken: 59.734 seconds
hive>
```

图 3-78　统计各业务组浏览量

第六步： 统计总上行流量，上行流量为UpPayLoad，代码如下。

```
hive> CREATE TABLE phone_db_UpPayLoad_2019_01_31 AS SELECT sum(UpPayLoad) AS UpPayLoadno FROM phone_db WHERE logdate='2019_01_31';
```

结果如图3-79所示。

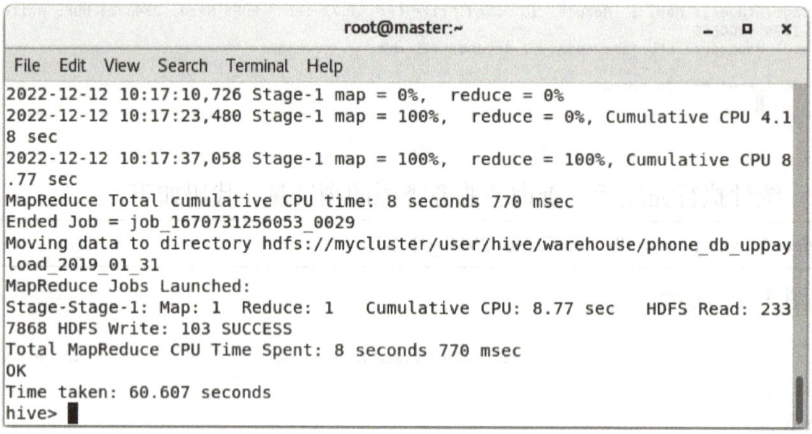

```
root@master:~
File  Edit  View  Search  Terminal  Help
2022-12-12 10:17:10,726 Stage-1 map = 0%,  reduce = 0%
2022-12-12 10:17:23,480 Stage-1 map = 100%,  reduce = 0%, Cumulative CPU 4.1
8 sec
2022-12-12 10:17:37,058 Stage-1 map = 100%,  reduce = 100%, Cumulative CPU 8
.77 sec
MapReduce Total cumulative CPU time: 8 seconds 770 msec
Ended Job = job_1670731256053_0029
Moving data to directory hdfs://mycluster/user/hive/warehouse/phone_db_uppay
load_2019_01_31
MapReduce Jobs Launched:
Stage-Stage-1: Map: 1  Reduce: 1   Cumulative CPU: 8.77 sec   HDFS Read: 233
7868 HDFS Write: 103 SUCCESS
Total MapReduce CPU Time Spent: 8 seconds 770 msec
OK
Time taken: 60.607 seconds
hive>
```

图3-79　统计总上行流量

第七步： 统计总下行流量，下行流量为DownPayLoad，代码如下。

```
hive> CREATE TABLE phone_db_DownPayLoad_2019_01_31 AS SELECT sum(DownPayLoad) AS DownPayLoadno FROM phone_db WHERE logdate='2019_01_31';
```

结果如图3-80所示。

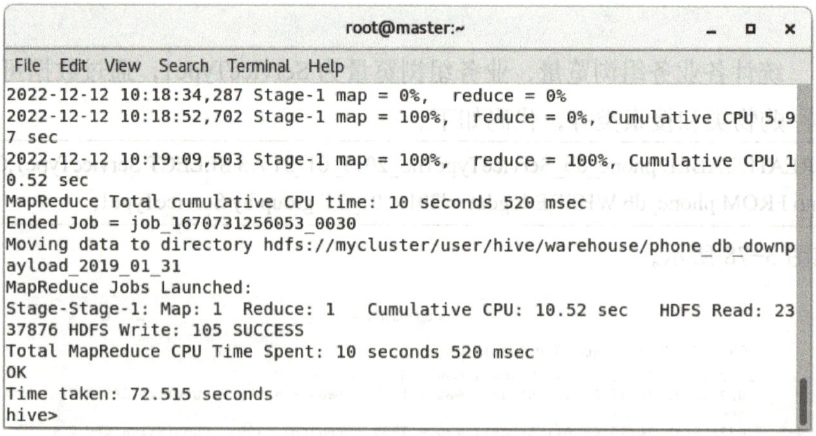

```
root@master:~
File  Edit  View  Search  Terminal  Help
2022-12-12 10:18:34,287 Stage-1 map = 0%,  reduce = 0%
2022-12-12 10:18:52,702 Stage-1 map = 100%,  reduce = 0%, Cumulative CPU 5.9
7 sec
2022-12-12 10:19:09,503 Stage-1 map = 100%,  reduce = 100%, Cumulative CPU 1
0.52 sec
MapReduce Total cumulative CPU time: 10 seconds 520 msec
Ended Job = job_1670731256053_0030
Moving data to directory hdfs://mycluster/user/hive/warehouse/phone_db_downp
ayload_2019_01_31
MapReduce Jobs Launched:
Stage-Stage-1: Map: 1  Reduce: 1   Cumulative CPU: 10.52 sec   HDFS Read: 23
37876 HDFS Write: 105 SUCCESS
Total MapReduce CPU Time Spent: 10 seconds 520 msec
OK
Time taken: 72.515 seconds
hive>
```

图3-80　统计总下行流量

第八步： 将总上行流量与总下行流量汇总到同一个表中，以方便查询，代码如下。

```
hive> CREATE TABLE phone_db_2019_01_31 AS SELECT '2019_01_31', a.UpPayLoadno, b.DownPayLoadno FROM phone_db_UpPayLoad_2019_01_31 a JOIN phone_db_DownPayLoad_2019_01_31 b ON 1=1;
```

结果如图3-81所示。

```
root@master:~
File Edit View Search Terminal Help
2022-12-12 10:20:27,917 Stage-4 map = 0%,  reduce = 0%
2022-12-12 10:20:40,568 Stage-4 map = 100%,  reduce = 0%, Cumulative CPU 4.2
1 sec
MapReduce Total cumulative CPU time: 4 seconds 210 msec
Ended Job = job_1670731256053_0031
Moving data to directory hdfs://mycluster/user/hive/warehouse/phone_db_2019_
01_31
MapReduce Jobs Launched:
Stage-Stage-4: Map: 1   Cumulative CPU: 4.21 sec   HDFS Read: 8191 HDFS Writ
e: 114 SUCCESS
Total MapReduce CPU Time Spent: 4 seconds 210 msec
OK
Time taken: 62.991 seconds
hive>
```

图 3-81　汇总总上行流量与总下行流量

第九步：查询汇总数据，代码如下。

```
hive> select * from phone_db_2019_01_31;
```

结果如图 3-82 所示。

```
root@master:/usr/local/hadooppython
File Edit View Search Terminal Help
hive> select * from phone_db_2019_01_31;
OK
2019_01_31      2021783.0       9998882.0
Time taken: 30.163 seconds, Fetched: 1 row(s)
hive>
```

图 3-82　查询汇总数据

读者通过对流量数据清洗、分析的实现，对 MapReduce、Hive 等相关知识有了初步了解，对 Hadoop Streaming 命令、HiveQL 命令的基本使用有所掌握，并能够通过所学知识实现电信、金融、能源等行业海量数据的清洗与分析。

查询汇总数据，代码如下。

```
hive> select * from phone_ob_2019_01_21;
```

结果如图 [illegible]-82 所示。

该客通过对流量数据清洗、分析的实现，对 MapReduce，Hive 等相关知识有了初步了解，对 Hadoop Streaming 命令、HiveQL 命令的基本使用有所掌握，并能够通过所学知识实现电信、金融、能源等行业海量数据的清洗与分析。

Project 4

项目4
数据库存储与数据迁移

项目描述

Hadoop 其实很简单！

项目经理：能够进行数据的处理与分析了吗？

开发工程师：已经掌握了 MapReduce 和 Flume 的基本使用了。我是不是已经很厉害了？

项目经理：不要因为一点点小小的成绩就洋洋得意，你还有好多东西要学习！

开发工程师：是吗？还有什么内容？

项目经理：你还要对 HBase 和 Sqoop 进行学习。

开发工程师：好的，我这就去学习。

由于数据的不断增长，以及清洗和分析频率的增加，清洗、分析完成后的数据也会越来越多，并且由于分析后得到的数据都是有用数据，再次以文件形式保存，数据杂乱且可用性较差，因此需要选择一款数据库进行数据的存储。Hadoop 提供了 HBase 数据库，在实现海量数据存储的同时，能保证数据的可靠性。但由于人们普遍使用 MySQL 数据库，对 HBase 数据库可能不太熟练，因此 Hadoop 提供了一个 Sqoop 工具，可以将 HBase 中的数据迁移到 MySQL。本项目通过 HBase 和 Sqoop 相关知识的讲解，实现数据库数据的存储和迁移，并将数据进行可视化展示。

学习目标

通过对项目 4 相关内容的学习，读者可了解 HBase、Sqoop 等的相关概念，熟悉 HBase 基本架构和 Sqoop 的执行流程，掌握 HBase Shell 和 Sqoop Shell 操作命令的基本使用，具有使用 HBase 存储数据并通过 Sqoop 迁移数据的能力。思维导图如下：

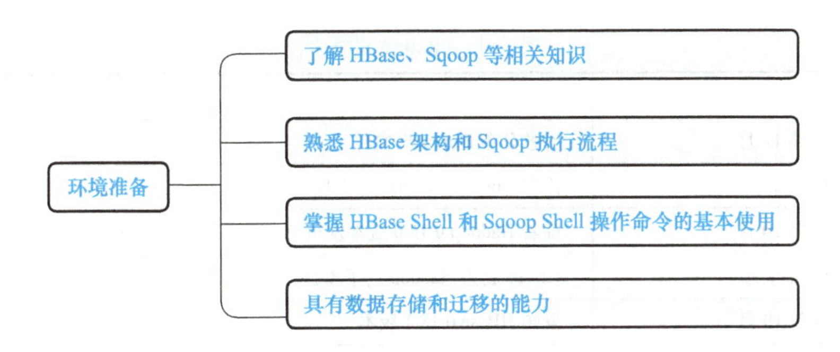

任务 1 HBase 数据库存储流量数据

任务分析

本任务主要通过 HBase Shell 相关命令和过滤器实现对数据库中数据表的创建、数据的插入、数据的查看、数据的过滤等操作。在任务实现过程中，简单讲解了 HBase 的相关概念和过滤器的相关知识，详细说明了 HBase Shell 数据库操作命令、过滤器和 HappyBase 库的使用，并在任务实施案例中进行 HBase Shell 操作命令和过滤器的使用。

任务技能

技能点一 HBase 概念

1. HBase 简介

HBase，全称为 Hadoop Database，基于 Java 语言开发，是运行在 HDFS 中的高可靠性、高性能、列存储、可伸缩、实时读写的用来存储非结构化或半结构化数据的非关系型数据库，能够在廉价的 PC 服务端上搭建起大规模结构化存储集群。另外，HBase 属于典型的 key/value 系统，数据以一张大表的格式将数据进行存储，并根据需求进行动态的变化，之后通过时间戳来进行区分。

HBase 最早在 2006 年被提出，并于 2007 年底出现第一个可用的 HBase。HBase 相比关系型数据库 MySQL、Oracle 等还是非常年轻的，但由于大数据技术的逐步完善，HBase 得到了飞速的发展，逐步成为大数据项目中存储数据的重要工具，并最终成为 Apache 的顶级项目。HBase 的发展见表 4-1。

表 4-1　HBase 的发展

日　期	版　本
2006 年 11 月	谷歌公布 BigTable 文件
2007 年 2 月	由 Hadoop 创建 HBase 原型
2007 年 10 月	随着 Hadoop 0.15.0 版本发布第一个可用的 HBase
2008 年 1 月	HBase 成为 Hadoop 的子项目
2008 年 10 月	发布 HBase 0.18.1 版本
2009 年 1 月	发布 HBase 0.19 版本
2009 年 9 月	发布 HBase 0.20.0 版本
2010 年 5 月	HBase 成为 Apache 的顶级项目
2022 年 10 月	发布最新稳定版 2.4.15

目前，HBase 的存储方式有两种，一种是使用操作系统的本地文件系统进行存储，另一种是在集群环境下使用 Hadoop 的 HDFS 进行存储。尽管 HBase 可以利用 HDFS 存储，但与真正的 HDFS 相比还是存在着诸多的不同，见表 4-2。

表 4-2　HBase 与 HDFS 的不同

定　义	HBase	HDFS
存储方式	HBase 是一个数据库，构建在 HDFS 上	HDFS 是一个分布式文件系统，用于存储大量文件数据
查询方式	HBase 支持快速表数据查找	HDFS 不支持快速单个记录查找
延迟性	在十亿级表中查找单个记录时的延迟低	对于批量操作延迟较大
读取方式	可以随机读取数据	只能顺序读取数据

HBase 在实现数据存储时，除了存储操作外，还可以通过 Hadoop MapReduce 来处理 HBase 中的海量数据，并提供对数据的随机、随时读写操作，实现了数据存储与并行计算的完美结合。HBase 在 Hadoop 中的位置如图 4-1 所示，向下提供存储（HDFS），向上提供运算（MapReduce）。

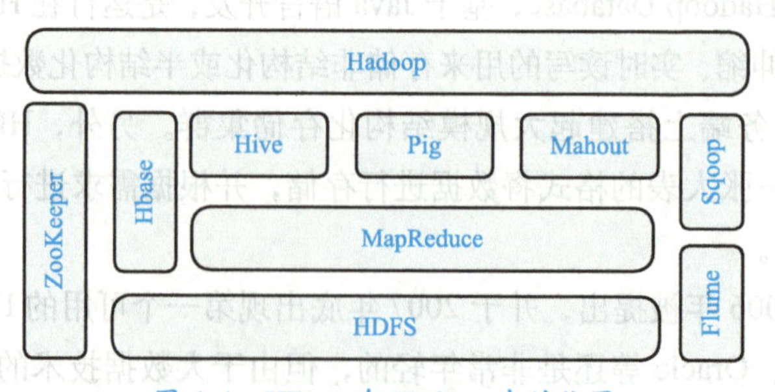

图 4-1　HBase 在 Hadoop 中的位置

在对 HBase 进行简单了解后，人们可能会觉得 HBase 和 Hive 有着很多的相同之处，但实际上，HBase 和 Hive 不管是在结构上还是在使用上都有着本质的不同，其对比见表 4-3。

表 4-3　HBase 与 Hive 的对比

定　义	HBase	Hive
结构化	非结构化数据	结构化数据
适用范围	在线读取	批量查询
延迟性	在线，低延迟	批处理，较高延迟
适用人员	开发者	分析人员

2．HBase 数据结构

HBase 是一个面向列的数据库，其数据存储由 Row Key（行键）、Column Family（列族）、Column（列）、Cell（单元）和 Time Stamp（时间戳）组成。一个 HBase 中，可以存在多个行键；每个行都可以有多个列族，每个列族都可包含任意数量的列，列的值都连续地存储在磁盘上；而每个列都对应地存在一个时间戳，如果将 HBase 的表看成一个集合，其各部分具体说明如下：

- 表是行的集合。
- 行是列族的集合。
- 列族是列的集合。
- 列是键值对的集合。
- Row Key（行键）：检索记录的主键，访问 HBase 表中的行。
- Column Family（列族）：表在水平方向由一个或者多个 Column Family 组成，一个 Column Family 可以由任意多个 Column 组成，即 Column Family 支持动态扩展，无须预先定义 Column 的数量以及类型，所有 Column 均以二进制格式存储，用户需要自行进行类型转换。
- Column（列）：由 HBase 中的列族（Column Family）及列的名称组成。
- Cell（单元）：HBase 中通过 Row 和 Column 确定存储单元。
- Time Stamp（时间戳）：表示一份数据在某个特定时间之前是已经存在的、完整的、可验证的数据，通常是一个字符序列或某一刻的时间。

HBase 的数据结构见表 4-4。

表 4-4　HBase 的数据结构

Row Key	Time Stamp	Column Family:cf1		Column Family:cf2	
		Column	Value	Column	Value
Row Key1	time6	cf1:2	value1-1/2		
	time5	cf1:3	value1-1/3		
	time4			cf2:1	value1-2/1
	time3			cf2:2	value1-2/2
Row Key2	time2	cf1:1	value2-1/1		
	time1			cf2:1	value2-1/1

3．HBase 框架设计

HBase 采用 Master/Slave 架构搭建集群，由 HMaster 节点、HRegionServer、ZooKeeper 集群以及 HBase 的各种访问接口组成，如图 4-2 所示。

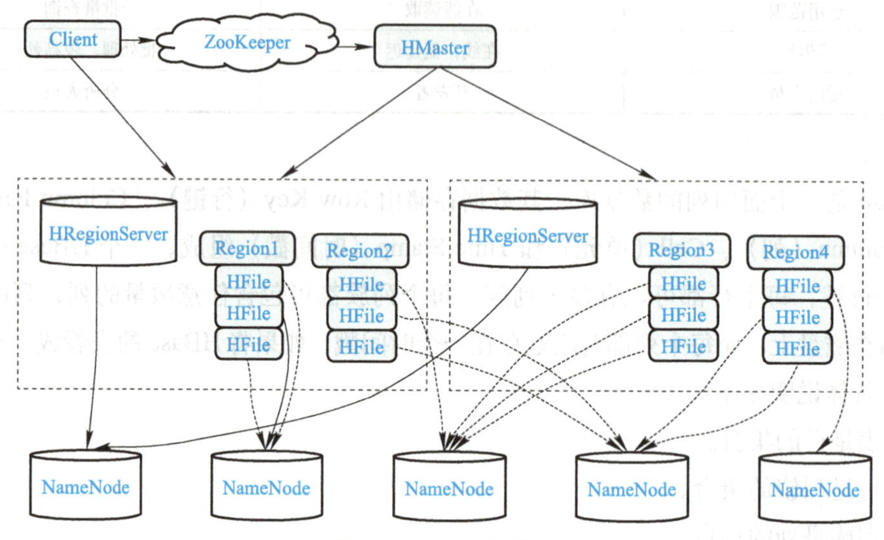

图 4-2　HBase 架构图

1）HMaster 节点：集群的管理服务器，主要负责管理表和 HRegion（HBase 区域），负责 HRegionServer 的负载均衡，处理模式变化和其他元数据操作请求，如数据表和列的创建。

2）HRegionServer：HBase 的区域服务器，主要用于管理 HBase 中数据的存储，如向 HDFS 读写数据，负责处理用户的 I/O 请求。

3）ZooKeeper 集群：集群服务，主要用于保证集群中 HMaster 的唯一性，存储 HRegion 的寻址入口，负责实时监控 HRegionServer 的信息并实时通知 HMaster。

4）HBase 的各种访问接口：使用 HBase RPC（HBase 远程过程调用）机制可以和 HMaster、HRegionServer 进行通信，包含访问 HBase 的接口，维护 Cache 来加快对 HBase 的访问，比如 Region 的位置信息。常用的 HBase 访问接口见表 4-5。

表 4-5　常用的 HBase 访问接口

接口名称	描述
Native Java API	最常规和高效的访问方式，适合 Hadoop MapReduce Job 并行批处理 HBase 表数据
HBase Shell	HBase 的命令行工具，最简单的接口，适合 HBase 管理使用
Thrift Gateway	利用 Thrift 序列化技术，支持 C++、PHP、Python 等多种语言，适合其他异构系统在线访问 HBase 表数据
REST Gateway	支持 REST 风格的 HTTP API 访问 HBase，解除了语言限制
Pig	可以使用 Pig Latin 流式编程语言来操作 HBase 中的数据，和 Hive 类似，本质最终也是编译成 MapReduce Job 来处理 HBase 表数据，适合做数据统计
Hive	从 Hive 0.7.0 版本开始，可以使用类似于 SQL 的语言来访问 HBase

技能点二 HBase Shell

1. HBase Shell 介绍

HBase Shell 是通过访问 HBase 数据库来读取信息的一种方法，是 HBase 的一套命令行工具，类似传统数据中 SQL 的概念，通过在 HBase Shell 中使用 HiveQL 语句（HBase 有自带的查询语句）对 HBase 中的数据进行相关的操作，解决了 HBase 不支持常用 SQL 查询语句的问题。在使用 HBase Shell 之前，需要保证 Hadoop 集群和 HBase 的正常启动，之后在 Shell 中执行“hbase shell”命令即可进入命令行界面操作 HBase，如图 4-3 所示。

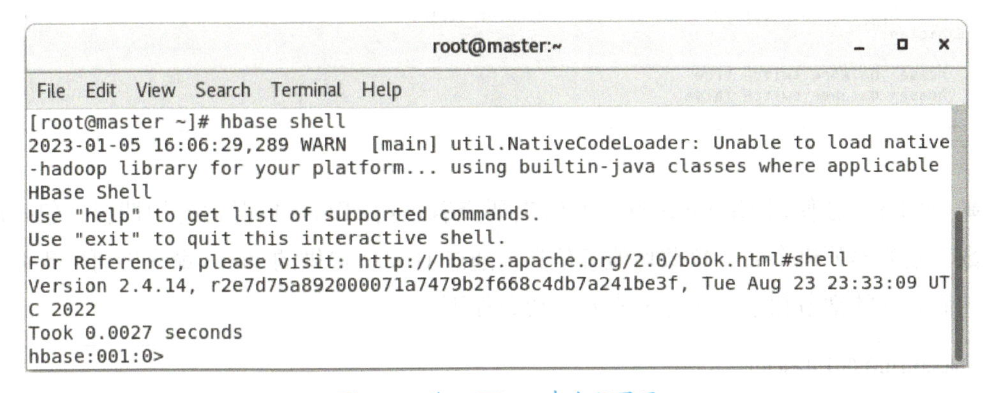

图 4-3 进入 HBase 命令行界面

2. HBase Shell 常用命令使用

在 HBase 中，使用 hbase shell 命令进入 HBase Shell 环境后，就可以通过 HBase Shell 提供的命令进行 HBase 的相关操作。这些操作命令可以分成两种。这里介绍第一种，即用于操作 HBase 本身的命令，如 HBase Shell 退出、HBase 版本信息查看等。常用操作 HBase 本身的命令见表 4-6。

表 4-6 常用操作 HBase 本身的命令

HBase Shell 命令	描　述
tools	列出 HBase 所支持的工具
status	返回 HBase 集群的状态信息
version	返回 HBase 版本信息

- tools。在使用 HBase 时，当前工具提供的功能并不能满足操作 HBase 的需求，需要更换另一款工具进行 HBase 的操作。这时可通过 HBase 提供的查看支持工具的命令来查看当前 HBase 所支持的所有工具，之后选择合适的工具使用即可。查看 HBase 支持工具的代码如下。

```
hbase(main):001:0> tools
```

结果如图 4-4 所示。

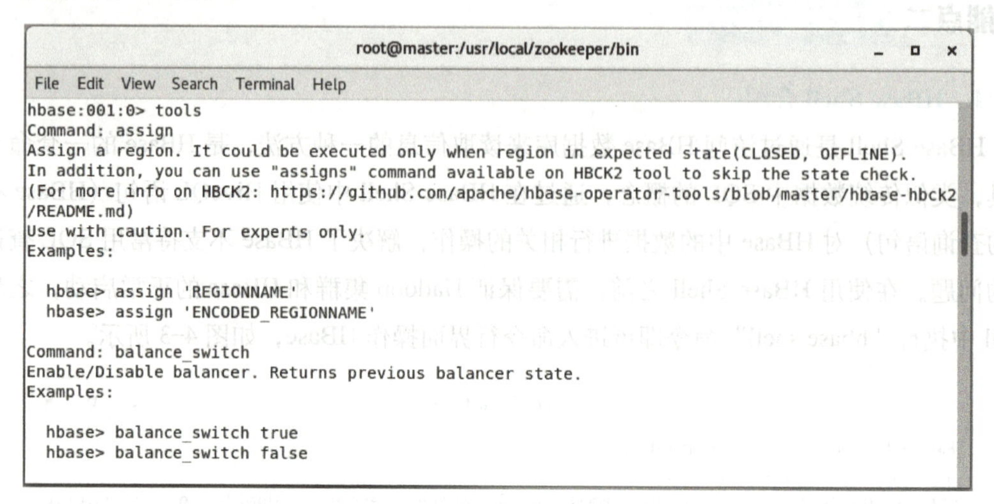
```
hbase:001:0> tools
Command: assign
Assign a region. It could be executed only when region in expected state(CLOSED, OFFLINE).
In addition, you can use "assigns" command available on HBCK2 tool to skip the state check.
(For more info on HBCK2: https://github.com/apache/hbase-operator-tools/blob/master/hbase-hbck2
/README.md)
Use with caution. For experts only.
Examples:

  hbase> assign 'REGIONNAME'
  hbase> assign 'ENCODED_REGIONNAME'

Command: balance_switch
Enable/Disable balancer. Returns previous balancer state.
Examples:

  hbase> balance_switch true
  hbase> balance_switch false
```

图 4-4　查看 HBase 支持的工具

● status。在使用 HBase 之前，有时需要查看当前 HBase 集群运行的情况，包括服务器个数、服务器死机个数、负载均值等信息，通过 HBase 提供的 status 命令即可实现系统上运行的服务器的细节和系统状态的查看，代码如下。

```
hbase(main):001:0>status
```

结果如图 4-5 所示。

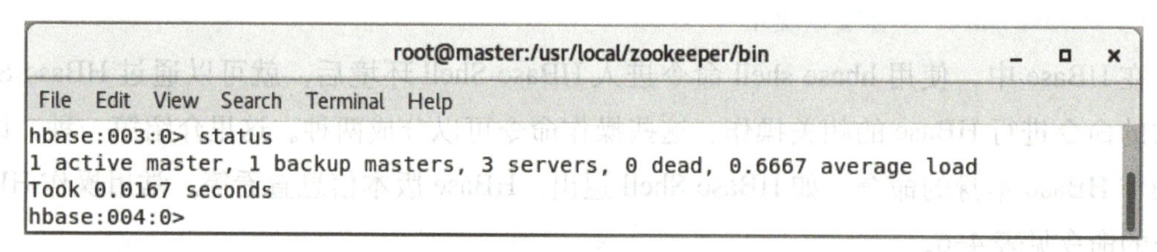
```
hbase:003:0> status
1 active master, 1 backup masters, 3 servers, 0 dead, 0.6667 average load
Took 0.0167 seconds
hbase:004:0>
```

图 4-5　查看系统上运行的服务器的细节和系统状态

● version。大数据是一个综合性的概念，包含了多项内容，知识之间可能会出现版本的冲突，这时就需要通过 version 命令查看当前 HBase 的版本，代码如下。

```
hbase(main):001:0>version
```

结果如图 4-6 所示。

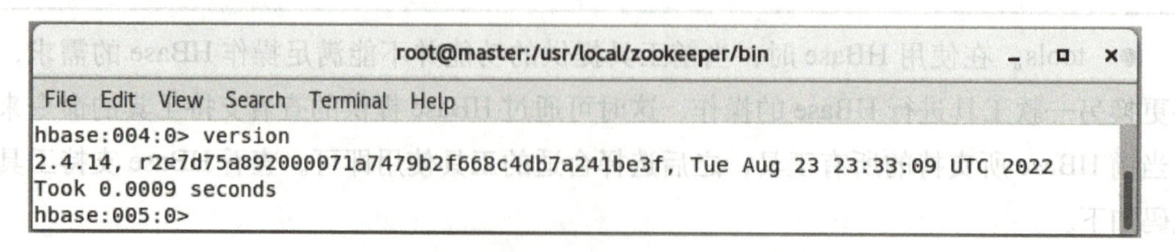
```
hbase:004:0> version
2.4.14, r2e7d75a892000071a7479b2f668c4db7a241be3f, Tue Aug 23 23:33:09 UTC 2022
Took 0.0009 seconds
hbase:005:0>
```

图 4-6　查看 HBase 版本

除了操作 HBase 本身的命令外，HBase Shell 提供的另一种命令主要用于 HBase 中数据表和数据的操作，如数据表的创建和删除、数据的添加和删除等，常用操作命令见表 4-7。

表 4-7　HBase 中数据表和数据的常用操作命令

HBase Shell 命令	描　述
create	创建表
list	列出 HBase 中存在的所有表
exists	测试表是否存在
describe	显示表相关的详细信息
disable	使表无效
enable	使表有效
is_enabled	判断表是否有效
put	向指向的表单元添加值
scan	通过对表的扫描来获取对应的值
get	获取行或单元（Cell）的值
delete	删除指定对象的值（可以为表、行、列对应的值，另外也可以指定时间戳的值）
deleteall	删除指定行的所有元素值
drop	删除表
exit	退出 HBase Shell

● create。在使用 HBase 时，数据表是一切 HBase 操作的前提，只有当前的 HBase 存在数据表，才可以进行表的操作，只有有数据表，才可以向表中插入数据并操作数据。HBase Shell 提供了 create 命令用于实现数据表的创建。该命令可以接收两个参数，第一个参数为数据表名称；第二个参数为列族名称，可以是一个，也可以是多个，名称之间以逗号“，”连接，命令格式如下。

```
create '数据表名称','列族名称','列族名称 1',...
```

结果如图 4-7 所示。

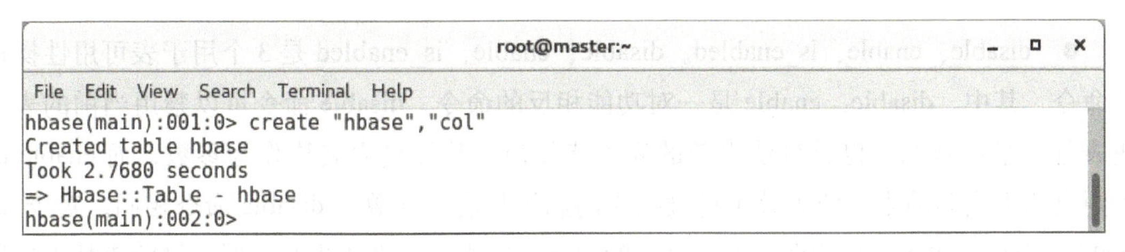

图 4-7　创建 HBase 表

● list、exists、describe。list、exists、describe 是 3 个 HBase Shell 中用于表信息查看的命令。其中，list 命令用于获取当前 HBase 中所有的数据表名称，可以用于判断表是否创建成功；exists 命令用于查看当前 HBase 中是否存在某个数据表，值为 true 表示存在该表，反之不存在，其接收一个参数，即需要查询的数据表名称，同样可以用于判断表是否创建成功；describe 命令则用于查看某个表相关的详细信息，包含表的列族名称、数据块编码方式、压缩算法是否设置等，其同样接收一个表名称参数。list、exists、describe 命令格式如下。

```
// 查看所有表名称
list
// 查看表是否存在
exists " 表名称 "
// 查看表的详细信息
describe " 表名称 "
```

分别使用 list、exists、describe 命令查看表的相关信息，如图 4-8 所示。

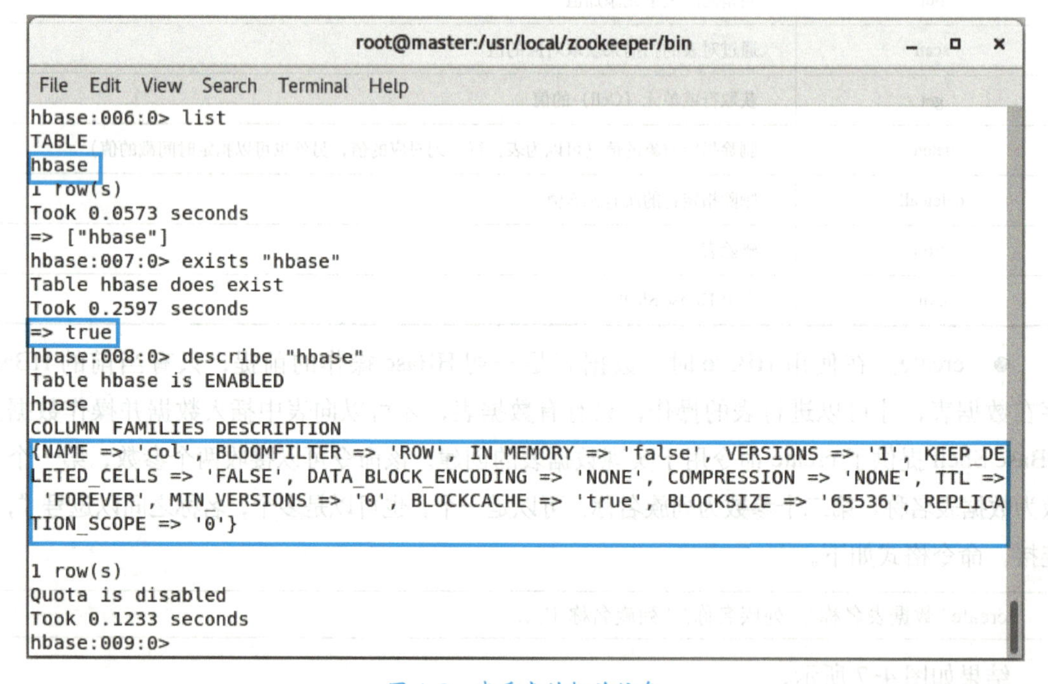

图 4-8　查看表的相关信息

- disable、enable、is_enabled。disable、enable、is_enabled 是 3 个用于表可用性操作的命令，其中，disable、enable 是一对功能相反的命令。disable 命令可以禁用当前的表，使表处于禁用状态，也就是使当前的表不能使用，其接受表名称作为参数，而 enable 命令则是启用当前的表，使表处于可被操作的启用状态，参数与 disable 命令相同。对于 is_enabled 命令，传入表名称即可对表当前的状态进行查询，当值为 true 时，说明表处于启用状态，可以被操作，值为 false 时表示表不可以被使用。disable、enable、is_enabled 命令格式如下。

```
// 禁用表
disable " 表名称 "
// 启用表
enable " 表名称 "
// 查看表的可用性
is_enabled " 表名称 "
```

分别使用 disable、enable、is_enabled 命令对表的可用性进行操作，如图 4-9 所示。

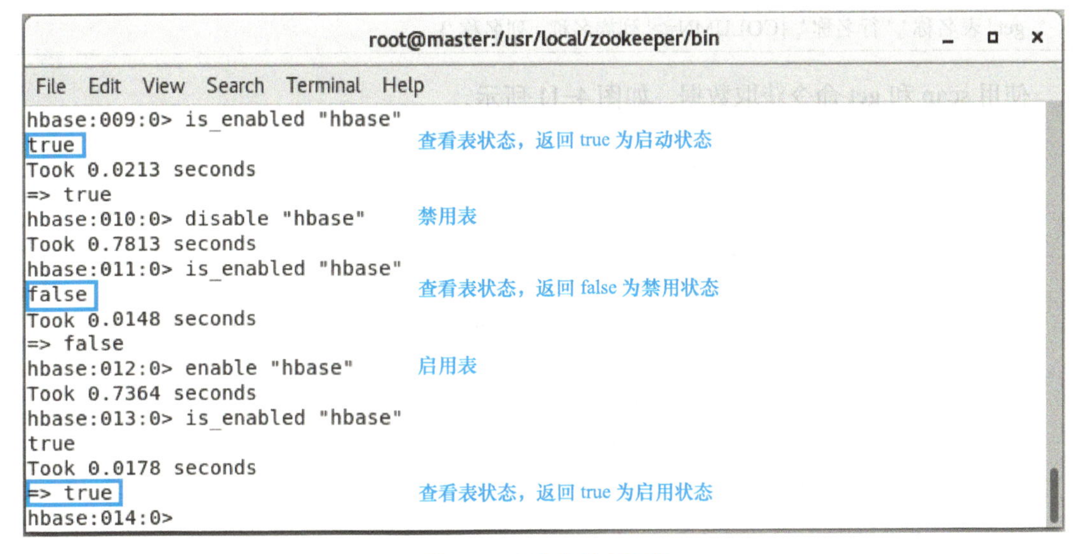

图 4-9　查看表的可用性

● put。put 命令在 HBase 中主要用于实现数据的插入，其接收 4 个参数，第一个参数为数据表名称，第二个参数为行名称，第三个参数为列族名称和列名称，第四个参数为列的值。put 命令如下。

```
put ' 表名称 ',' 行名称 ',' 列族名称 : 列名称 ',' 值 '
```

使用 put 命令向指定的表单元添加值，如图 4-10 所示。

```
root@master:/usr/local/zookeeper/bin
File Edit View Search Terminal Help
hbase:014:0> put "hbase","row","col:c1","Hello HBase"
Took 0.5834 seconds
hbase:015:0> put "hbase","row1","col:c2","Hello HBase1"
Took 0.0720 seconds
hbase:016:0>
```

图 4-10　向 HBase 表中插入数据

● scan、get。scan 和 get 是 HBase 中获取数据的两种命令。scan 命令主要用于数据的扫描，通过指定需要扫描的表名称，可以获取表中全部的数据；而 get 命令主要用于表中数据的范围获取，如获取指定行的数据，其接收 3 个参数，第一个参数为表名称，第二个参数为获取的行名称，第三个参数为指定的列族名称和列名称，可以不使用。scan 和 get 命令格式如下。

```
// 获取表所有数据
scan '表名称'
// 获取指定行或列的数据
get '表名称', '行名称', {COLUMN=>' 列族名称 : 列名称 '}
```

使用 scan 和 get 命令获取数据，如图 4-11 所示。

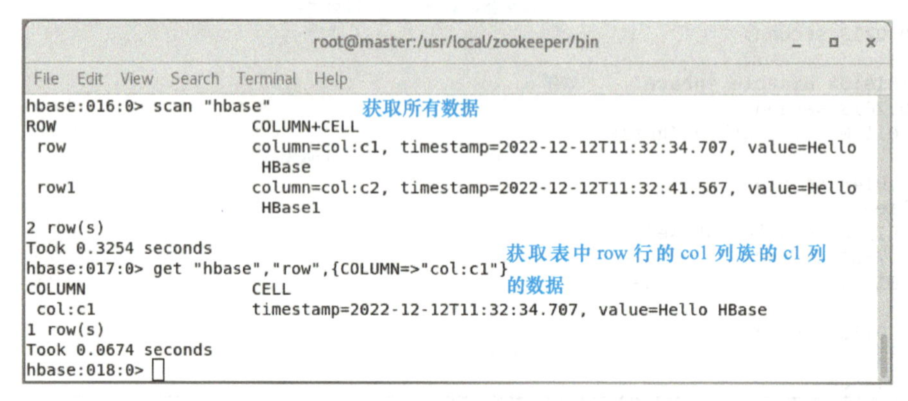

图 4-11　获取表数据

● delete、deleteall、drop。delete、deleteall、drop 是 HBase 中 3 个用于删除操作的命令。其中，delete 命令主要用于删除指定对象的值，这个对象可以是表、行、列、时间戳等，作用范围最广，在使用时需要传入不同的参数进行对应情况的删除。delete 命令接收 4 个参数：第一个参数为表名称；第二个参数为行名称；第三个参数为列名称，可选用；第四个参数为时间戳，可选用。deleteall 命令用于删除指定行的所有数据，只需传入表名称和需要删除数据的行名称即可。drop 命令的作用范围是最小的，只能用于删除处于禁用状态的指定的表。delete、deleteall、drop 命令格式如下。

```
// 删除指定对象的值
delete " 表名称 "," 行名称 "," 列名称 "," 时间戳 "
// 删除指定行的所有值
deleteall " 表名称 "," 行名称 "
// 删除表
drop " 表名称 "
```

分别使用 delete、deleteall、drop 命令对 HBase 内容进行相应的删除操作，如图 4-12 所示。

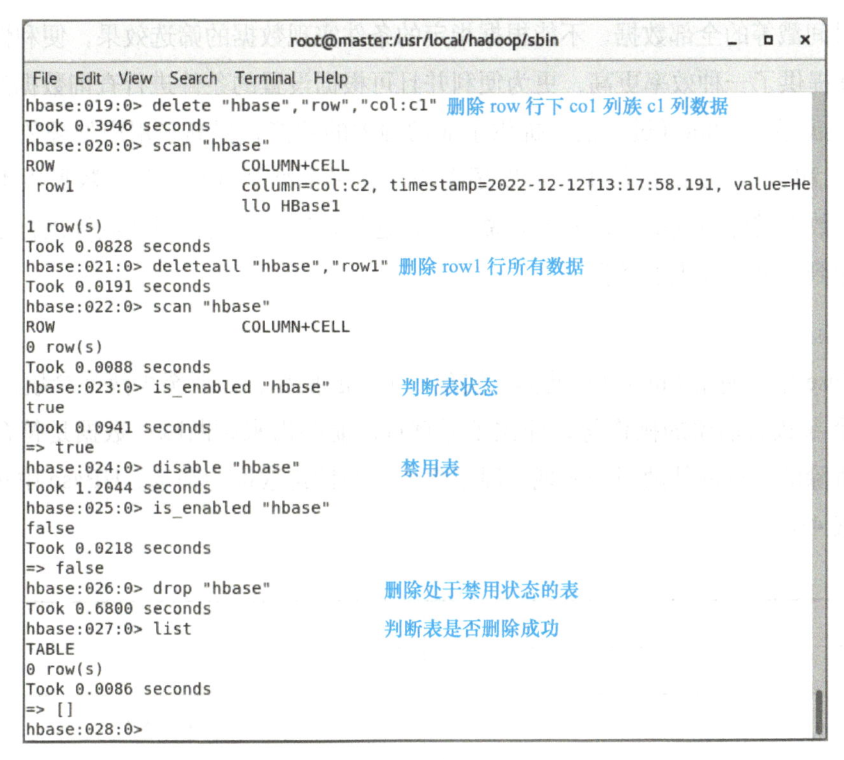

图 4-12 删除 HBase 表

● exit。exit 命令用于实现 HBase Shell 的退出功能。不同于 shutdown 命令，exit 命令只是退出当前的 HBase Shell，而不是退出整个 HBase 环境，只需使用 hbase shell 命令即可再次进入。exit 命令格式如下。

```
exit
```

使用 exit 命令退出当前的 HBase Shell，如图 4-13 所示。

```
root@master:/usr/local/hadoop/sbin
File Edit View Search Terminal Help
hbase:027:0> list
TABLE
0 row(s)
Took 0.0086 seconds
=> []
hbase:028:0> exit
[root@master sbin]#
```

图 4-13 退出 HBase Shell

技能点三 HBase 过滤器

1. 过滤器介绍

在面对大量数据时，单纯地通过 HBase Shell 提供的 scan 和 get 命令获取数据是非常苍白的，不仅数据的获取效率不高，数据的过滤也存在局限性。scan 和 get 命令只获取指定行、列、时间戳等的全部数据，不能根据指定的条件实现数据的筛选效果，便利性极低。因此，HBase 提供了一种效率更高、更为便利并且可根据设置的条件进行查询数据的方式——Filter，即过滤器。Filter（过滤器）提供了非常强大的功能，提高了用户处理数据的效率，通过与 scan 和 get 命令结合使用，可以根据需求在多个维度（行、列、数据版本等）上对 HBase 中的数据进行筛选操作，简单来说，就是通过行键、列名、时间戳等进行定位，筛选出能够细化到存储单元上的数据。

2. 比较运算符和比较器

在 HBase 中，使用 Filter（过滤器）实现一个过滤操作，需要至少两个参数。

第一个参数为抽象的操作符，即比较运算符，能够用来判断哪些数据是符合的，哪些数据是被排除的，可以帮助用户实现一段子集或一些特定数据的筛选。HBase 中常用的比较运算符见表 4-8。

表 4-8　HBase 中常用的比较运算符

运　算　符	描　述
<	小于
<=	小于或等于
=	等于
!=	不等于
>=	大于或等于
>	大于

第二个参数为具体的比较器（Comparator），代表具体的比较逻辑，如转换为字节或字符串进行比较并获取数据。HBase 中常用的比较器见表 4-9。

表 4-9　HBase 中常用的比较器

比　较　器	描　述
binary	使用 Bytes.compareTo(byte[]) 比较当前值与阈值
binaryPrefix	使用 Bytes.compareTo(byte[]) 进行匹配，从左端开始前缀匹配
null	不做匹配，只判断当前值是不是为空
bit	通过 BitwiseOp 类提供的按位与（AND）、或（OR）、异或（XOR）操作进行比较
regexString	根据正则表达式，在实例化这个比较器时去匹配表中的数据
substring	将阈值和表中数据当作 String 实例，同时通过 contains() 操作匹配字符串

通过比较操作符和比较器的配合使用，即可定义 HBase 数据过滤的条件，但需要注意的是，bit、regexString、substring 这 3 种比较器只能与等于和不等于运算符搭配使用。

3. 过滤器使用

过滤器是 HBase 数据获取的重要工具，通过过滤器的使用可以提高数据的获取效率。

目前，HBase中提供的过滤器大致可以分为5个类别，分别为列值过滤器、键值元数据过滤器、行键过滤器、功能过滤器、时间戳过滤器。在使用过滤器之前，需要添加数据，查看HBase表数据如图4-14所示。

```
hbase:001:0> scan "hbase"
ROW                     COLUMN+CELL
 row                    column=col:c, timestamp=2022-12-12T13:38:40.353, value=zhangsan
 row                    column=col:c1, timestamp=2022-12-12T13:38:56.640, value=zhangsan
 row                    column=col:c2, timestamp=2022-12-12T13:39:11.042, value=lisi2
 row1                   column=col:c1, timestamp=2022-12-12T13:39:22.145, value=zhangsan1
 row1                   column=col:c2, timestamp=2022-12-12T13:39:27.080, value=zhangsan2
 row2                   column=col:c2, timestamp=2022-12-12T13:39:38.410, value=lisi2
3 row(s)
Took 1.2089 seconds
hbase:002:0>
```

图4-14　查看HBase表数据

（1）列值过滤器

列值过滤器的主要作用对象是列和单元，对过滤条件定义后，即可针对指定列的指定单元进行匹配操作。HBase中常用的列值过滤器见表4-10。

表4-10　HBase中常用的列值过滤器

过　滤　器	描　述
SingleColumnValueFilter	单列值过滤器
SingleColumnValueExcludeFilter	单列值排除器
ValueFilter	单元值过滤器

● SingleColumnValueFilter。SingleColumnValueFilter主要通过指定列的指定单元决定每行数据是否被过滤，当符合设定的过滤条件时，返回包含该列数据的行的所有数据。另外，当当前行中不包含指定的列名称时，同样返回该行的所有数据。SingleColumnValueFilter的使用非常简单，只需在get、scan命令的表名称参数后面使用“FILTER=>"过滤器(过滤条件)"”即可。使用SingleColumnValueFilter实现数据过滤的命令格式如下。

```
scan '表名称', FILTER=>"SingleColumnValueFilter(列族名称，列名称，比较操作符，比较器：值)"
```

使用SingleColumnValueFilter获取包含列族名称为“col”且列名称为“c1”、值为“zhangsan”的行的所有数据，以及行中不包含列名称为“c1”的所有数据，如图4-15所示。

```
hbase:002:0> scan "hbase",FILTER=>"SingleColumnValueFilter('col','c1',=,'binary:zhangsan')"
ROW                     COLUMN+CELL
 row                    column=col:c, timestamp=2022-12-12T13:28:59.440, value=zhangsan
 row                    column=col:c1, timestamp=2022-12-12T13:29:55.459, value=zhangsan
 row                    column=col:c2, timestamp=2022-12-12T13:30:07.847, value=lisi2
 row2                   column=col:c2, timestamp=2022-12-12T13:30:38.138, value=lisi2
2 row(s)
Took 0.1010 seconds
hbase:003:0>
```

图4-15　使用SingleColumnValueFilter获取数据

● SingleColumnValueExcludeFilter。SingleColumnValueExcludeFilter 是单值排除器，与 SingleColumnValueFilter 相比，在使用方式上基本相同，不同之处在于 SingleColumnValueFilter 会返回符合条件的所有数据，而 SingleColumnValueExcludeFilter 返回的结果不包含符合过滤条件的该条数据。使用 SingleColumnValueExcludeFilter 实现数据的过滤，命令格式如下。

```
scan '表名称', FILTER=>"SingleColumnValueExcludeFilter( 列族名称 , 列名称 , 比较操作符 , 比较器 : 值 )"
```

使用 SingleColumnValueExcludeFilter 获取包含列族名称为“col”且列名称为“c1”、值为“zhangsan”的行的所有数据，以及行中不包含列名称为“c1”的所有数据，如图 4-16 所示。

```
root@master:/usr/local/hadoop/sbin
File  Edit  View  Search  Terminal  Help
hbase:003:0> scan "hbase",FILTER=>"SingleColumnValueExcludeFilter('col','c1',=,'binary:zhang
san')"
ROW                       COLUMN+CELL
 row                      column=col:c, timestamp=2022-12-12T13:28:59.440, value=zhangsan
 row                      column=col:c2, timestamp=2022-12-12T13:30:07.847, value=lisi2
 row2                     column=col:c2, timestamp=2022-12-12T13:30:38.138, value=lisi2
2 row(s)
Took 0.0467 seconds
hbase:004:0>
```

图 4-16　使用 SingleColumnValueExcludeFilter 获取数据

● ValueFilter。ValueFilter 为单元值过滤器，其按照具体的值来筛选单元格，会把一行中不能满足值的单元格过滤掉，返回所有符合条件的数据。使用 ValueFilter 实现单元值的过滤，命令格式如下。

```
scan '表名称', FILTER=>"ValueFilter( 比较操作符 , 比较器 : 单元值 )"
```

使用 ValueFilter 获取单元值为“zhangsan1”的整行数据，如图 4-17 所示。

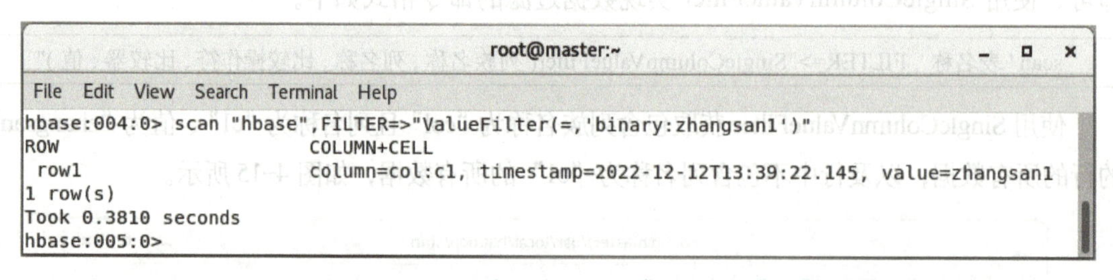

图 4-17　使用 ValueFilter 获取单元值为“zhangsan1”的整行数据

（2）键值元数据过滤器

HBase 采用“键值对”形式保存内部数据，键值元数据过滤器可以根据指定的列族名称、类名称或列名称前缀对列族或列进行过滤。HBase 中常用的键值元数据过滤器见表 4-11。

表 4-11　HBase 中常用的键值元数据过滤器

过　滤　器	描　　述
FamilyFilter	列族过滤器
QualifierFilter	列过滤器
ColumnPrefixFilter	列名前缀匹配过滤器
MultipleColumnPrefixFilter	列名多前缀匹配过滤器

● FamilyFilter。FamilyFilter 主要用于对列族的过滤，只需传入列族名称和过滤条件即可对列族名称进行相关的过滤操作，并返回符合当前条件的所有数据。使用 FamilyFilter 实现列族的过滤，命令格式如下。

```
scan '表名称', FILTER=>"FamilyFilter( 比较操作符 , 比较器 : 列族名称 )"
```

使用 FamilyFilter 获取列族名称为“col”的整行数据，如图 4-18 所示。

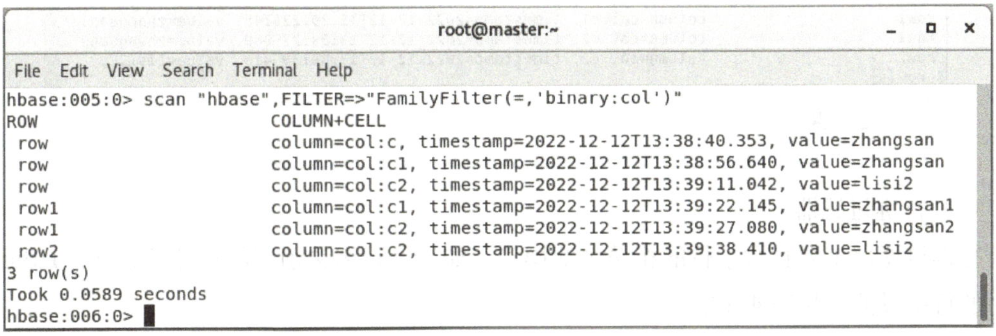

```
root@master:~
File  Edit  View  Search  Terminal  Help
hbase:005:0> scan "hbase",FILTER=>"FamilyFilter(=,'binary:col')"
ROW                     COLUMN+CELL
 row                    column=col:c, timestamp=2022-12-12T13:38:40.353, value=zhangsan
 row                    column=col:c1, timestamp=2022-12-12T13:38:56.640, value=zhangsan
 row                    column=col:c2, timestamp=2022-12-12T13:39:11.042, value=lisi2
 row1                   column=col:c1, timestamp=2022-12-12T13:39:22.145, value=zhangsan1
 row1                   column=col:c2, timestamp=2022-12-12T13:39:27.080, value=zhangsan2
 row2                   column=col:c2, timestamp=2022-12-12T13:39:38.410, value=lisi2
3 row(s)
Took 0.0589 seconds
hbase:006:0>
```

图 4-18　使用 FamilyFilter 获取列族名称为“col”的整行数据

● QualifierFilter。QualifierFilter，即列过滤器，与 FamilyFilter 在使用上基本相同，不同的是，QualifierFilter 主要通过列名称实现过滤。使用 QualifierFilter 实现列的过滤，命令格式如下。

```
scan '表名称', FILTER=>"QualifierFilter( 比较操作符 , 比较器 : 列名称 )"
```

使用 QualifierFilter 获取列名称为“c”的数据，如图 4-19 所示。

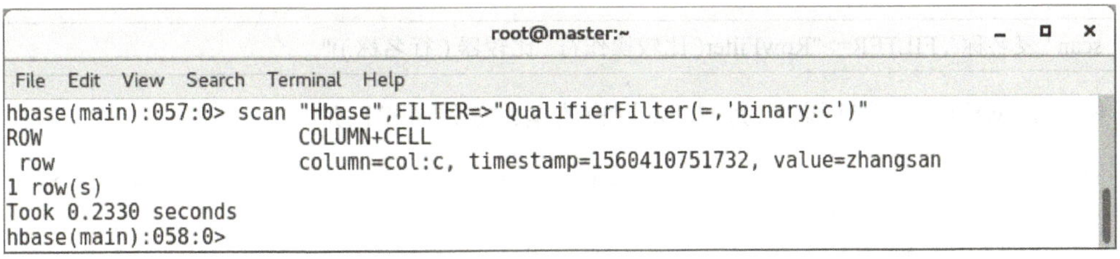

```
root@master:~
File  Edit  View  Search  Terminal  Help
hbase(main):057:0> scan "Hbase",FILTER=>"QualifierFilter(=,'binary:c')"
ROW                     COLUMN+CELL
 row                    column=col:c, timestamp=1560410751732, value=zhangsan
1 row(s)
Took 0.2330 seconds
hbase(main):058:0>
```

图 4-19　使用 QualifierFilter 获取列名称为“c”的数据

● ColumnPrefixFilter、MultipleColumnPrefixFilter。ColumnPrefixFilter、MultipleColumn-PrefixFilter 这两个过滤器主要通过列名称前缀实现过滤操作并返回包含该前缀的所有列名。不同的是，ColumnPrefixFilter 只能指定一个列名前缀，而 MultipleColumnPrefixFilter 可以通

过“，”连接多个列名前缀。使用 ColumnPrefixFilter、MultipleColumnPrefixFilter 实现列名前缀的过滤，命令格式如下。

```
scan '表名称', FILTER=>"ColumnPrefixFilter( 列名称前缀 )"
scan '表名称', FILTER=>"MultipleColumnPrefixFilter( 列名称前缀 , 列名称前缀 1,...)"
```

使用 ColumnPrefixFilter 和 MultipleColumnPrefixFilter 分别获取列名称前缀为“c1”和列名称前缀为“c1”“c2”的数据，如图 4-20 所示。

```
root@master:~
File  Edit  View  Search  Terminal  Help
hbase:007:0> scan "hbase",FILTER=>"ColumnPrefixFilter('c1')"
ROW                        COLUMN+CELL
 row                       column=col:c1, timestamp=2022-12-12T13:38:56.640, value=zhangsan
 row1                      column=col:c1, timestamp=2022-12-12T13:39:22.145, value=zhangsan1
2 row(s)
Took 0.0372 seconds
hbase:008:0> scan "hbase",FILTER=>"MultipleColumnPrefixFilter('c1','c2')"
ROW                        COLUMN+CELL
 row                       column=col:c1, timestamp=2022-12-12T13:38:56.640, value=zhangsan
 row                       column=col:c2, timestamp=2022-12-12T13:39:11.042, value=lisi2
 row1                      column=col:c1, timestamp=2022-12-12T13:39:22.145, value=zhangsan1
 row1                      column=col:c2, timestamp=2022-12-12T13:39:27.080, value=zhangsan2
 row2                      column=col:c2, timestamp=2022-12-12T13:39:38.410, value=lisi2
3 row(s)
Took 0.0675 seconds
hbase:009:0>
```

图 4-20　使用 ColumnPrefixFilter 和 MultipleColumnPrefixFilter 获取数据

（3）行键过滤器

行键过滤器主要包含了行的相关过滤操作，如行、行名称前缀的过滤等操作。HBase 中常用的行键过滤器见表 4-12。

表 4-12　HBase 中常用的行键过滤器

过　滤　器	描　　述
RowFilter	行过滤器
PrefixFilter	行前缀过滤器

- RowFilter。RowFilter 主要用于对行名称的过滤，指定行名称和比较操作符来定义行名称的过滤条件即可实现行的过滤。使用 RowFilter 实现行的过滤，命令格式如下。

```
scan '表名称', FILTER=>"RowFilter( 比较操作符 , 比较器 ( 行名称 ))"
```

使用 RowFilter 获取行名称为“row”的数据，如图 4-21 所示。

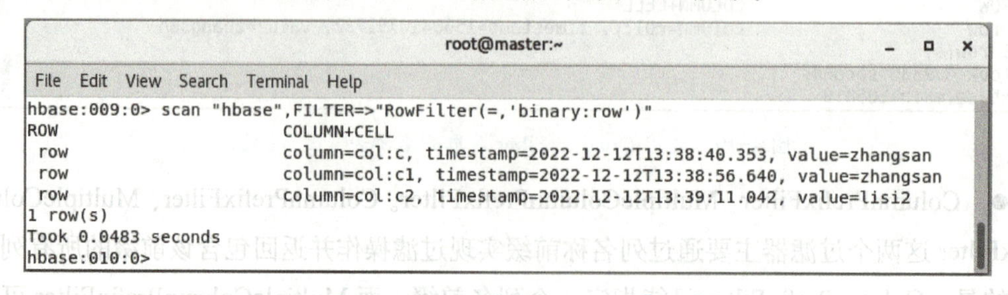

图 4-21　使用 RowFilter 获取行名称为“row”的数据

● PrefixFilter。PrefixFilter 与 ColumnPrefixFilter 功能类似，都可以通过名称前缀实现过滤效果，不同的是 PrefixFilter 用于行名称前缀的过滤。使用 PrefixFilter 实现行名称前缀的过滤，命令格式如下。

```
scan '表名称', FILTER=>"PrefixFilter( 行名称前缀 )"
```

使用 PrefixFilter 获取行名称前缀为“ro”的数据，如图 4-22 所示。

```
root@master:~
File Edit View Search Terminal Help
hbase:010:0> scan "hbase",FILTER=>"PrefixFilter('ro')"
ROW                     COLUMN+CELL
 row                    column=col:c, timestamp=2022-12-12T13:38:40.353, value=zhangsan
 row                    column=col:c1, timestamp=2022-12-12T13:38:56.640, value=zhangsan
 row                    column=col:c2, timestamp=2022-12-12T13:39:11.042, value=lisi2
 row1                   column=col:c1, timestamp=2022-12-12T13:39:22.145, value=zhangsan1
 row1                   column=col:c2, timestamp=2022-12-12T13:39:27.080, value=zhangsan2
 row2                   column=col:c2, timestamp=2022-12-12T13:39:38.410, value=lisi2
3 row(s)
Took 0.0477 seconds
hbase:011:0>
```

图 4-22　使用 PrefixFilter 获取行名称前缀为“ro”的数据

（4）功能过滤器

功能过滤器实际上就是能够实现某种特定功能的过滤器，如分页操作、对每个行键的第一个键值对的查询操作等。HBase 中常用的功能过滤器见表 4-13。

表 4-13　HBase 中常用的功能过滤器

过滤器	描述
PageFilter	行分页过滤器
ColumnPaginationFilter	列分页过滤器
FirstKeyOnlyFilter	首列过滤器

● PageFilter、ColumnPaginationFilter。PageFilter 和 ColumnPaginationFilter 是两个用于分页过滤数据的过滤器。PageFilter 按行名称所在的位置进行过滤，在使用时只需传入行名称位置即可，行或列名称位置从 1 开始，第一个出现的名称就是 1，第二个就是 2，以此类推。ColumnPaginationFilter 则对行中的所有列进行分页，其接收两个参数，第一个参数为行的偏移量，第二个参数为该列在所属行中的位置，第一列的位置为 0，第二个为 1，以此类推。使用 PageFilter、ColumnPaginationFilter 实现数据的分页过滤，命令格式如下。

```
// 行分页过滤
scan '表名称', FILTER=>"PageFilter( 行名称位置 )"
// 列分页过滤
scan '表名称', FILTER=>"ColumnPaginationFilter( 行的偏移量，列位置 )"
```

使用 PageFilter 按照第二个行名称进行分页来获取数据以及使用 ColumnPaginationFilter

获取每行中第一个列的数据，如图 4-23 所示。

```
hbase:011:0> scan "hbase",FILTER=>"PageFilter(2)"
ROW                              COLUMN+CELL
 row                             column=col:c, timestamp=2022-12-12T13:38:40.353, value=zhangsan
 row                             column=col:c1, timestamp=2022-12-12T13:38:56.640, value=zhangsan
 row                             column=col:c2, timestamp=2022-12-12T13:39:11.042, value=lisi2
 row1                            column=col:c1, timestamp=2022-12-12T13:39:22.145, value=zhangsan1
 row1                            column=col:c2, timestamp=2022-12-12T13:39:27.080, value=zhangsan2
2 row(s)
Took 0.3442 seconds
hbase:012:0> scan "hbase",FILTER=>"ColumnPaginationFilter(1,0)"
ROW                              COLUMN+CELL
 row                             column=col:c, timestamp=2022-12-12T13:38:40.353, value=zhangsan
 row1                            column=col:c1, timestamp=2022-12-12T13:39:22.145, value=zhangsan1
 row2                            column=col:c2, timestamp=2022-12-12T13:39:38.410, value=lisi2
3 row(s)
Took 0.0568 seconds
hbase:013:0>
```


图 4-23　使用 PageFilter 和 ColumnPaginationFilter 获取数据

● FirstKeyOnlyFilter。FirstKeyOnlyFilter 是一个首列过滤器，即在查询时只会返回每一行的第一列。在进行统计计数时使用该过滤器能够提高效率。使用 FirstKeyOnlyFilter 实现首列过滤，命令格式如下。

```
scan '表名称',FILTER=>"FirstKeyOnlyFilter()"
```

使用 FirstKeyOnlyFilter 获取每行第一列数据，如图 4-24 所示。

```
hbase:013:0> scan "hbase",FILTER=>"FirstKeyOnlyFilter()"
ROW                              COLUMN+CELL
 row                             column=col:c, timestamp=2022-12-12T13:38:40.353, value=zhangsan
 row1                            column=col:c1, timestamp=2022-12-12T13:39:22.145, value=zhangsan1
 row2                            column=col:c2, timestamp=2022-12-12T13:39:38.410, value=lisi2
3 row(s)
Took 0.0473 seconds
hbase:014:0>
```


图 4-24　使用 FirstKeyOnlyFilter 获取每行第一列数据

4. 逻辑操作符

在使用过滤器提取数据时，除了使用比较操作符和比较器定义过滤条件外，当需要设置多个过滤条件时，可以通过逻辑操作符将两个不同的条件连接起来，形成一个新的条件。例如，a>b 和 a>c 两个条件，通过逻辑操作符的使用可以生成一个 a>b 并且 a>c 的条件。HBase 中常用的逻辑操作符见表 4-14。

表 4-14　HBase 中常用的逻辑操作符

逻辑操作符	描　述
AND	与关系，需要满足所有条件
OR	或关系，需要满足其中一个条件

● AND。AND 操作符是 HBase 过滤器中用于设置多个过滤条件的方式之一，通过 AND 操作符可以将两个过滤器连接起来，只有数据同时满足两个过滤器的条件时，该行数据才会被获取。使用 AND 操作符实现过滤器连接，命令格式如下。

```
scan '表名称', FILTER=>" 过滤器 () AND 过滤器 ()"
```

使用 AND 设置条件获取列名称前缀为“c1”且单元值为“zhangsan”的数据，如图 4-25 所示。

```
root@master:~
File Edit View Search Terminal Help
hbase:014:0> scan "hbase",FILTER=>"ColumnPrefixFilter('c1') AND ValueFilter(=,'binary:zhangs
an')"
ROW                    COLUMN+CELL
 row                   column=col:c1, timestamp=2022-12-12T13:38:56.640, value=zhangsan
1 row(s)
Took 0.0861 seconds
hbase:015:0>
```

图 4-25 使用 AND 设置条件获取列名称前缀为“c1”且单元值为“zhangsan”的数据

● OR。OR 操作符同样是 HBase 过滤器中用于设置多个过滤条件的方式之一。使用 OR 操作符时，当数据满足两个过滤器条件之一时，该行数据就会被获取。使用 OR 操作符实现过滤器连接，命令格式如下。

```
scan '表名称', FILTER=>" 过滤器 () OR 过滤器 ()"
```

使用 OR 设置条件获取列名称前缀为“c1”或单元值为“zhangsan”的数据，如图 4-26 所示。

```
root@master:~
File Edit View Search Terminal Help
hbase:015:0> scan "hbase",FILTER=>"ColumnPrefixFilter('c1') OR ValueFilter(=,'binary:zhangsa
n')"
ROW                    COLUMN+CELL
 row                   column=col:c, timestamp=2022-12-12T13:38:40.353, value=zhangsan
 row                   column=col:c1, timestamp=2022-12-12T13:38:56.640, value=zhangsan
 row1                  column=col:c1, timestamp=2022-12-12T13:39:22.145, value=zhangsan1
2 row(s)
Took 0.0231 seconds
hbase:016:0>
```

图 4-26 使用 OR 设置条件获取列名称前缀为“c1”或单元值为“zhangsan”的数据

技能点四 HBase 的 Python 库

HappyBase 是一个开发友好的 Python 库，用于与 Apache HBase 进行交互。HappyBase

旨在标准 HBase 设置，并为应用程序开发人员提供 Pythonic API 来与 HBase 进行交互。

HappyBase 由 Connection、Table、Batch 和 ConnectionPool 组成。

- Connection：为应用程序开发者的主入口点。它连接到 HBase Thrift 服务器并提供表管理的方法。
- Table：与表中的数据进行交互的主类。这个类提供了数据检索和数据操作的方法。这个类的实例可以使该 Connection.table() 方法获得。
- Batch：用于实现数据处理批次的 API。
- ConnectionPool：实现一个线程安全地连接池，允许应用程序（重新）使用多个连接。

1．HappyBase 库安装

HappyBase 库在使用时与 HDFS 库相同，需要事先安装，但不同的是，HappyBase 在安装之前需要使用“pip3 install Thrift”命令安装 Thrift 依赖，之后使用“pip3 install HappyBase”安装 HappyBase 库，步骤如下。

第一步： Thrift 安装。

Python 的 HappyBase 库在安装之前，由于依赖库 Thrift 的存在，因此需要通过 pip 或源码包方式进行安装。Thrift 库的安装命令如下。

```
[root@master ~]# pip3 install Thrift
```

安装 Thrift 库如图 4-27 所示。

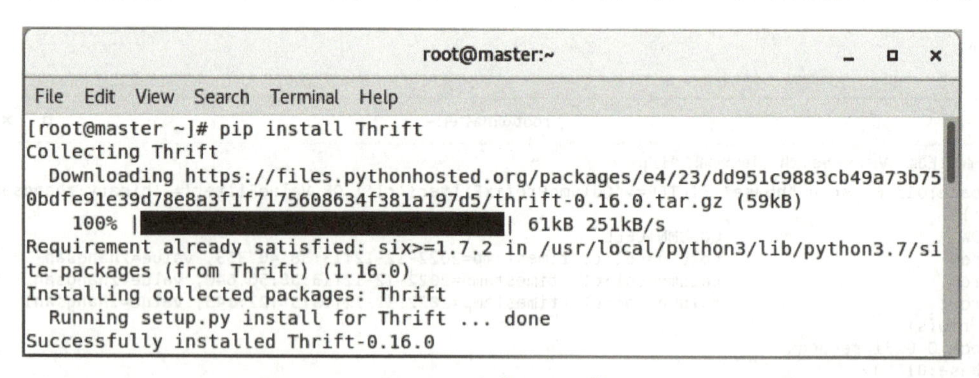

图 4-27　安装 Thrift 库

第二步： HappyBase 库安装。

Thrift 库安装完成后，进行 HappyBase 库安装。HappyBase 库的安装命令如下。

```
[root@master ~]# pip3 install HappyBase
```

安装 HappyBase 库如图 4-28 所示。

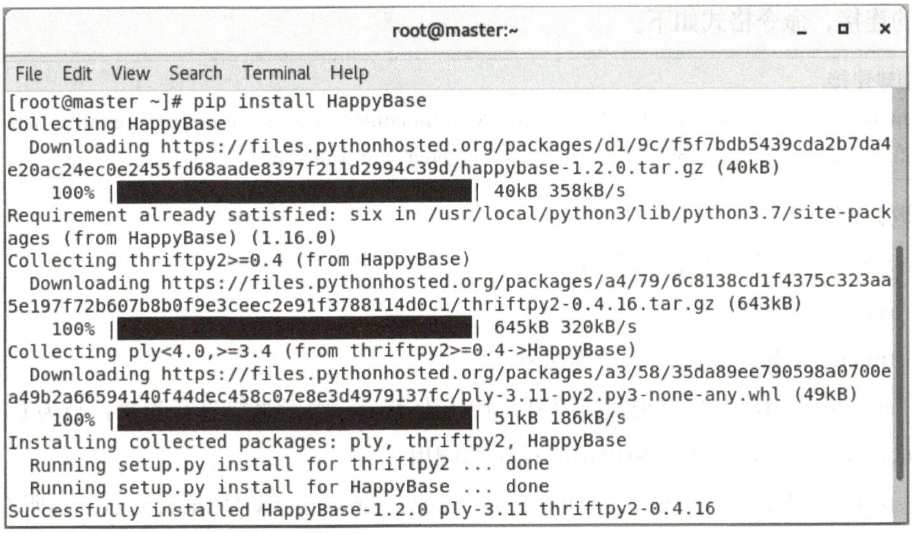

```
root@master:~
File Edit View Search Terminal Help
[root@master ~]# pip install HappyBase
Collecting HappyBase
  Downloading https://files.pythonhosted.org/packages/d1/9c/f5f7bdb5439cda2b7da4
e20ac24ec0e2455fd68aade8397f211d2994c39d/happybase-1.2.0.tar.gz (40kB)
    100% |████████████████████████████████| 40kB 358kB/s
Requirement already satisfied: six in /usr/local/python3/lib/python3.7/site-pack
ages (from HappyBase) (1.16.0)
Collecting thriftpy2>=0.4 (from HappyBase)
  Downloading https://files.pythonhosted.org/packages/a4/79/6c8138cd1f4375c323aa
5e197f72b607b8b0f9e3ceec2e91f3788114d0c1/thriftpy2-0.4.16.tar.gz (643kB)
    100% |████████████████████████████████| 645kB 320kB/s
Collecting ply<4.0,>=3.4 (from thriftpy2>=0.4->HappyBase)
  Downloading https://files.pythonhosted.org/packages/a3/58/35da89ee790598a0700e
a49b2a66594140f44dec458c07e8e3d4979137fc/ply-3.11-py2.py3-none-any.whl (49kB)
    100% |████████████████████████████████| 51kB 186kB/s
Installing collected packages: ply, thriftpy2, HappyBase
  Running setup.py install for thriftpy2 ... done
  Running setup.py install for HappyBase ... done
Successfully installed HappyBase-1.2.0 ply-3.11 thriftpy2-0.4.16
```

图 4-28 安装 HappyBase 库

第三步：在使用 HappyBase 库之前还需要启动 Thrift 库，代码如下。

```
[root@master ~]# /usr/local/hbase/bin/hbase-daemon.sh start thrift
```

启动 Thrift 库如图 4-29 所示。

```
root@master:~
File Edit View Search Terminal Help
[root@master ~]#  /usr/local/hbase/bin/hbase-daemon.sh start thrift
running thrift, logging to /usr/local/hbase/logs/hbase-root-thrift-master.out
[root@master ~]#
```

图 4-29 启动 Thrift 库

第四步：安装成功验证。

HappyBase 安装完成后，可使用 import 方式导入 HappyBase 库。如果没有出现错误，那么说明 HappyBase 安装成功，之后就可以在 Python 代码中进行 HappyBase 的操作了。安装成功验证如图 4-30 所示。

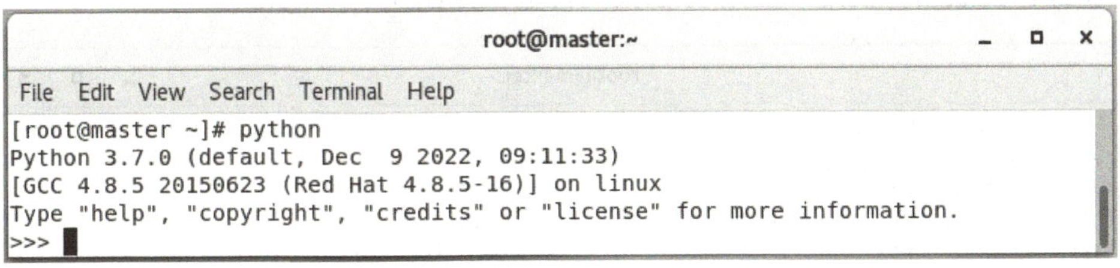

```
root@master:~
File Edit View Search Terminal Help
[root@master ~]# python
Python 3.7.0 (default, Dec  9 2022, 09:11:33)
[GCC 4.8.5 20150623 (Red Hat 4.8.5-16)] on linux
Type "help", "copyright", "credits" or "license" for more information.
>>> 
```

图 4-30 安装成功验证

2. HappyBase 使用

使用 HappyBase 库操作 HBase 数据库之前，需要通过 happybase.Connection() 方法创建

HBase 的连接，命令格式如下。

```
# 创建连接
happybase.Connection(host='localhost',port=9090,timeout=None,autoconnect=True,table_prefix=None,
table_prefix_separator=b'_', compat='0.98', transport='buffered', protocol='binary')
```

参数说明：

- host：主机名，默认为 localhost。
- port：端口。
- timeout：超时时间，单位为毫秒。
- autoconnect：连接是否直接打开。默认为 True，表示直接进行连接；当为 False 时，Connection.open() 方法在首次使用前必须明确调用。
- table_prefix：用于构造表名的前缀，例如，table_prefix 是 myproject，则所有的表格都会有类似“myproject_XYZ”的名字。
- table_prefix_separator：用于 table_prefix 的分隔符。
- compat：设置此连接的兼容级别。
- transport：指定要使用 Thrift 的传输模式，值为 buffered（默认值）和 framed。
- protocol：指定要使用 Thrift 的传输协议，值为 binary（默认值）和 compact。

使用 HappyBase 连接 HBase，如图 4-31 所示。

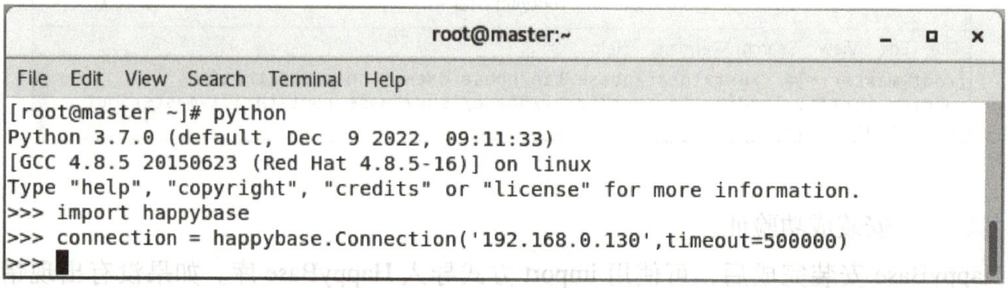

```
root@master:~
File Edit View Search Terminal Help
[root@master ~]# python
Python 3.7.0 (default, Dec  9 2022, 09:11:33)
[GCC 4.8.5 20150623 (Red Hat 4.8.5-16)] on linux
Type "help", "copyright", "credits" or "license" for more information.
>>> import happybase
>>> connection = happybase.Connection('192.168.0.130',timeout=500000)
>>> 
```

图 4-31　使用 HappyBase 连接 HBase

之后在使用连接对象应用相关方法对 HBase 操作之前，还需要通过 open() 方法开启传输，在 HBase 操作完成后，使用 close() 方法关闭传输，如图 4-32 所示。

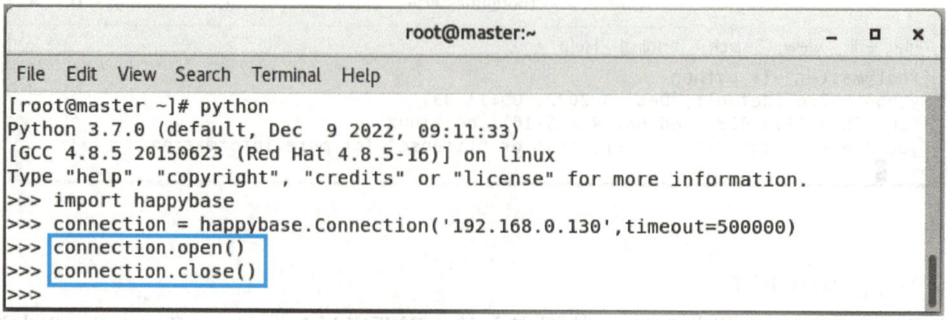

```
root@master:~
File Edit View Search Terminal Help
[root@master ~]# python
Python 3.7.0 (default, Dec  9 2022, 09:11:33)
[GCC 4.8.5 20150623 (Red Hat 4.8.5-16)] on linux
Type "help", "copyright", "credits" or "license" for more information.
>>> import happybase
>>> connection = happybase.Connection('192.168.0.130',timeout=500000)
>>> connection.open()
>>> connection.close()
>>> 
```

图 4-32　开启及关闭传输

在 HappyBase 库中，除了提供了一个用于连接 HBase 数据库的 Connection() 方法外，还提供了多个在连接 HBase 数据库后操作 HBase 的方法。这些操作方法根据操作对象的不同可以分为表操作方法、内容操作方法等。

（1）表操作方法

表操作方法主要是针对数据表进行操作的方法，如表的创建、删除、信息查看等操作方法。HappyBase 库中常用的 HBase 表操作方法见表 4-15。

表 4-15　HappyBase 库中常用的 HBase 表操作方法

方　法	作　用
create_table()	创建一个表
tables()	查看所有数据表名称
table()	创建表对象
disable_table(name)	禁用指定的表
enable_table(name)	启用指定的表
is_table_enabled(name)	查看表是否启用
delete_table()	删除指定的表格

● create_table()。create_table() 可以在当前的 HBase 数据库中创建一个数据表，无任何的返回值。该方法接收两个参数，第一个参数为字典格式的数据表名称，第二个参数为字典格式的列族名称。create_table() 语法格式如下。

```
create_table(name, { 列族名称 :dict()})
```

使用 create_table() 创建一个名为“pyhbase”且包含“col”列族的数据表，如图 4-33 所示。

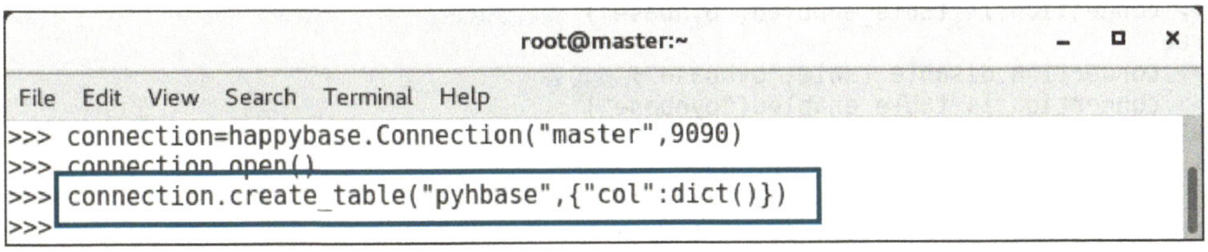

```
root@master:~
File  Edit  View  Search  Terminal  Help
>>> connection=happybase.Connection("master",9090)
>>> connection.open()
>>> connection.create_table("pyhbase",{"col":dict()})
>>>
```

图 4-33　创建数据表

● tables()。tables() 方法主要用于查看 HBase 数据库中所有的数据表名称，并以列表格式返回，之后可通过列表操作方法获取某个数据表名称。使用 tables() 查看所有数据表名称，如图 4-34 所示。

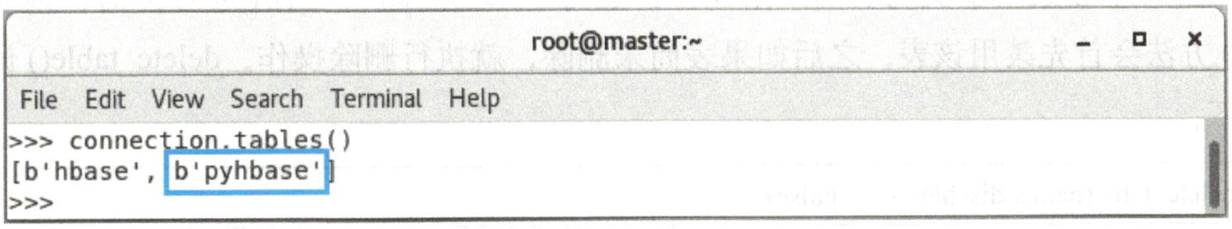

```
root@master:~
File  Edit  View  Search  Terminal  Help
>>> connection.tables()
[b'hbase', b'pyhbase']
>>>
```

图 4-34　使用 tables() 查看所有数据表名称

● table()。table() 方法主要用于获取指定表的一个表对象，其结果为一个 happybase.Table 对象，而后面的内容操作方法就需要通过该对象进行使用。该方法接收两个参数：第一个参数为表名称，用于生成表对象；另一个参数用于设置表前缀是否使用，默认值为 True，表示使用表前缀，当为 False 时则表示不使用表前缀。table() 语法格式如下。

```
table(name, use_prefix=True/False)
```

使用 table() 方法创建表对象，如图 4-35 所示。

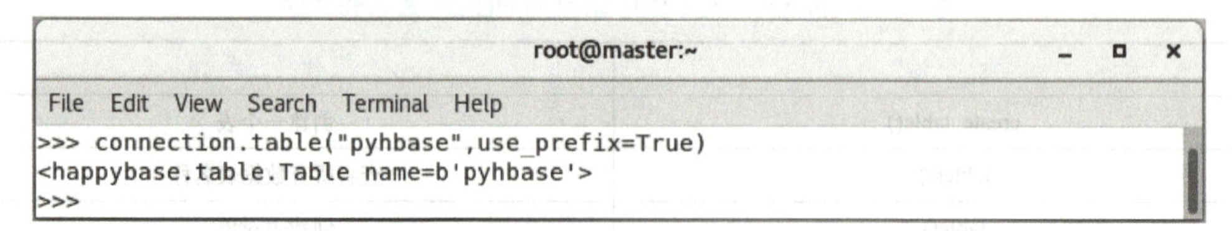

图 4-35　使用 table() 方法创建表对象

● disable_table()、enable_table()、is_table_enabled()。disable_table()、enable_table()、is_table_enabled() 这 3 个方法主要用于表可用状态的操作。其中，disable_table() 用于将数据表变为禁用状态，也就是让指定的表变得不能被使用；enable_table() 方法用于启用被禁用的数据表；is_table_enabled() 方法则用于查看指定的数据表处于哪种状态，可返回 True 或 False，当值为 True 时表示数据表处于启用状态，反之处于禁用状态。disable_table()、enable_table()、is_table_enabled() 这 3 种方法在使用时只需指定需要被操作的数据表即可。使用以上 3 种方法进行数据表的状态操作，如图 4-36 所示。

```
root@master:~
File Edit View Search Terminal Help
>>> connection.is_table_enabled("pyhbase")  查看表状态
True
>>> connection.disable_table("pyhbase") 禁用表
>>> connection.is_table_enabled("pyhbase")
False
>>> connection.enable_table("pyhbase") 启用表
>>> connection.is_table_enabled("pyhbase")
True
>>>
```

图 4-36　数据表状态操作

● delete_table()。delete_table() 方法主要用于删除指定的数据表，但需要注意的是，被删除的数据表需要处于禁用状态。该方法接收两个参数：第一个参数为需要删除的数据表名称；第二个参数用于实现表的禁用操作，值为 True 或 False，当值为 True 时，则 delete_table() 方法会首先禁用该表，之后如果表尚未删除，就执行删除操作。delete_table() 语法格式如下。

```
delete_table(name, disable=True/False)
```

使用 delete_table() 方法删除表，如图 4-37 所示。

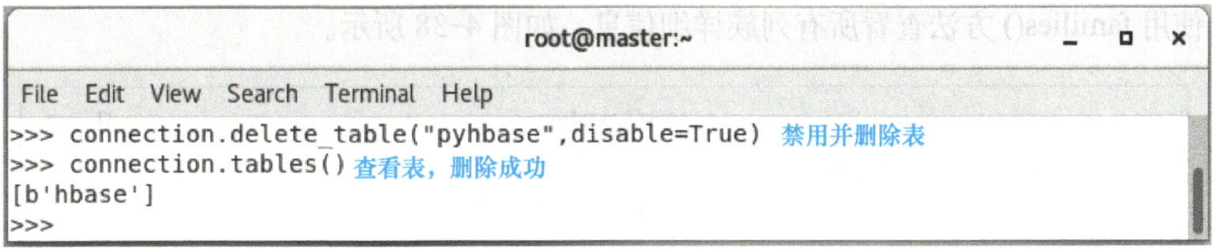

```
root@master:~
File Edit View Search Terminal Help
>>> connection.delete_table("pyhbase",disable=True) 禁用并删除表
>>> connection.tables() 查看表，删除成功
[b'hbase']
>>>
```

图 4-37　使用 delete_table() 方法删除表

（2）内容操作方法

内容操作方法实际上就是对表中包含的列族、列、单元等内容进行操作的方法，如进行列族信息的查看、数据的插入、行数据的删除等，但在使用之前需要通过 table() 方法生成 happybase.Table 对象。HappyBase 库中常用的 HBase 表内容操作方法见表 4-16。

表 4-16　HappyBase 库中常用的 HBase 表内容操作方法

方　法	作　用
families()	获取列族信息
put()	将数据存储在表中
row()	检索一行数据
rows()	检索多行数据
scan()	创建包含表中数据的扫描器
delete()	从表中删除数据

- families()。families() 是 HappyBase 库中一个用于获取所有列族信息的方法，在使用时不需要传入任何的参数，可将列族信息以 dict 格式返回，返回信息中各字段代表的意义见表 4-17。

表 4-17　返回信息中各字段代表的意义

参 数 名 称	描　述
max_versions	最大作用范围
bloom_filter_vector_size	过滤向量大小
name	列族名称
bloom_filter_type	过滤类型
bloom_filter_nb_hashes	哈希值
time_to_live	时间
in_memory	是否存储记忆
block_cache_enabled	是否启用块缓存
compression	是否压缩

使用 families() 方法查看所有列族详细信息，如图 4-38 所示。

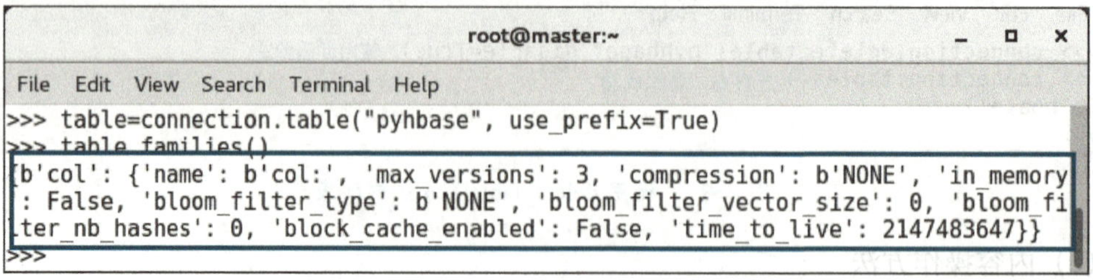

```
>>> table=connection.table("pyhbase", use_prefix=True)
>>> table.families()
{b'col': {'name': b'col:', 'max_versions': 3, 'compression': b'NONE', 'in_memory
': False, 'bloom_filter_type': b'NONE', 'bloom_filter_vector_size': 0, 'bloom_fi
lter_nb_hashes': 0, 'block_cache_enabled': False, 'time_to_live': 2147483647}}
>>>
```

图 4-38 使用 families() 方法查看所有列族详细信息

- put()。在 HappyBase 库中，put() 方法可以用来实现数据的添加，能够将数据添加到指定的数据表中，但一次只能添加一条数据。另外，在行名称已经存在的情况下，使用 put() 不会添加数据，而会进行数据的修改，要使用 put() 方法实现数据的添加需要多个参数的相互配合。put() 包含的常用参数见表 4-18。

表 4-18 put() 包含的常用参数

参数名称	描述
row	行名称，字符串类型
data	要存储的数据，为 { 列名称 : 值 } 字典类型，其中，列名称与值都是字符串类型
timestamp	时间戳，默认为 None，表示写入当前时间戳，可选参数
wal	是否写入 WAL，默认为 True，可选参数

put() 方法语法格式如下。

```
put(row, data, timestamp=None, wal=True)
```

使用 put() 方法向表中插入 4 行数据，如图 4-39 所示。

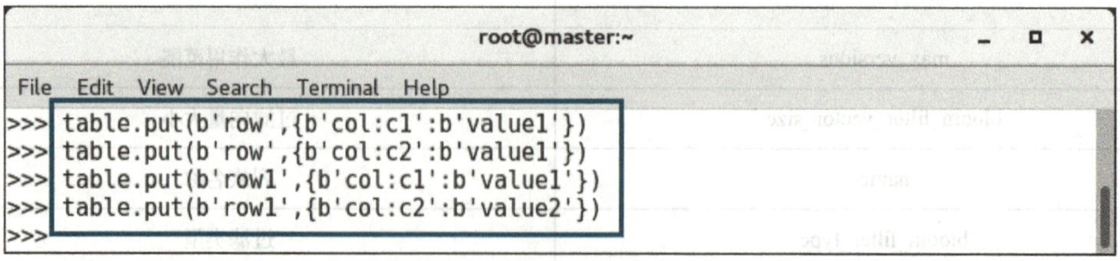

```
>>> table.put(b'row',{b'col:c1':b'value1'})
>>> table.put(b'row',{b'col:c2':b'value1'})
>>> table.put(b'row1',{b'col:c1':b'value1'})
>>> table.put(b'row1',{b'col:c2':b'value2'})
>>>
```

图 4-39 使用 put() 方法向表中插入 4 行数据

- row()、rows()。row() 和 rows() 是 HappyBase 库中用于检索数据的两个方法。其中，row() 方法可以传入单个字符串类型的行名称来检索出该行所有数据，并以 dict 类型返回；而 rows() 则可以使用传入多个字符串类型的行名称来检索出多行数据，并以 list 类型返回。row() 和 rows() 方法包含的常用参数见表 4-19。

表 4-19　row() 和 rows() 方法包含的常用参数

参数名称	描　述
row	行名称。当检索一行时，格式为“行名称”；当检索多行时，格式为 [" 行名称 "," 行名称 1",…]
columns	列，默认为 None，即获取所有列，可传入一个 list 或 tuple 来指定获取列
timestamp	时间戳。默认为 None，返回最大时间戳的数据
include_timestamp	是否返回时间戳数据，默认为 False

row() 和 rows() 方法的语法格式如下。

```
row/rows(row, columns=None, timestamp=None, include_timestamp=False)
```

使用 row() 和 rows() 方法实现行数据的检索，如图 4-40 所示。

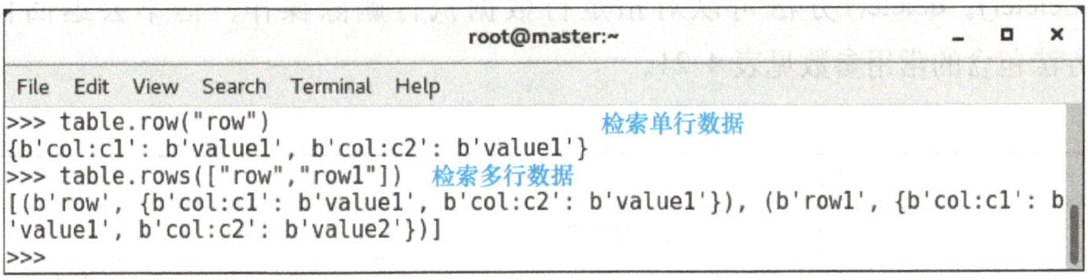
root@master:~
File Edit View Search Terminal Help
>>> table.row("row")
检索单行数据
{b'col:c1': b'value1', b'col:c2': b'value1'}
>>> table.rows(["row","row1"])
检索多行数据
[(b'row', {b'col:c1': b'value1', b'col:c2': b'value1'}), (b'row1', {b'col:c1': b
'value1', b'col:c2': b'value2'})]
>>>

图 4-40　使用 row() 和 rows() 方法实现行数据的检索

● scan()。与 HBase Shell 提供的命令不同，HappyBase 库中提供了一个 scan() 方法用于生成一个包含表中数据的扫描器，也可将其看作数据的获取。scan() 方法包含的常用参数见表 4-20。

表 4-20　scan() 方法包含的常用参数

参数名称	描　述
row_start	起始行，默认为 None，即第一行，可通过传入行号指定从哪一行开始
row_stop	结束行，默认为 None，即最后一行，可通过传入行号指定到哪一行结束，但数据中不包含此行数据
row_prefix	行号前缀，默认为 None，即不指定前缀扫描，可传入前缀来扫描符合此前缀的行
columns	列名称，默认为 None，即获取所有列，可传入一个 list 或 tuple 来指定获取列
filter	过滤字符串
timestamp	时间戳，默认为 None，返回最大时间戳的数据
include_timestamp	是否返回时间戳数据，默认为 False，表示不返回
batch_size	用于设置检索结果的批量大小
scan_batching	服务端扫描批处理
limit	扫描数据条数
sorted_columns	是否返回根据行名称排序的列
reverse	是否执行反向扫描

scan() 方法的语法格式如下。

```
scan(row_start = None, row_stop = None, row_prefix = None, columns = None, filter = None, timestamp = None, include_timestamp = False, batch_size = 1000, scan_batching = None, limit = None, sorted_columns = False, reverse = False)
```

使用 scan() 方法扫描表中的全部数据，如图 4-41 所示。

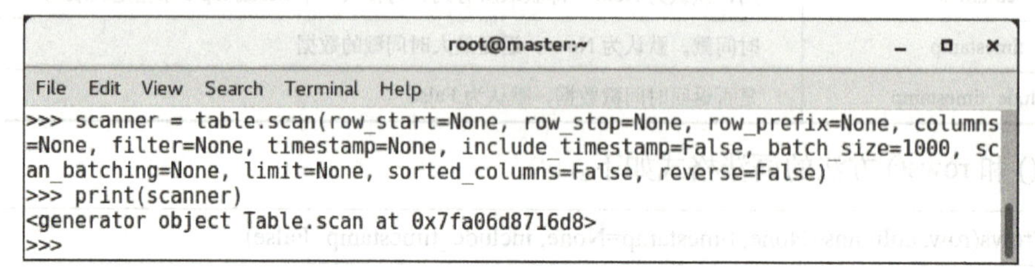

```
>>> scanner = table.scan(row_start=None, row_stop=None, row_prefix=None, columns=None, filter=None, timestamp=None, include_timestamp=False, batch_size=1000, scan_batching=None, limit=None, sorted_columns=False, reverse=False)
>>> print(scanner)
<generator object Table.scan at 0x7fa06d8716d8>
>>>
```

图 4-41　使用 scan() 方法扫描表中的全部数据

- delete()。delete() 方法可以对指定行数据执行删除操作，但不会返回任何值。delete() 方法包含的常用参数见表 4-21。

表 4-21　delete() 方法包含的常用参数

字段名称	描　述
row	行名称，字符串类型
columns	列，默认为 None，即删除所有列，可传入一个 list 或 tuple 来指定删除列
timestamp	时间戳，默认为 None，表示删除所有时间戳
wal	是否写入 WAL，默认为 True

delete() 方法中的语法格式如下。

```
delete(row, columns=None, timestamp=None, wal=True)
```

使用 delete() 方法实现指定行数据的删除，如图 4-42 所示。

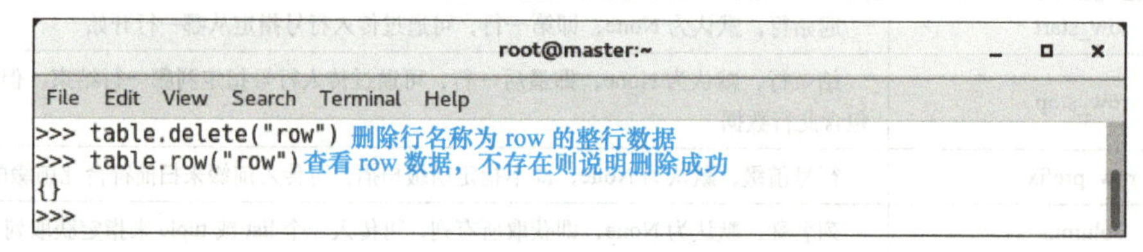

```
>>> table.delete("row") 删除行名称为 row 的整行数据
>>> table.row("row") 查看 row 数据，不存在则说明删除成功
{}
>>>
```

图 4-42　使用 delete() 方法实现指定行数据的删除

任务实施

【任务目的】

了解 HBase Shell 中各种命令的含义，掌握操作数据库的基本命令，能够使用 HBase Shell 进行数据库表操作并使用过滤器对数据进行快速查询、模糊查询等。

【任务流程】

任务流程如图 4-43 所示。

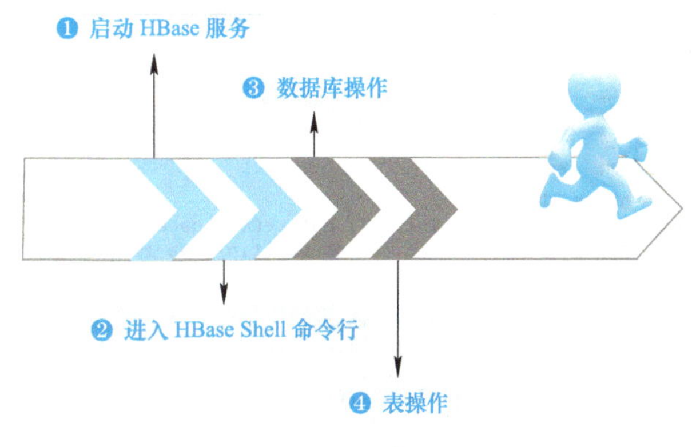

图 4-43　任务流程

【任务步骤】

第一步：打开命令窗口，输入 start-all.sh 命令启动 Hadoop 集群服务，并通过 jps 检查启动结果，代码如下。

```
[root@master ~]# start-all.sh
[root@master ~]# jps
```

结果如图 4-44 所示。

```
root@master:~
File  Edit  View  Search  Terminal  Help
[root@master ~]# start-all.sh
This script is Deprecated. Instead use start-dfs.sh and start-yarn.sh
Starting namenodes on [localhost]
localhost: starting namenode, logging to /usr/local/hadoop/logs/hadoop-root-name
node-master.out
localhost: starting datanode, logging to /usr/local/hadoop/logs/hadoop-root-data
node-master.out
Starting secondary namenodes [0.0.0.0]
0.0.0.0: starting secondarynamenode, logging to /usr/local/hadoop/logs/hadoop-ro
ot-secondarynamenode-master.out
starting yarn daemons
starting resourcemanager, logging to /usr/local/hadoop/logs/yarn-root-resourcema
nager-master.out
localhost: starting nodemanager, logging to /usr/local/hadoop/logs/yarn-root-nod
emanager-master.out
[root@master ~]# jps
46385 Jps
46245 ResourceManager
45800 NameNode
46089 SecondaryNameNode
45899 DataNode
46347 NodeManager
92141 SparkSubmit
88462 RunJar
[root@master ~]#
```

图 4-44　启动 Hadoop 集群服务

第二步：集群启动完成，输入 start-hbase.sh 启动 HBase 服务后，输入 hbase shell 命令进入 HBase Shell 命令行，代码如下。

```
[root@master ~]# start-hbase.sh
[root@master ~]# hbase shell
```

结果如图 4-45 所示。

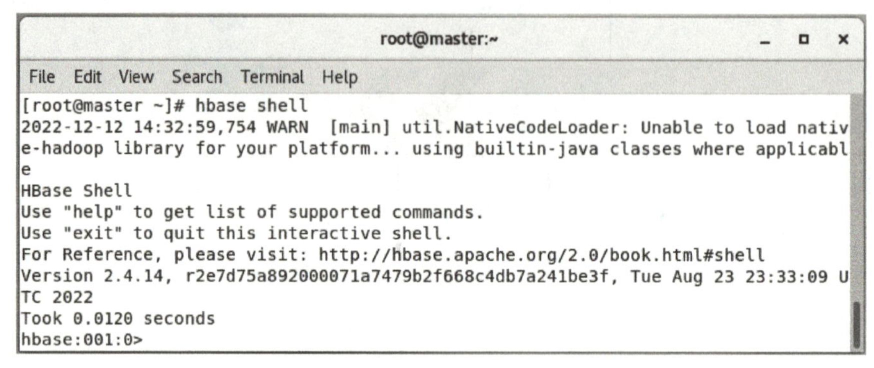

图 4-45　进入 HBase Shell 命令行

第三步：进入 HBase Shell 命令行后，可在使用 create 命令创建一个名为“test1”的表，同时设置一个名为“lf”和“sf”的列族，代码如下。

```
hbase(main):001:0>create 'test1', 'lf', 'sf'
```

结果如图 4-46 所示。

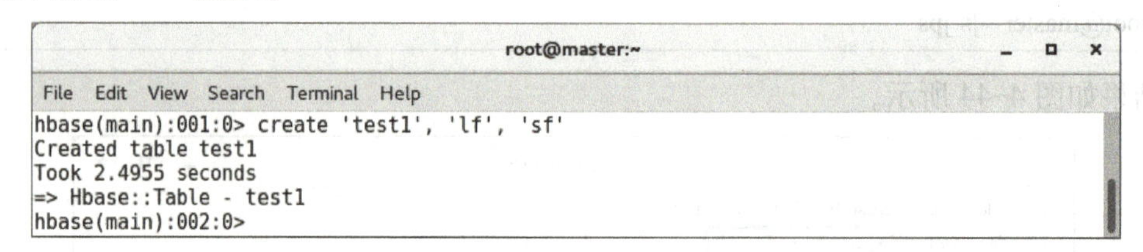

图 4-46　创建表及列族

第四步：test1 表创建完成后，可通过 list 命令查看 HBase 的所有表。test1 表存在则说明创建成功，反之则创建失败，代码如下。

```
hbase(main):002:0>list
```

结果如图 4-47 所示。

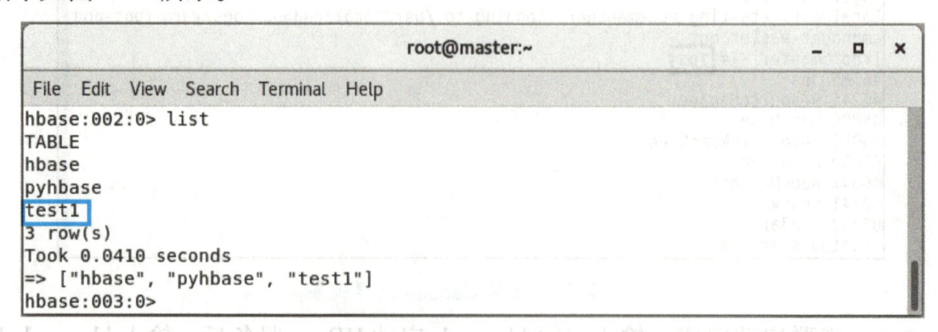

图 4-47　列出 HBase 的所有表

第五步： 使用 describe 命令查看 test1 表的相关信息后，再通过 is_enabled 命令查看当前 test1 表是否可以使用，代码如下。

```
hbase(main):003:0>describe 'test1'
hbase(main):004:0>is_enabled 'test1'
```

结果如图 4-48 所示。

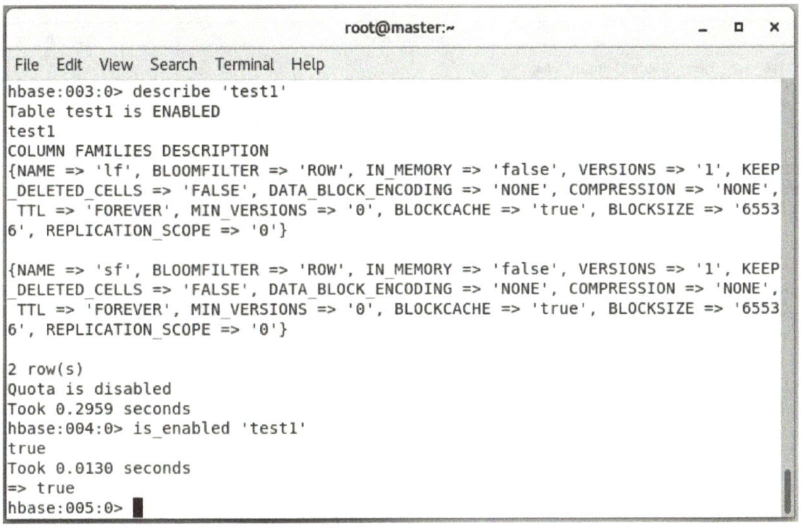

```
root@master:~
File Edit View Search Terminal Help
hbase:003:0> describe 'test1'
Table test1 is ENABLED
test1
COLUMN FAMILIES DESCRIPTION
{NAME => 'lf', BLOOMFILTER => 'ROW', IN_MEMORY => 'false', VERSIONS => '1', KEEP
_DELETED_CELLS => 'FALSE', DATA_BLOCK_ENCODING => 'NONE', COMPRESSION => 'NONE',
 TTL => 'FOREVER', MIN_VERSIONS => '0', BLOCKCACHE => 'true', BLOCKSIZE => '6553
6', REPLICATION_SCOPE => '0'}

{NAME => 'sf', BLOOMFILTER => 'ROW', IN_MEMORY => 'false', VERSIONS => '1', KEEP
_DELETED_CELLS => 'FALSE', DATA_BLOCK_ENCODING => 'NONE', COMPRESSION => 'NONE',
 TTL => 'FOREVER', MIN_VERSIONS => '0', BLOCKCACHE => 'true', BLOCKSIZE => '6553
6', REPLICATION_SCOPE => '0'}

2 row(s)
Quota is disabled
Took 0.2959 seconds
hbase:004:0> is_enabled 'test1'
true
Took 0.0130 seconds
=> true
hbase:005:0>
```

图 4-48 查看 test1 表的相关信息后查看表是否可用

第六步： 使用 put 命令向 test1 表中插入数据，代码如下。

```
hbase(main):005:0>put 'test1', 'user1|ts1', 'sf:c1', 'sku1'
hbase(main):006:0>put 'test1', 'user1|ts2', 'sf:c1', 'sku188'
hbase(main):007:0>put 'test1', 'user1|ts3', 'sf:s1', 'sku123'
hbase(main):008:0>put 'test1', 'user2|ts4', 'sf:c1', 'sku2'
hbase(main):009:0>put 'test1', 'user2|ts5', 'sf:c2', 'sku288'
hbase(main):010:0>put 'test1', 'user2|ts6', 'sf:s1', 'sku222'
```

结果如图 4-49 所示。

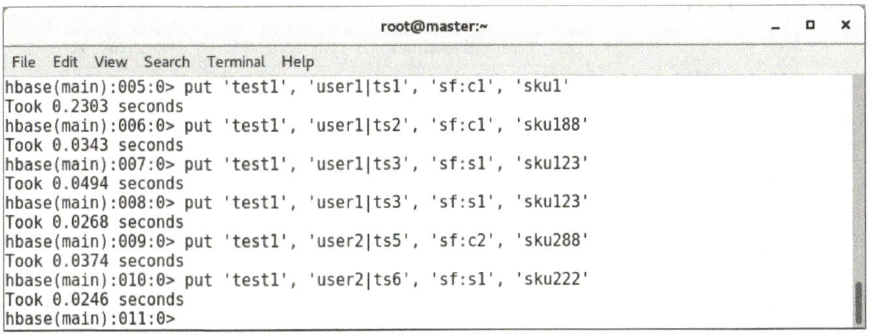

```
root@master:~
File Edit View Search Terminal Help
hbase(main):005:0> put 'test1', 'user1|ts1', 'sf:c1', 'sku1'
Took 0.2303 seconds
hbase(main):006:0> put 'test1', 'user1|ts2', 'sf:c1', 'sku188'
Took 0.0343 seconds
hbase(main):007:0> put 'test1', 'user1|ts3', 'sf:s1', 'sku123'
Took 0.0494 seconds
hbase(main):008:0> put 'test1', 'user1|ts3', 'sf:s1', 'sku123'
Took 0.0268 seconds
hbase(main):009:0> put 'test1', 'user2|ts5', 'sf:c2', 'sku288'
Took 0.0374 seconds
hbase(main):010:0> put 'test1', 'user2|ts6', 'sf:s1', 'sku222'
Took 0.0246 seconds
hbase(main):011:0>
```

图 4-49 向表中插入数据

第七步： 使用 scan 命令并结合 HBase 过滤器从 test1 表中获取不同情况的数据，代码如下。

```
hbase(main):011:0>scan 'test1', FILTER=>"ValueFilter(=,'binary:sku188')"
hbase(main):012:0>scan 'test1', FILTER=>"ValueFilter(=,'substring:88')"
hbase(main):013:0>scan 'test1', FILTER=>"ColumnPrefixFilter('c2') AND ValueFilter(=,'substring:88')"
hbase(main):014:0>scan 'test1', FILTER=>"ColumnPrefixFilter('s') AND ( ValueFilter(=,'substring:123') OR
ValueFilter(=,'substring:222') )"
```

结果如图 4-50 所示。

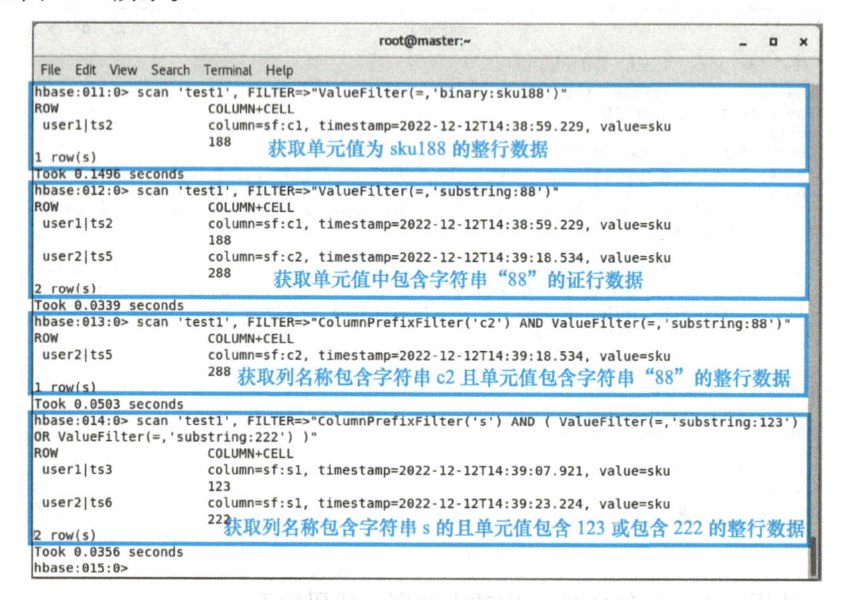

图 4-50 获取数据

第八步：再次查看当前表是否处于启用状态。如果处于启用状态，则通过 disable 命令先使 test1 表处于禁用状态，然后使用 drop 命令删除该表，最后使用 list 命令查看所有表名称来查看 test1 表是否存在，从而验证是否删除成功，代码如下。

```
hbase(main):015:0>is_enabled 'test1'
hbase(main):016:0>disable 'test1'
hbase(main):017:0>drop 'test1'
```

结果如图 4-51 所示。

```
root@master:~
File Edit View Search Terminal Help
hbase(main):015:0> is_enabled 'test1'
true
Took 0.2474 seconds
=> true
hbase(main):016:0> disable 'test1'
Took 0.9765 seconds
hbase(main):017:0> is_enabled 'test1'
false
Took 0.0373 seconds
=> false
hbase(main):018:0> drop 'test1'
Took 1.2078 seconds
hbase(main):019:0> list
TABLE
0 row(s)
Took 0.0424 seconds
=> []
hbase(main):020:0>
```

图 4-51 删除表

【拓展目的】

加深对 HappyBase 库的了解，能够熟练运用 HappyBase 库提供的多个方法。

【拓展内容】

使用 HappyBase 库中的方法对 HBase 数据库进行简单操作，包括数据表的创建、数据的插入等。

【拓展步骤】

第一步：启动 HBase 服务。

不管是在 HBase Shell 中还是通过 HappyBase 库进行 HBase 的相关操作，都需要保证 HBase 服务处于启动状态，当没有启动时，使用 start-hbase.sh 命令，如图 4-52 所示。

```
root@master:~
File Edit View Search Terminal Help
[root@master ~]# start-hbase.sh
running master, logging to /usr/local/hbase/logs/hbase-root-master-master.out
master: running regionserver, logging to /usr/local/hbase/logs/hbase-root-region
server-master.out
masterback: running regionserver, logging to /usr/local/hbase/logs/hbase-root-re
gionserver-masterback.out
slave: running regionserver, logging to /usr/local/hbase/logs/hbase-root-regions
erver-slave.out
masterback: running master, logging to /usr/local/hbase/logs/hbase-root-master-m
asterback.out
[root@master ~]#
```

图 4-52　启动 HBase 服务

第二步：连接 HBase 服务。

HBase 服务启动后，在当前命令窗口输入 python 命令，进入 Python 编辑模式，之后使用 import 语句导入 HappyBase 工具库并通过 connection() 方法创建 HBase 连接，代码如下。

```
[root@master ~]# /usr/local/hbase/bin/hbase-daemon.sh start thrift
[root@master ~]#python
>>> import happybase
>>> connection = happybase.Connection('master',timeout=500000)
```

结果如图 4-53 所示。

```
root@master:~
File  Edit  View  Search  Terminal  Help
[root@master ~]# /usr/local/hbase/bin/hbase-daemon.sh start thrift
running thrift, logging to /usr/local/hbase/logs/hbase-root-thrift-master.out
[root@master ~]# python
Python 3.7.0 (default, Dec  9 2022, 09:11:33)
[GCC 4.8.5 20150623 (Red Hat 4.8.5-16)] on linux
Type "help", "copyright", "credits" or "license" for more information.
>>> import happybase
>>> connection = happybase.Connection('192.168.0.130',timeout=500000)
>>>
```

图 4-53　连接 HBase 服务

第三步：表名称查看。

在查看当前数据库中包含的所有表名称前，需要通过 open() 方法开启传输，之后使用 tables() 进行表查看即可，代码如下。

```
>>> connection.open()
>>> print(connection.tables())
```

结果如图 4-54 所示。

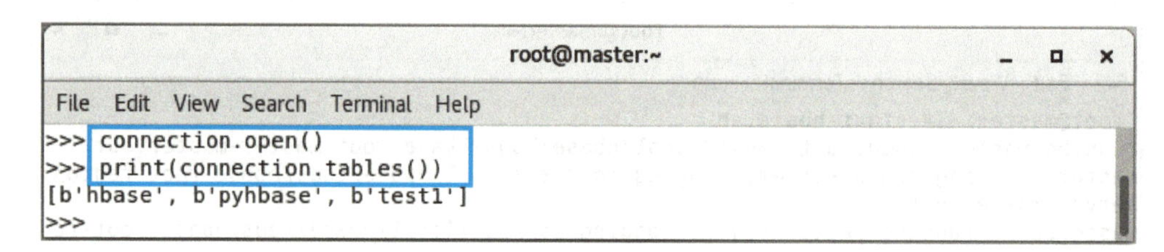

图 4-54　使用 tables() 查看表名称

第四步：创建表。

使用 create_table() 方法创建一个名为“mytable”且包含 3 个名为“cf”“cf1”“cf2”列族的数据表，代码如下。

```
>>> connection.create_table(
    'mytable',
    {'cf': dict(max_versions=100),
     'cf1': dict(max_versions=1, block_cache_enabled=False),
     'cf2': dict(), # use defaults
    }
)
>>> print(connection.tables())
```

结果如图 4-55 所示。

```
root@master:~
File  Edit  View  Search  Terminal  Help
>>> connection.create_table(
...     'mytable',
...     {'cf': dict(max_versions=100),
...      'cf1': dict(max_versions=1, block_cache_enabled=False),
...      'cf2': dict(),  # use defaults
...     }
... )
>>> print(connection.tables())
[b'Hbase', b'mytable', b'pyHbase', b'pyhbase']
>>>
```

图 4-55　创建 HBase 数据表

第五步：插入数据。

数据表创建完成后，首先使用 tables() 方法验证是否创建成功，然后使用 table() 生成表对象，最后应用 put() 方法向 mytable 表中插入 4 行数据。其中，第一行的 key 为 row1，列为 cf:col1，值是 value1；第二行的 key 为 row1，列为 cf:col2，值是 value1-2；第三行的 key 为 row2，列为 cf:col2，值是 value2；第四行的 key 为 row3，列为 cf:col3，值是 value3。代码如下。

```
>>> table = connection.table(b'mytable')
>>> table.put(b'row1',{b'cf:col1':b'value1'})
>>> table.put(b'row1',{b'cf:col2':b'value1-2'})
>>> table.put(b'row2',{b'cf:col2':b'value2'})
>>> table.put(b'row3',{b'cf:col3':b'value3'})
```

结果如图 4-56 所示。

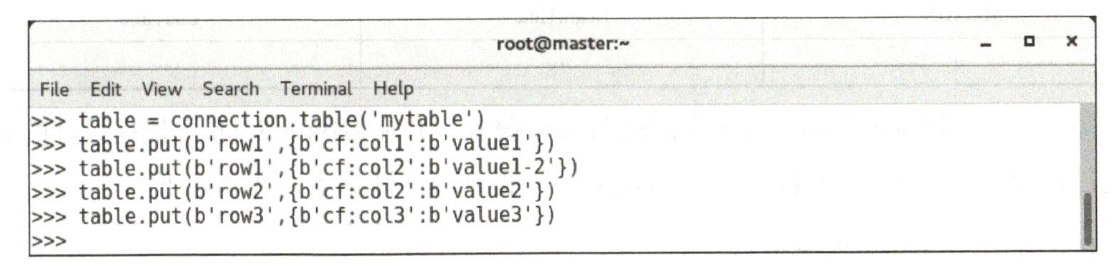

图 4-56　插入数据

第六步：数据查询。

数据插入后，通过 row() 方法检索 row1 行的所有数据，之后通过 scan() 方法对 mytable 表中的所有数据进行扫描，最后通过循环语句对扫描结果进行输出，代码如下。

```
>>> row = table.row(b'row1')
>>> print(row[b'cf:col1'])
>>> print(row[b'cf:col2'])
>>> for key, data in table.scan():
...     print(key, data)
```

结果如图 4-57 所示。

```
>>> row = table.row(b'row1') 检索行名称为 row1 的数据
>>> print(row[b'cf:col1'])获取列名称为 col1 的单元值
b'value1'
>>> print(row[b'cf:col2'])获取列名称为 col2 的单元值
b'value1-2'
>>> for key, data in table.scan(): 扫描表中的全部数据并通过 for 循环遍历数据
...     print(key, data)
...
b'row1' {b'cf:col1': b'value1', b'cf:col2': b'value1-2'}
b'row2' {b'cf:col2': b'value2'}
b'row3' {b'cf:col3': b'value3'}
>>>
```

图 4-57　查询 HBase 数据

实战强化

通过任务实施的实现，读者已经能够熟练使用 HBase 的相关知识。这里使用 Shell 命令行创建 phonelogdata 表，并借助 Hive 工具将清洗后的数据导入 HBase 数据表存储，最后使用 HappyBase 工具实现数据快速查询，步骤如下。

第一步： HBase 数据库设计见表 4-22。

表 4-22　HBase 数据库设计

key	ColumnFamily :data	
	Column: BeginTime	Column: EndTime
MSISDN	BeginTime	EndTime
…	…	…

第二步： 使用 start-hbase.sh 命令启动 HBase 服务，并在 HBase Shell 中根据设计的数据库通过 create 命令创建一个名为“phonelogdata”的 HBase 数据表，代码如下。

```
[root@master ~]# start-hbase.sh
[root@master ~]# /usr/local/hbase/bin/hbase-daemon.sh start thrift
[root@master ~]# hbase shell
hbase(main):001:0> create 'phonelogdata','data'
```

结果如图 4-58 所示。

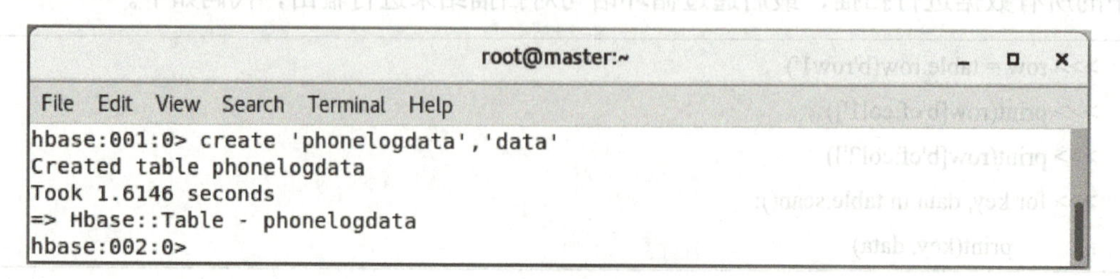

图 4-58　启动 HBase 服务并创建数据表

第三步：重新打开另一个命令窗口，进入 Hive 的命令模式，创建名为“hbase_hive_phone”的与 HBase 中的 phonelogdata 表相联系的外部关联表，代码如下。

```
hive> CREATE EXTERNAL TABLE hbase_hive_phone(MSISDN string,BeginTime string,EndTime string) STORED BY 'org.apache.hadoop.hive.hbase.HbaseStorageHandler' WITH SERDEPROPERTIES("hbase.columns.mapping" = ":key,data: BeginTime,data:EndTime") TBLPROPERTIES("hbase.table.name" = "phonelogdata");
```

结果如图 4-59 所示。

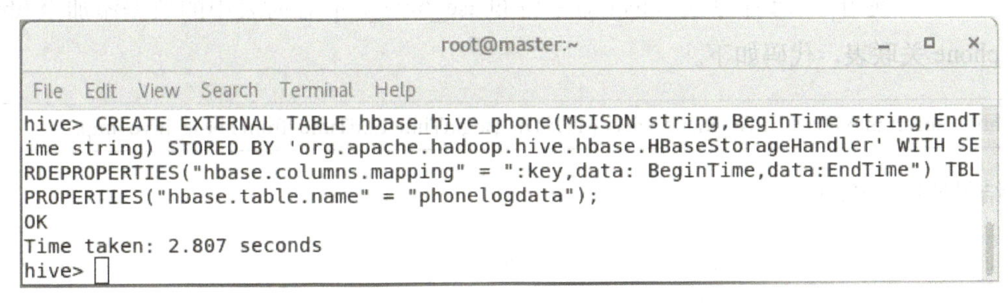

图 4-59　创建外部关联表

第四步：创建外部关联表后，再通过 create 命令创建一个名为“hbase_hive_tmp”的临时数据表，代码如下。

```
hive> create table hbase_hive_tmp(BeginTime string,EndTime string,MSISDN string,SourceIP string,SourcePort string,APMAC string,APIP string,DestinationIP string,DestinationPort string,Service string,ServiceType1 string,ServiceType2 string,UpPackNum string,DownPackNum string,UpPayLoad string,DownPayLoad string,HttpStatus string,ClientType string,ResponseTime string) row format delimited fields terminated by '\t' lines terminated by '\n' stored as textfile;
```

结果如图 4-60 所示。

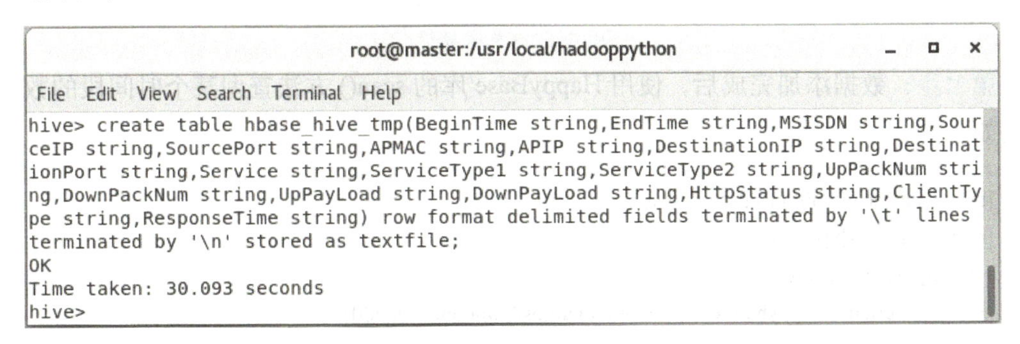

图 4-60　创建临时数据表

第五步：将 MapReduce 中清洗后的数据通过 load 命令添加至 hbase_hive_tmp 临时表，代码如下。

```
hive> load data inpath '/phonelog/output/' into table hbase_hive_tmp;
```

结果如图 4-61 所示。

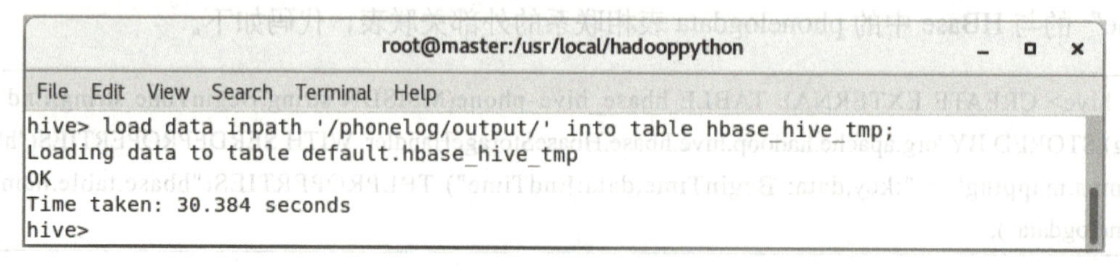
```
root@master:/usr/local/hadooppython
File Edit View Search Terminal Help
hive> load data inpath '/phonelog/output/' into table hbase_hive_tmp;
Loading data to table default.hbase_hive_tmp
OK
Time taken: 30.384 seconds
hive>
```

图 4-61 向临时表中加载数据

第六步：使用 insert 命令及 select 命令将 hbase_hive_tmp 临时表中的数据添加至 hbase_hive_phone 关联表，代码如下。

```
hive> insert into hbase_hive_phone select MSISDN,BeginTime,EndTime from hbase_hive_tmp;
```

结果如图 4-62 所示。

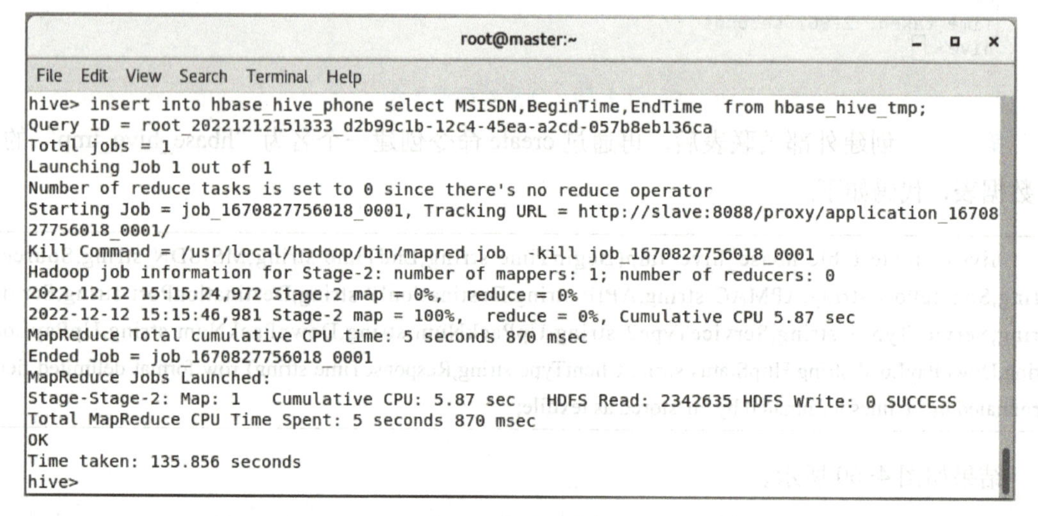
```
root@master:~
File Edit View Search Terminal Help
hive> insert into hbase_hive_phone select MSISDN,BeginTime,EndTime  from hbase_hive_tmp;
Query ID = root_20221212151333_d2b99c1b-12c4-45ea-a2cd-057b8eb136ca
Total jobs = 1
Launching Job 1 out of 1
Number of reduce tasks is set to 0 since there's no reduce operator
Starting Job = job_1670827756018_0001, Tracking URL = http://slave:8088/proxy/application_16708
27756018_0001/
Kill Command = /usr/local/hadoop/bin/mapred job  -kill job_1670827756018_0001
Hadoop job information for Stage-2: number of mappers: 1; number of reducers: 0
2022-12-12 15:15:24,972 Stage-2 map = 0%,  reduce = 0%
2022-12-12 15:15:46,981 Stage-2 map = 100%,  reduce = 0%, Cumulative CPU 5.87 sec
MapReduce Total cumulative CPU time: 5 seconds 870 msec
Ended Job = job_1670827756018_0001
MapReduce Jobs Launched:
Stage-Stage-2: Map: 1   Cumulative CPU: 5.87 sec   HDFS Read: 2342635 HDFS Write: 0 SUCCESS
Total MapReduce CPU Time Spent: 5 seconds 870 msec
OK
Time taken: 135.856 seconds
hive>
```

图 4-62 关联数据

第七步：数据添加完成后，使用 HappyBase 库的 scan() 方法查询某个时间段的数据，代码如下。

```
[root@master ~]# pip install happybase
[root@master ~]#python
>>> import happybase
>>> connection = happybase.Connection('localhost',timeout=500000)
>>> connection.open()
>>> table = connection.table(b'phonelogdata')
>>> for key, data in table.scan(row_prefix=b'188'):
...         print(key, data)
```

结果如图 4-63 所示。

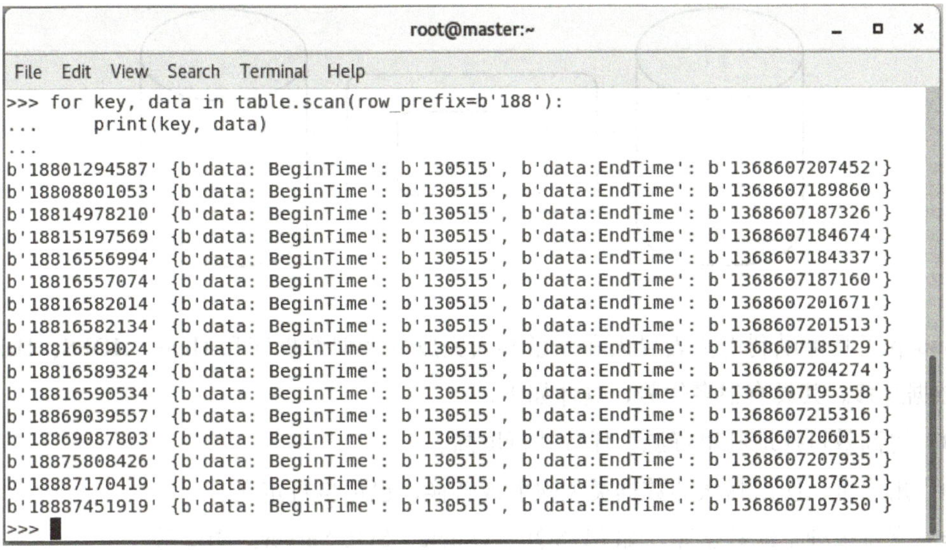

```
root@master:~
File Edit View Search Terminal Help
>>> for key, data in table.scan(row_prefix=b'188'):
...     print(key, data)
...
b'18801294587' {b'data: BeginTime': b'130515', b'data:EndTime': b'1368607207452'}
b'18808801053' {b'data: BeginTime': b'130515', b'data:EndTime': b'1368607189860'}
b'18814978210' {b'data: BeginTime': b'130515', b'data:EndTime': b'1368607187326'}
b'18815197569' {b'data: BeginTime': b'130515', b'data:EndTime': b'1368607184674'}
b'18816556994' {b'data: BeginTime': b'130515', b'data:EndTime': b'1368607184337'}
b'18816557074' {b'data: BeginTime': b'130515', b'data:EndTime': b'1368607187160'}
b'18816582014' {b'data: BeginTime': b'130515', b'data:EndTime': b'1368607201671'}
b'18816582134' {b'data: BeginTime': b'130515', b'data:EndTime': b'1368607201513'}
b'18816589024' {b'data: BeginTime': b'130515', b'data:EndTime': b'1368607185129'}
b'18816589324' {b'data: BeginTime': b'130515', b'data:EndTime': b'1368607204274'}
b'18816590534' {b'data: BeginTime': b'130515', b'data:EndTime': b'1368607195358'}
b'18869039557' {b'data: BeginTime': b'130515', b'data:EndTime': b'1368607215316'}
b'18869087803' {b'data: BeginTime': b'130515', b'data:EndTime': b'1368607206015'}
b'18875808426' {b'data: BeginTime': b'130515', b'data:EndTime': b'1368607207935'}
b'18887170419' {b'data: BeginTime': b'130515', b'data:EndTime': b'1368607187623'}
b'18887451919' {b'data: BeginTime': b'130515', b'data:EndTime': b'1368607197350'}
>>>
```

图 4-63　查询某个时间段的数据

任务 2　Sqoop 迁移数据库数据

任务分析

本任务主要通过 Sqoop 相关命令将 MySQL 中的表导入 Hive 数据仓库中，并在 Hive 数据仓库中将两个表合并为一个表。在任务实现过程中，简单讲解了 Sqoop 的相关概念和执行流程，详细说明了 Sqoop 连接器和数据库密码配置及 Sqoop Shell 基本命令的相关内容，并在任务实施中进行 Sqoop Shell 命令的使用。

任务技能

技能点一　Sqoop 概念

1. Sqoop 简介

Sqoop 是一款专注于数据迁移的开源工具，诞生于 2009 年，是 Hadoop 中的第一个第三方模块，后来为了提高使用效率和进行版本更新，成为 Apache 的一个独立项目。Sqoop 主要用于 HDFS、Hive 和关系型数据库之间的数据传递。Sqoop 数据同步工具如图 4-64 所示。

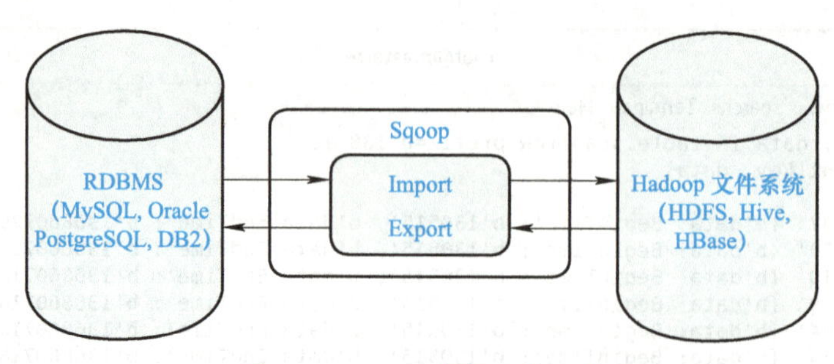

图 4-64　Sqoop 数据同步工具

Sqoop 工具可以利用全表导入和增量导入完成关系型数据库和 Hive、HDFS、HBase 之间的数据迁移。其具有很多优势，具体如下。

- 可高效可控地利用资源，任务并行度高。
- 用户可以使用默认的数据类型映射或转换，也可自行定义。
- 支持多种主流数据库，如 MySQL、Oracle、SQL Server、DB2 等。

虽然使用 Sqoop 进行数据迁移的优势很大，但其缺点同样不可忽视，其包含的缺点如下。

- 使用命令行操作易出错。
- 数据格式与数据传输的紧耦合导致 connector 只支持部分类型的数据。
- 用户名和密码容易暴露。
- Sqoop 安装需要超级权限。

2. Sqoop 版本对比

Sqoop 之所以能够成为传统数据库与 Hadoop 之间的数据迁移工具，是因为其充分利用了 MapReduce 的并行批处理特点，加快了数据传输。Sqoop 发展至今已经出现了两大版本，即 Sqoop1 和 Sqoop2。其中，Sqoop1 使用 MapReduce 作为底层，整合了 Hive、HBase 和 Oozie，客户端接收到数据后，通过 Map、Reduce 任务来传输数据，从而提供并发性和容错性。Sqoop1 架构图如图 4-65 所示。

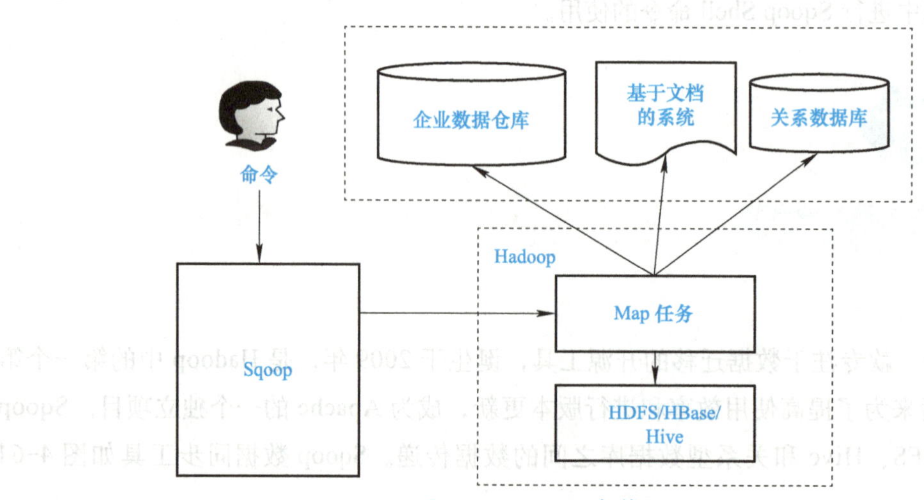

图 4-65　Sqoop1 架构图

而Sqoop2引入了Sqoop Server（具体服务器为tomcat），对Connector实现了集中的管理。其访问方式多样化，可以通过REST API、Java API、Web UI以及CLI控制台方式进行访问。另外，其在安全性能方面也有一定的改善，架构图如图4-66所示。

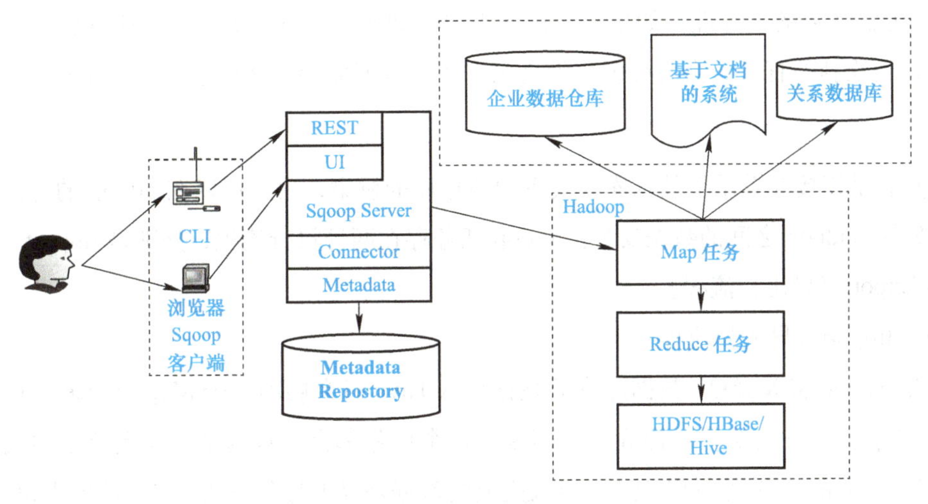

图4-66　Sqoop2架构图

Sqoop2的体系结构比Sqoop1复杂，被用来解决Sqoop1的诸多问题。和Sqoop1相比，Sqoop2在易用性、可扩展性、安全性方面都有很大改进，见表4-23。

表4-23　Sqoop1和Sqoop2对比

比　较	Sqoop1	Sqoop2
版本	1.4.x	1.99.x
架构	仅使用一个Sqoop客户端	引入了Sqoop Server来集中化管理Connector，可通过REST API、Web UI等进行访问，并引入权限安全机制
部署	部署简单，安装需要root权限，Connector必须符合JDBC模型	架构稍复杂，配置部署更烦琐
使用	命令行方式容易出错，格式紧耦合，无法支持所有数据类型，安全机制不够完善，例如密码暴露	多种交互方式，所有的连接安装在Sqoop Server上，完善权限管理机制，Connector规范化，仅负责数据的读写

由于Sqoop1的架构仅使用一个Sqoop客户端，部署简单，所以本项目中统一使用Sqoop1来进行数据迁移。

3．Sqoop的容错

Sqoop为了避免数据在迁移过程中出现丢失或重复，提出了一个“中间表”的概念。数据迁移过程中，先将数据写入中间表，之后在转换过程中将中间表的数据写入目标表中。

对于一个数据传输工具来说，解决传输任务失败的问题并不困难，困难的是在数据传输过程中出现“脏数据”，Sqoop为了避免“脏数据”的产生提供了以下3个解决方案。

1）临时表：使用临时表缓存数据，然后在一个 transaction 中将临时表的数据迁移到目的表。

2）自定义回滚：在任务失败后，通过用户自定义的语句或方法执行清除数据操作。

3）传输任务的幂等性：如果一个任务失败，则产生“脏数据”，解决导致任务失败的问题后，再次执行任务，会将任务失败之前产生的数据删除，然后继续执行任务。

4．Sqoop 执行流程

Sqoop 是连接非关系型数据库与关系型数据库的桥梁，用户可以在 Sqoop 的协助下进行 RDBMS 与 Hadoop 之间的数据交换。Sqoop 任务存在两种执行流程，分别是 Import（导入）流程和 Export（导出）流程。

（1）Import（导入）流程

使用 Sqoop 将 MySQL 数据库中的数据导入 Hive 时会启动一个 MapReduce 作业，并使用 4 个 Map 任务并行执行以提高导入速度，每个任务都会将数据全部写入单独的文件并保存到相同的目录中。在默认情况下，导入完成的数据是以逗号分隔的，如果数据中包含空格，则需要重新指定其他符号作为分隔符，具体的工作流程如图 4-67 所示。

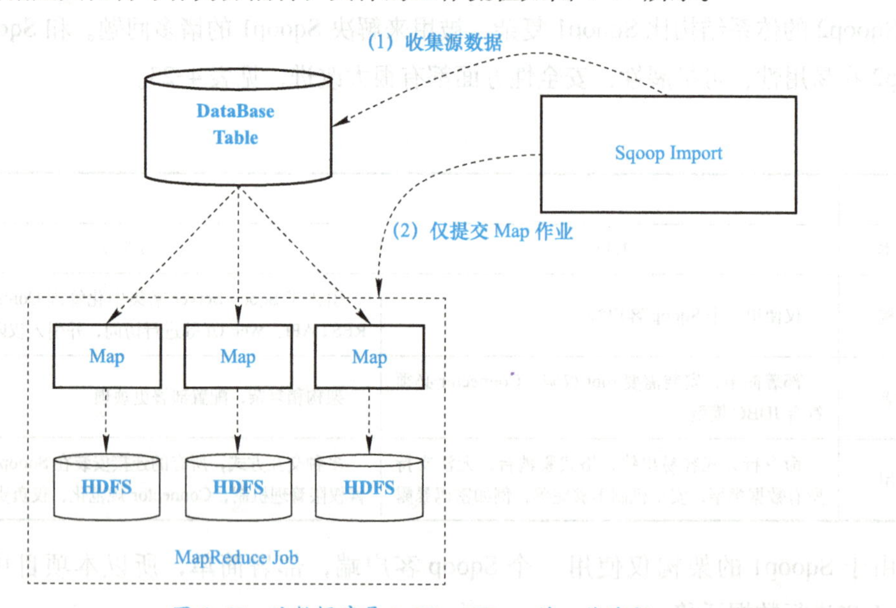

图 4-67　从数据库导入 Hive/HBase 的工作流程

数据导入的大致流程如下。

第一步：读取导入的数据表的结构，生成默认执行类并提交到 Hadoop。

第二步：设置 Sqoop 数据导入 / 导出的数据格式等信息。

第三步：读取数据并将数据进行切分，然后创建 Map，将关系型数据库中的数据设置为 key-value 形式交由 Map，最后运行。

第四步：最后生成的 key 是行数据，由 QueryResult 生成，value 是 NullWritable.get() 的返回值。

（2）Export（导出）流程

Sqoop 的导出主要是指将 HDFS 中的数据通过 JDBC 连接导出到关系型数据库中。Sqoop 在导出时会定义一个用于从文本文件中解析记录的 Java 类，然后启动 MapReduce 作业，从 HDFS 读取数据文件并使用生成的 Java 类对其进行解析，这时 JDBC 会产生一批插入语句，每条语句都会向数据库中插入多条记录。Sqoop 从 HDFS 导出到关系型数据库的流程如图 4-68 所示。

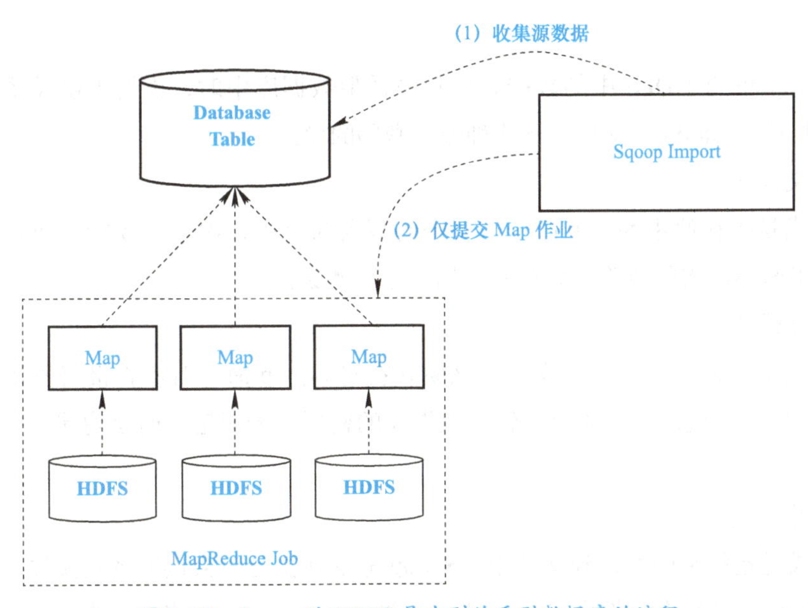

图 4-68 Sqoop 从 HDFS 导出到关系型数据库的流程

具体过程如下。

第一步：Sqoop 与数据库 Server 通信，获取数据库表的元数据信息。

第二步：将 Hadoop 上的文件划分成若干个 Split（片）。

第三步：每个 Split 都由一个 Map 将数据导入至 MySQL 数据库。

技能点二 Sqoop 数据迁移支持

1．Sqoop 连接器

Sqoop 连接器是一种基于 Sqoop 的插件化组件，Sqoop 通过设置不同的连接器可以在 Hadoop 和外部仓库之间进行高效的数据传输。目前，Sqoop 支持的连接器有 MySQL、Oracle、PostgreSQL、SQL Server 和 DB2 连接器。另外，Sqoop 提供对 JDBC 连接器的支持，用于将 HDFS 中的数据导出到任何支持 JDBC 连接的数据库，但只有一小部分经过 Sqoop 官方测试，见表 4-24。

表 4-24　与 Sqoop 交互的数据库

数　据　库	版　　本	是否直接支持	连接字符串
HSQLDB	1.8.0+	No	jdbc:hsqldb:*//
MySQL	5.0+	Yes	jdbc:mysql:*//
Oracle	10.2.0+	No	jdbc:oracle:*//
PostgreSQL	8.3+	Yes	jdbc:postgresql://

出于性能考虑，Sqoop 提供不同于 JDBC 的快速存取数据的机制，可以通过使用 -director 实现。

2．Sqoop 配置数据库密码的方式

在使用 Sqoop 将 HDFS 中的数据导出到关系型数据库中时，需要提供关系型数据库的访问密码。目前，Sqoop 共支持如下 4 种输入密码的模式。

（1）明文模式

明文模式是指在使用 Sqoop 命令时将密码写入命令中，由于命令行中包含了密码，因此可能会带来密码泄露的风险。该模式只用于个人测试。

（2）交互模式

交互模式是一种较为常用的模式，该模式在写 Sqoop 命令时不直接将密码写入命令，而是在按下 <Enter> 键后，按照提示输入数据库的密码，密码输入时是隐藏的，降低了密码泄露的风险。

（3）文件模式

文件模式是指将密码保存到文件中，Sqoop 命令在执行时会读取密码文件，不需要人为输入密码，但由于密码在文件中也是通过明文方式存储的，因此也会存在一定风险。

（4）别名模式

别名模式解决了文件模式中使用明文保存密码的问题。该模式下，密码会以加密的方式保存在文件中，并以文件名作为别名，在使用时仅使用别名代替密码输入。

Sqoop 提供的配置数据库密码的方式，见表 4-25。

表 4-25　Sqoop 密码模式指令

方　　式	指　　令
明文模式	sqoop list-databases --connect jdbc:mysql://your_mysql_host --username your_mysql_username --password your_mysql_password
交互模式	sqoop list-databases --connect jdbc:mysql://your_mysql_host --username your_mysql_username -P
文件模式	echo -n "your_mysql_password" > /home/xxx/.mysql.password chmod 400 /home/xxx/.mysql.password sqoop list-databases --connect jdbc:mysql://your_mysql_host --username your_mysql_username --password-file file:///home/xxx/.mysql.password
别名模式	hadoop credential create mysql.pwd.alias -provider jceks://hdfs/user/password/mysql.pwd.jceks

技能点三 Sqoop Shell

Sqoop 可以在 HDFS、Hive 和关系型数据库之间进行数据的导入 / 导出，其中主要使用了 import 和 export 两个命令。这两个命令非常强大，提供了很多选项来帮助完成数据的迁移和同步。除了 import 和 export 外，Sqoop 还提供了用于查看数据库相关信息的命令。Sqoop 常用命令见表 4-26。

表 4-26 Sqoop 常用命令

命令	功能
import	将数据从关系型数据库导入 HDFS
export	将数据从 HDFS 导出到关系型数据库
list-databases	列出所有数据库
list-tables	列出数据库中的所有表

表 4-26 中列出了 Sqoop 数据迁移工具中较为常用的一些命令，但在使用这些命令进行数据的导入 / 导出或查看表中数据时还需要用到一些通用命令。使用通用命令能够设置接收器和数据库的账户、密码等，用于与 HDFS 文件系统外部的数据存储系统进行连接。Sqoop 常用的通用参数见表 4-27。

表 4-27 Sqoop 常用的通用参数

通用参数	描述
--connect<jdbc-uri>	指定 JDBC 连接字符串
--connection-manager<class-name>	指定使用的 connection-manager
--driver <class-name>	手动指定使用的 JDBC driver
--hadoop-home<dir>	覆盖 $HADOOP_HOME
--help	打印帮助指令
--p	从控制台读取密码
--password<password>	设定认证密码
--username<username>	设定认证用户
--verbose	在运行时打印更多的东西
--connection-param-file<filename>	可选的属性文件，提供更多的连接参数

1. 数据导入命令——import

import 命令能够将关系型数据库中的数据导入 HDFS 存储平台中，便于使用大数据技术对数据进行分析。使用 import 命令时，可以设置将数据追加到 HDFS 中已存在的数据集中或将数据导入普通文件中。更多数据导入（import）的特性如下。

- 支持文本文件、Avro 文件、SequenceFile，默认为文本。
- 支持数据追加，通过 append 指定。

● 支持 table 列选取（column），支持数据选取（where、join）。

● 支持 Map 任务数定制和数据压缩。

import 命令的使用方法如下。

```
sqoop import < 通用参数 ><import 命令参数 >
```

命令说明如下。

● 通用参数：通用参数见表 4-27，用来设置 JDBC 连接或数据库账户、密码等。

● import 命令参数：主要设置将数据导入 HDFS 中的位置及其他导入的配置。import 命令参数说明见表 4-28。

表 4-28 import 命令参数说明

选　项	含 义 说 明
--append	将数据追加到 HDFS 上已经存在的数据集中
--as-avrodatafile	将数据导入 Avro 数据文件
--as-sequencefile	将数据导入 SequenceFile
--as-textfile	将数据导入普通文本文件（默认）
--boundary-query<statement>	边界查询，用于创建分片（InputSplit）
--columns<col,col,col,…>	从表中导出指定的一组列的数据
--delete-target-dir	如果指定目录存在，则先删除
--direct	使用直接导入模式（优化导入速度）
--direct-splite-size<n>	分隔输出 stream 的字节大小（在直接导入模式下）
--fetch-size<n>	从数据库中批量读取记录数
--inline-lob-limit<n>	设置内联的 LOB 对象的大小
-m,--num-mappers<n>	使用 *n* 个 Map 任务并行导入数据
-e,--query<statement>	导入的查询语句
--split-by<columns-name>	指定按照哪个列去分隔数据
--table<table-name>	导入的原表表名
--target-dir<dir>	导入 HDFS 的目标路径
--warehouse-dir<dir>	HDFS 存放表的根路径
--where<where clause>	指定导出时所使用的查询条件
-z,--compress	启用压缩
--compression-code<c>	指定 Hadoop 的 codec 方式（默认 gzip）
-null-string<null-string>	如果指定列为字符串类型，则使用指定字符串替换为 null 的该列的值
--null-non-string<null-string>	如果指定列为非字符串类型，则使用指定非字符串替换为 null 的该列的值

使用 import 命令将 MySQL 中 mydatabase 数据库下的 student 表导入 Hive 数据库中，步骤如下。

第一步：进入 MySQL 命令行，在 MySQL 中创建一个名为“mydatabase”的数据库并在该库中创建 student 表，最后在该表中插入测试数据，使用 Sqoop 将 MySQL 数据导入 Hive 中时，MySQL 表中必须有主键，代码如下。

```
mysql> CREATE DATABASE mydatabase;
mysql> USE mydatabase;
mysql> CREATE TABLE `student` (`id` int(11) NOT NULL,`name` varchar(255) DEFAULT NULL,`score` int(11) DEFAULT NULL,PRIMARY KEY (`id`));
mysql> INSERT INTO student(id,name,score) VALUES(1,'lihao',95);
mysql> INSERT INTO student(id,name,score) VALUES(2,'lilei',87);
mysql> INSERT INTO student(id,name,score) VALUES(3,'sunpeng',68);
```

结果如图 4-69 所示。

```
root@master:/usr/local/spark/bin
File Edit View Search Terminal Help
mysql> CREATE TABLE `student` (`id` int(11) NOT NULL,`name` varchar(255) DEFAULT NU
LL,`score` int(11) DEFAULT NULL,PRIMARY KEY (`id`));
Query OK, 0 rows affected (0.01 sec)

mysql> INSERT INTO student(id,name,score) VALUES(1,'lihao',95);
Query OK, 1 row affected (0.02 sec)

mysql> INSERT INTO student(id,name,score) VALUES(2,'lilei',87);
Query OK, 1 row affected (0.01 sec)

mysql> INSERT INTO student(id,name,score) VALUES(3,'sunpeng',68);
Query OK, 1 row affected (0.00 sec)

mysql>
```

图 4-69 创建 MySQL 数据库、表并插入测试数据

第二步：使用 import 命令将 student 表中的数据导入 HDFS 文件系统，并查看导入结果，代码如下。

```
[root@master ~]# sqoop import --connect jdbc:mysql://localhost:3306/mydatabase --table student --username root -password 123456 --hive-import -- --default-character-set=utf-8
[root@master ~]# hdfs dfs -ls /user/root/student
```

结果如图 4-70 所示。

```
root@master:~
File Edit View Search Terminal Help
[root@master ~]# hdfs dfs -ls /user/root/student
Found 2 items
-rw-r--r--   3 root supergroup         11 2023-01-05 16:21 /user/root/student/part-m-00000
-rw-r--r--   3 root supergroup         11 2023-01-05 16:20 /user/root/student/part-m-00001
[root@master ~]#
```

图 4-70 将 MySQL 表导入 HDFS 并查看导入结果

2. 数据导出命令——export

通过导入数据到 HDFS 的操作，已经了解了 Sqoop 工具的使用方法。下面介绍 Sqoop 工具中的 export 命令，export 命令能够将 HDFS 中的数据导出到外部的结构化存储系统中，为一些应用提供数据支持。数据导出的特性如下。

- 支持将数据导出到表或者调用存储过程。
- 支持 insert、update 模式。
- 支持并发控制。

export 命令的使用方法如下。

```
sqoop export< 通用参数 > <export 命令参数 >
```

export 命令的参数介绍见表 4-29。

表 4-29 export 命令的参数介绍

选　项	含义说明
--validata<class-name>	启用数据副本验证功能，仅支持单表复制，可以指定验证
--validation-threshold<class-name>	指定验证门限所使用的类
--direct	使用直接导出模式（优化速度）
--export-dir<dir>	导出过程中的 HDFS 源路径
-m,--num-mappers<n>	使用 *n* 个 Map 任务并行导出
--table<table-name>	导出的目的表名称
--call<store-proc-name>	导出数据调用的指定存储过程名
--updata-key<col-name>	更新参考的列名称，多个列名使用逗号分隔
--updata-mode<mode>	指定更新策略，包括 updataonly（默认）、allowinsert
--input-null-string<null-string>	使用指定字符串替换字符串类型值为 null 的列
--input-null-non-string<null-string>	使用指定字符串替换非字符串类型值为 null 的列
--staging-table<staging-table-name>	在数据导出到数据库之前，数据临时存放的表名称
--clear-staging-table	清除工作区中临时存放的数据
--batch	使用批量模式导出

使用 export 命令将通过 import 命令导入 Hive 数据仓库中的 student 表再次导出到 MySQL 数据库中的 user 表中，代码如下。

```
mysql> CREATE TABLE `user` (`id` int(11) NOT NULL,`name` varchar(255) DEFAULT NULL,`score` int(11) DEFAULT NULL,PRIMARY KEY (`id`));
[root@master ~]# sqoop export --connect jdbc:mysql://localhost:3306/mydatabase --username root --password 123456 --table user --export-dir /user/hive/warehouse/student --input-fields-terminated-by '\001' --
--default-character-set=utf-8
mysql> select * from user;
```

查看 MySQL 数据库如图 4-71 所示。

```
root@master:~
File  Edit  View  Search  Terminal  Help
mysql> select * from user;
+----+---------+-------+
| id | name    | score |
+----+---------+-------+
|  1 | lihao   |    95 |
|  2 | lilei   |    87 |
|  3 | sunpeng |    68 |
+----+---------+-------+
3 rows in set (0.00 sec)

mysql>
```

图 4-71　查看 MySQL 数据库

3．列出所有库与表

Sqoop 为了方便实现 HDFS 与关系型数据库之间的数据迁移，提供了两条命令，分别为 list-databases（列出所有数据库）和 list-tables（列出所有数据库中的表）。这两条命令避免了在需要数据迁移时反复进入数据库查询已存在的数据库或表。

- 列出所有数据库。

使用 list-databases 命令可列出 MySQL 中的所有数据库，命令如下。

```
[root@master ~]# sqoop list-databases --connect jdbc:mysql://localhost:3306/ --username root --password 123456
```

结果如图 4-72 所示。

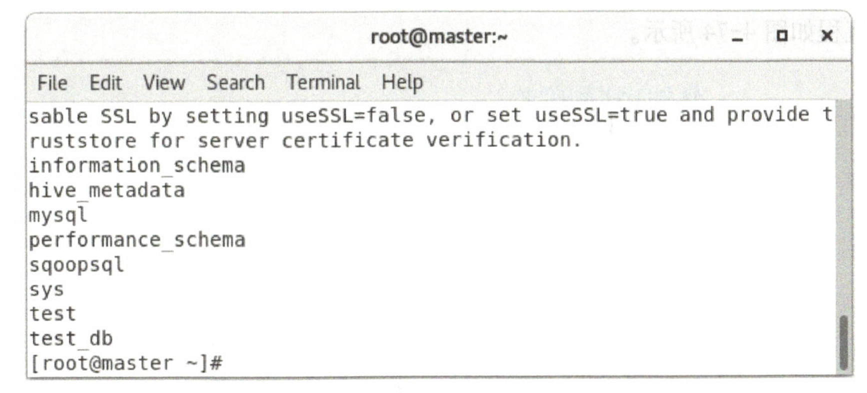

```
root@master:~
File  Edit  View  Search  Terminal  Help
sable SSL by setting useSSL=false, or set useSSL=true and provide t
ruststore for server certificate verification.
information_schema
hive_metadata
mysql
performance_schema
sqoopsql
sys
test
test_db
[root@master ~]#
```

图 4-72　列出所有数据库

- 列出数据库中的所有表。

使用 list-tables 命令列出 MySQL 中保存的 Hive 元数据库中的所有表，命令如下。

```
[root@master ~]# sqoop list-tables --connect jdbc:mysql://localhost:3306/hive_metadata --username root --password 123456
```

结果如图 4-73 所示。

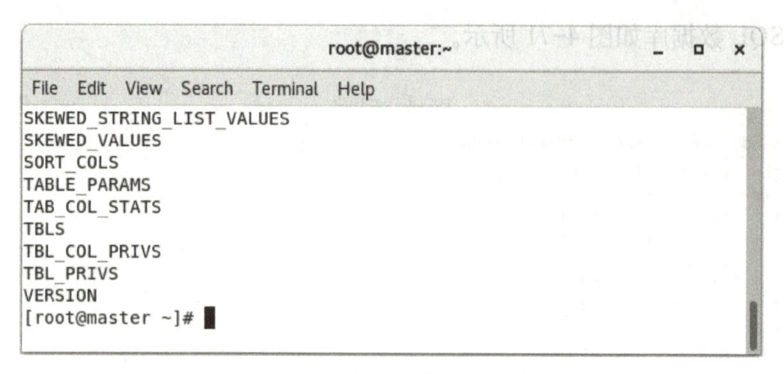
```
SKEWED_STRING_LIST_VALUES
SKEWED_VALUES
SORT_COLS
TABLE_PARAMS
TAB_COL_STATS
TBLS
TBL_COL_PRIVS
TBL_PRIVS
VERSION
[root@master ~]#
```

图 4-73　列出数据库中的所有表

任务实施

【任务目的】

在 MySQL 数据库中创建名为“test_db”的数据库后，再在该库中分别创建 users 表和 tags 表，并向两个表中添加数据，完成后将两个表导入 Hive 中进行合并，最后将合并后的结果导出到 MySQL 中。

【任务流程】

任务流程如图 4-74 所示。

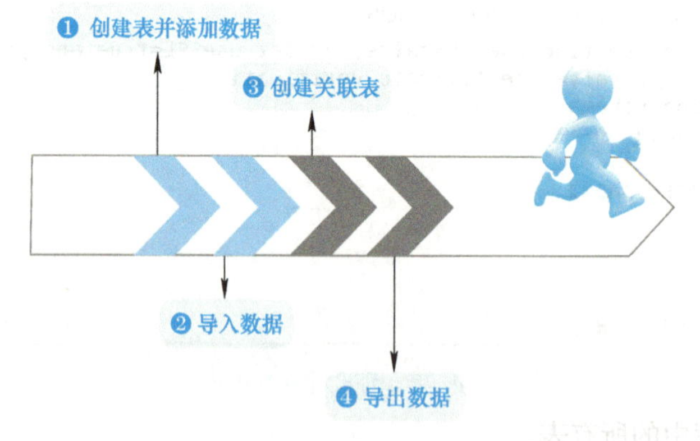

图 4-74　任务流程

【任务步骤】

第一步：在 MySQL 数据库中创建“test_db”数据库，并在该数据库中分别创建 users

表和 tags 表，命令如下。

```
mysql> create database test_db;
mysql> use test_db;
mysql> create table users(id int primary key AUTO_INCREMENT,name varchar(30));
mysql> create table tags(id int primary key AUTO_INCREMENT,users_id int,tag varchar(30));
```

结果如图 4-75 所示。

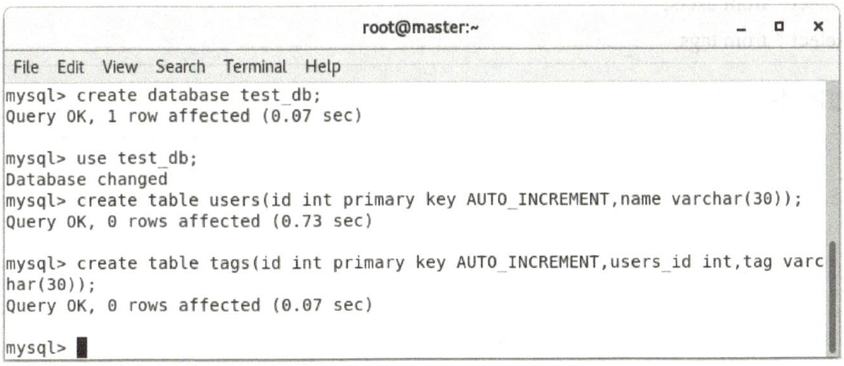

```
root@master:~
File Edit View Search Terminal Help
mysql> create database test_db;
Query OK, 1 row affected (0.07 sec)

mysql> use test_db;
Database changed
mysql> create table users(id int primary key AUTO_INCREMENT,name varchar(30));
Query OK, 0 rows affected (0.73 sec)

mysql> create table tags(id int primary key AUTO_INCREMENT,users_id int,tag varc
har(30));
Query OK, 0 rows affected (0.07 sec)

mysql>
```

图 4-75 创建 MySQL 数据库和表

第二步： 分别向两个表中添加数据用于测试，命令如下。

```
mysql> insert into users(name) values ('peter');
mysql> insert into users(name) values ('kate');
mysql> insert into users(name) values ('one');
mysql> insert into tags(users_id,tag) values(1,'music');
mysql> insert into tags(users_id,tag) values(2,'ukelili');
mysql> insert into tags(users_id,tag) values(3,'piano');
```

结果如图 4-76 所示。

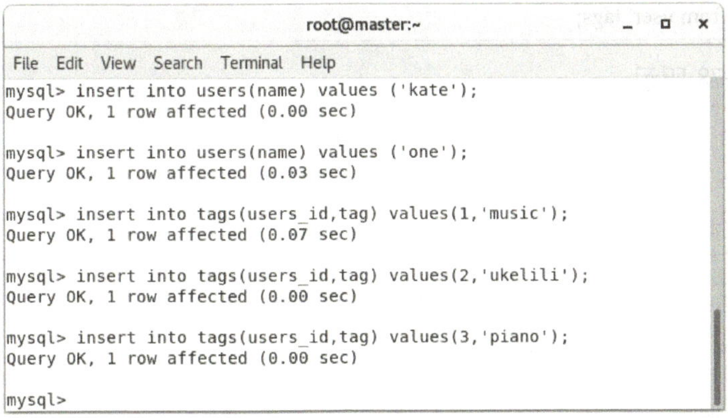

```
root@master:~
File Edit View Search Terminal Help
mysql> insert into users(name) values ('kate');
Query OK, 1 row affected (0.00 sec)

mysql> insert into users(name) values ('one');
Query OK, 1 row affected (0.03 sec)

mysql> insert into tags(users_id,tag) values(1,'music');
Query OK, 1 row affected (0.07 sec)

mysql> insert into tags(users_id,tag) values(2,'ukelili');
Query OK, 1 row affected (0.00 sec)

mysql> insert into tags(users_id,tag) values(3,'piano');
Query OK, 1 row affected (0.00 sec)

mysql>
```

图 4-76 向表中添加数据

第三步： 在 Hive 中创建与 MySQL 中 users 表和 tags 对应的 Hive 表，并将 MySQL 表中的数据导入 Hive 表中，命令如下。

```
[root@master ~]# sqoop import --connect jdbc:mysql://localhost:3306/test_db --table users --username root -password 123456 --hive-import --target-dir "/user/hive/warehouse/users"
[root@master ~]# sqoop import --connect jdbc:mysql://localhost:3306/test_db --table tags --username root -password 123456 --hive-import --target-dir "/user/hive/warehouse/tags"
[root@master ~]# hive
hive> create table users(id int, name String);
hive> create table tags(id int , users_id int,tag string);
hive> select * from users;
hive> select * from tags;
```

结果如图 4-77 所示。

```
root@master:/usr/local/sqoop/conf
File Edit View Search Terminal Help
hive> select * from users;
OK
1       peter
2       kate
3       one
Time taken: 0.171 seconds, Fetched: 3 row(s)
hive> select * from tags;
OK
1       1       music
2       2       ukelili
3       3       piano
Time taken: 0.16 seconds, Fetched: 3 row(s)
hive>
```

图 4-77　创建 Hive 表并将数据导入

第四步： 在 Hive 数据仓库中创建 users 表和 tags 表的关联表 user_tags，并将两个表的数据关联结果保存到 user_tags 表，命令如下。

```
hive> create table user_tags(id string ,name string ,tag string );
hive> FROM users u JOIN tags t ON u.id=t.users_id INSERT INTO TABLE user_tags SELECT CONCAT(CAST(u.id AS STRING), CAST(t.id AS STRING)), u.name, t.tag;
hive> select * from user_tags;
```

结果如图 4-78 所示。

```
root@master:~
File Edit View Search Terminal Help
=41]
MapReduce Jobs Launched:
Stage-Stage-4: Map: 1   Cumulative CPU: 1.98 sec   HDFS Read: 6606 HDFS Write: 1
17 SUCCESS
Total MapReduce CPU Time Spent: 1 seconds 980 msec
OK
Time taken: 17.831 seconds
hive> select * from user_tags;
OK
11      peter   music
22      kate    ukelili
33      one     piano
Time taken: 0.073 seconds, Fetched: 3 row(s)
hive>
```

图 4-78　创建关联表并保存关联结果

第五步：在 MySQL 数据库中创建 users 表和 tags 表的关联表，并将在 Hive 数据仓库中合并的结果导出到 MySQL 数据库，命令如下。

```
mysql> use test_db;
mysql> create table user_tags(id varchar(50),name varchar(50),tag varchar(50));
[root@master ~]# sqoop export --connect jdbc:mysql://192.168.0.130:3306/test_db --username root --password 123456 --table user_tags --fields-terminated-by '\001' --export-dir '/user/hive/warehouse/user_tags' --columns "id,name,tag"
mysql> select * from user_tags;
```

结果如图 4-79 所示。

```
root@master:~
File  Edit  View  Search  Terminal  Help
Database changed
mysql> select * from user_tags;
+------+-------+---------+
| id   | name  | tag     |
+------+-------+---------+
| 11   | peter | music   |
| 33   | one   | piano   |
| 22   | kate  | ukelili |
+------+-------+---------+
3 rows in set (0.01 sec)

mysql> 
```

图 4-79　创建关联表并将合并结果导出到 MySQL 数据库

任务拓展

【拓展目的】

掌握使用 Sqoop 向 MySQL 中插入数据和查看 MySQL 数据库和表的操作；具有使用 Sqoop 管理 MySQL 数据库的能力。

【拓展内容】

在 MySQL 中创建名为“sqoopsql”的数据库，并在该库中创建 dept1 表，在表中插入基础数据，然后通过 Sqoop 查询 MySQL 中的数据库，并通过 Sqoop 向表中插入数据。

【拓展步骤】

第一步：进入 MySQL 命令行，在 MySQL 中创建 sqoopsql 数据库并创建 dept1 表，然后插入基础数据，命令如下。

```
mysql> show databases;
mysql> create database sqoopsql;
mysql> use sqoopsql;
mysql> show tables;
mysql> create table dept1 (did int ,dname varchar(30),sex varchar(30),bz varchar(255));
mysql> insert into dept1(did,dname,sex,bz) values (1,'xiaom','nv','aa');
mysql> insert into dept1(did,dname,sex,bz) values (2,'xiaog','nan','');
mysql> insert into dept1(did,dname,sex,bz) values (3,'xiaon','nv','bb');
mysql> select * from dept;
```

结果如图 4-80 所示。

```
root@master:~
File  Edit  View  Search  Terminal  Help
mysql> show tables;
Empty set (0.00 sec)

mysql> create table dept1 (did int ,dname varchar(30),sex varchar(30),bz var
char(255));
Query OK, 0 rows affected (0.06 sec)

mysql> insert into dept1(did,dname,sex,bz) values (1,'xiaom','nv','aa');
Query OK, 1 row affected (0.02 sec)

mysql> insert into dept1(did,dname,sex,bz) values (2,'xiaog','nan','');
Query OK, 1 row affected (0.00 sec)

mysql> insert into dept1(did,dname,sex,bz) values (3,'xiaon','nv','bb');
Query OK, 1 row affected (0.00 sec)

mysql>
```

图 4-80　创建 MySQL 数据库及表并插入基础数据

第二步：使用 Sqoop 查询 MySQL 中存在的数据库，命令如下。

```
[root@master ~]# sqoop list-databases --connect jdbc:mysql://localhost:3306/ --username root --password
123456
```

结果如图 4-81 所示。

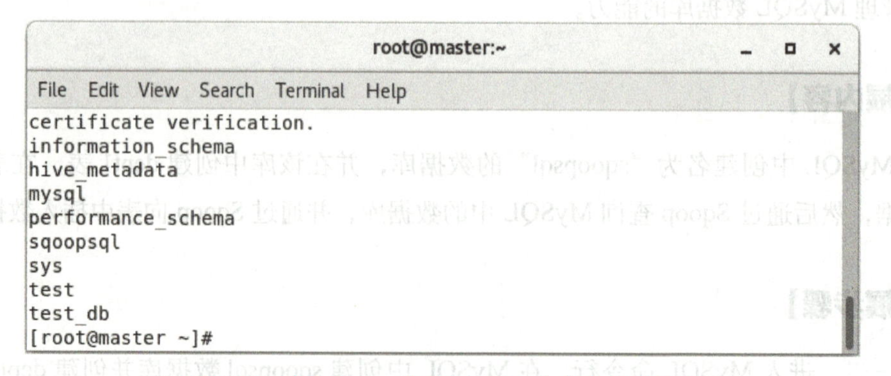

图 4-81　使用 Sqoop 查询 MySQL 中存在的数据库

第三步：使用 Sqoop 命令向 dept1 表中插入一条数据，并使用 Sqoop 命令执行 SQL 语句查询插入结果，命令如下。

```
[root@master ~]# sqoop eval -connect jdbc:mysql://localhost:3306/sqoopsql -username root -password 123456 -e "INSERT INTO dept1 VALUES (4,'mm','nv','aaaaa')"
[root@master ~]# sqoop eval -connect jdbc:mysql://localhost:3306/sqoopsql -username root -password 123456 -query "SELECT * FROM dept1 LIMIT 4"
```

结果如图 4-82 所示。

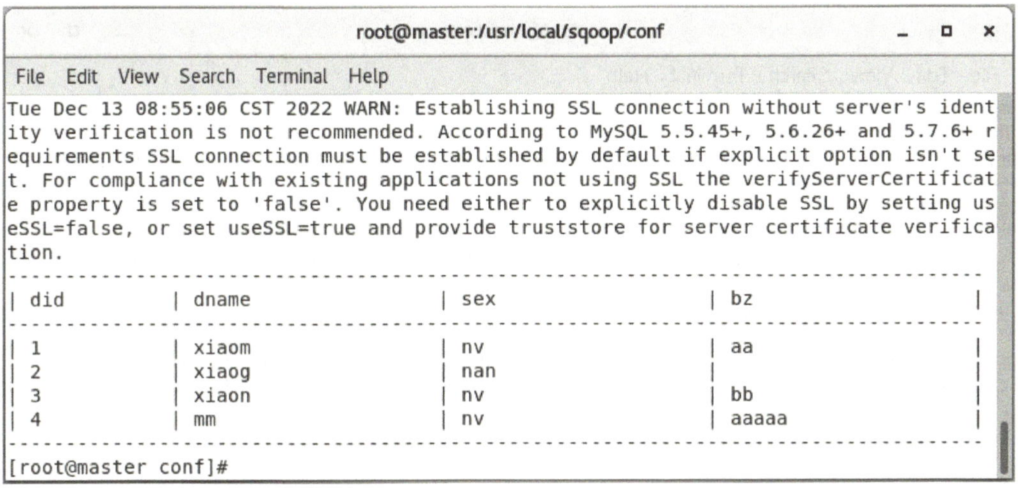

```
root@master:/usr/local/sqoop/conf
File  Edit  View  Search  Terminal  Help
Tue Dec 13 08:55:06 CST 2022 WARN: Establishing SSL connection without server's ident
ity verification is not recommended. According to MySQL 5.5.45+, 5.6.26+ and 5.7.6+ r
equirements SSL connection must be established by default if explicit option isn't se
t. For compliance with existing applications not using SSL the verifyServerCertificat
e property is set to 'false'. You need either to explicitly disable SSL by setting us
eSSL=false, or set useSSL=true and provide truststore for server certificate verifica
tion.
-------------------------------------------------------------------------------------
| did          | dname                 | sex                   | bz                   |
-------------------------------------------------------------------------------------
| 1            | xiaom                 | nv                    | aa                   |
| 2            | xiaog                 | nan                   |                      |
| 3            | xiaon                 | nv                    | bb                   |
| 4            | mm                    | nv                    | aaaaa                |
-------------------------------------------------------------------------------------
[root@master conf]#
```

图 4-82　Sqoop 向 MySQL 中插入数据并查询

实战强化

在 HBase 数据存储完成后，使用 Sqoop 工具把 Hive 中的统计汇总数据导出至 MySQL 数据库中，步骤如下。

第一步：连接 MySQL 数据库，并创建以 phone_db 命名的数据库，代码如下。

```
[root@master ~]# mysql -uroot -p
Enter password:123456
mysql> create database phone_db;
```

第二步：进入新建数据库，分别创建用来保存业务类型、业务组和流量数据的 MySQL 表（pymodel_Service、pymodel_ServiceType1、pymodel_phone_db），代码如下。

```
mysql> use phone_db;
mysql> create table pymodel_Service (id int NOT NULL primary key auto_increment,Service varchar(10) , Serviceno varchar(10));
mysql> create table pymodel_ServiceType1 (id int NOT NULL primary key auto_increment,ServiceType1 varchar(10) , ServiceType1no varchar(10));
mysql> create table pymodel_phone_db (id int primary key auto_increment,date varchar(10) , UpPayLoadno varchar(80), DownPayLoadno varchar(80), ResponseTimeno varchar(80));
```

结果如图 4-83 所示。

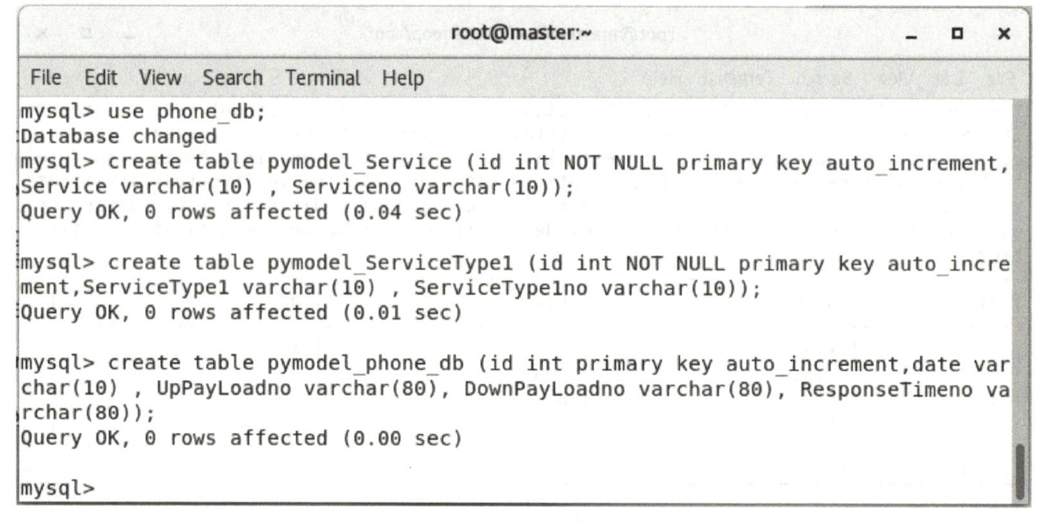

图 4-83　创建表

第三步： 退出 MySQL 数据库，并使用 Sqoop 导出 Hive 数据到 MySQL 中，代码如下。

```
mysql> exit;
[root@master ~]# sqoop export --connect jdbc:mysql://localhost:3306/phone_db --username root --password 123456 --table pymodel_Service --fields-terminated-by '\001' --export-dir '/usr/hive/warehouse/phone_db_serviceno_2018_05_01' --columns "Service,Serviceno"
[root@master ~]# sqoop export --connect jdbc:mysql://localhost:3306/phone_db --username root --password 123456 --table pymodel_phone_db --fields-terminated-by '\001' --export-dir '/usr/hive/warehouse/phone_db_2019_01_31' --columns "date,UpPayLoadno,DownPayLoadno"
[root@master ~]# sqoop export --connect jdbc:mysql://localhost:3306/phone_db --username root --password 123456 --table pymodel_ServiceType1 --fields-terminated-by '\001' --export-dir '/usr/hive/warehouse/phone_db_servicetype1no_2019_01_31' --columns "ServiceType1,ServiceType1no"
```

结果如图 4-84 所示。

```
root@master:~
File Edit View Search Terminal Help
                Failed Shuffles=0
                Merged Map outputs=0
                GC time elapsed (ms)=393
                CPU time spent (ms)=3830
                Physical memory (bytes) snapshot=493940736
                Virtual memory (bytes) snapshot=8407646208
                Total committed heap usage (bytes)=243531776
        File Input Format Counters
                Bytes Read=0
        File Output Format Counters
                Bytes Written=0
19/06/15 19:45:55 INFO mapreduce.ExportJobBase: Transferred 798 bytes in 28.7404 seconds
 (27.7658 bytes/sec)
19/06/15 19:45:55 INFO mapreduce.ExportJobBase: Exported 1 records.
[root@master ~]#
```

图 4-84 导出数据到 MySQL

第四步：进入 MySQL，查看数据是否导出成功，代码如下。

```
[root@master ~]# mysql -uroot -p
mysql> use phone_db;
mysql> select * from pymodel_Service;
mysql> select * from pymodel_ServiceType1;
mysql> select * from pymodel_phone_db;
```

结果如图 4-85 所示。

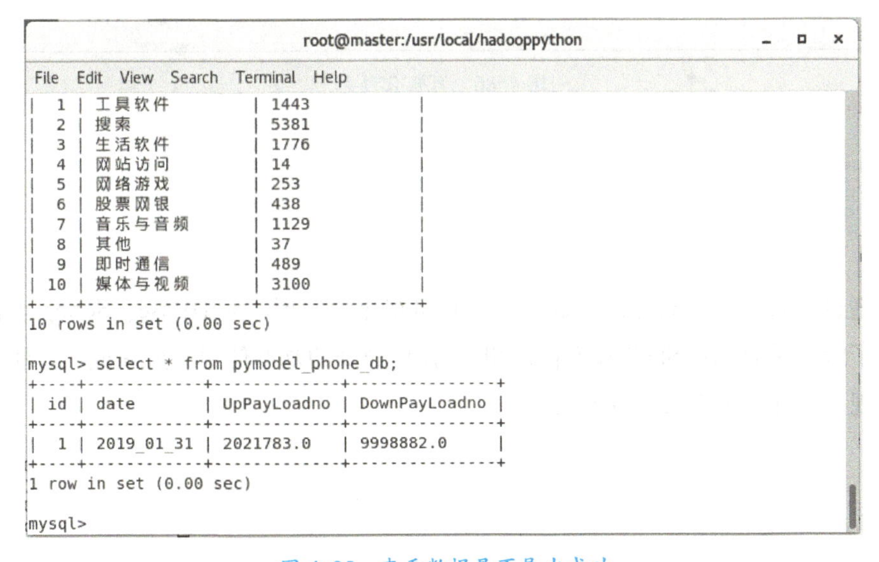

图 4-85 查看数据是否导出成功

第五步：将资料包中的可视化程序上传到大数据环境中，测试数据是否正确。运行可视化程序时需要自行安装 Python 3 以及 HappyBase、Django、MySQL Client 和 thriftpy，可视化程序上传完成后进入 keshihua 目录开启可视化，命令如下。

```
root@master keshihua]# python3 manage.py runserver
```

结果如图 4-86 所示。

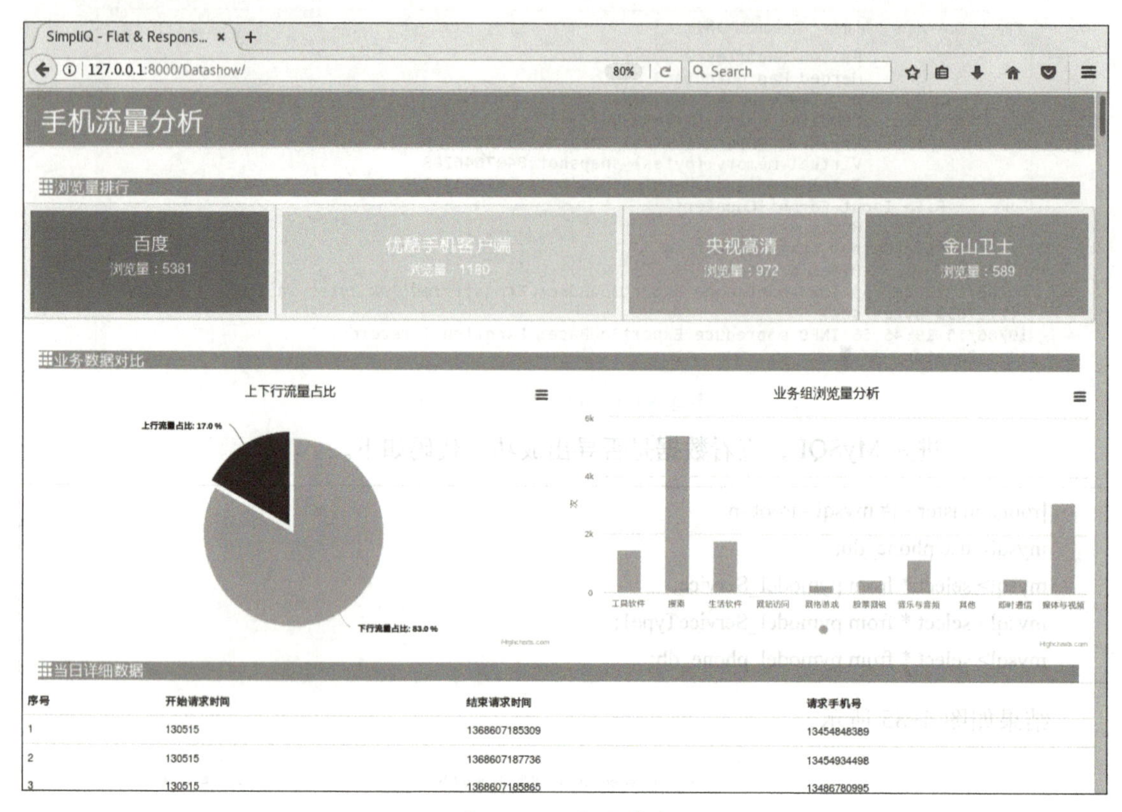

图 4-86　可视化结果

小结

读者通过本项目中数据存储、数据迁移和可视化的实现，对 HBase、Sqoop 等相关知识有了初步了解，对 HBase Shell 和 Sqoop Shell 操作命令的基本使用有所掌握，并能够通过所学知识实现生产环境中大数据的开发。

参 考 文 献

[1] 蔡斌．Hadoop 技术内幕：深入解析 Hadoop Common 和 HDFS 架构设计与实现原理 [M]．北京：机械工业出版社，2013．

[2] 王雪迎．Hadoop 构建数据仓库实践 [M]．北京：清华大学出版社，2017．

[3] 于海浩，刘志坤．大数据技术入门——Hadoop+Spark[M]．北京：清华大学出版社，2022．

[4] 申时全，陈强，等．Hadoop 大数据开发技术 [M]．北京：清华大学出版社，2021．

[5] 张伟洋．Hadoop 大数据技术开发实战 [M]．北京：清华大学出版社，2019．

[6] WHITE T．Hadoop 权威指南：大数据的存储与分析 [M]．4 版．王海，华东，刘喻，等译．北京：清华大学出版社，2017．

[7] WADKAR S，等．深入理解 Hadoop[M]．于博，冯傲风，译．北京：机械工业出版社，2016．

[8] 徐鹏．Hadoop 2.X HDFS 源码剖析 [M]．北京：电子工业出版社，2016．

[9] GROVER M，等．Hadoop 应用架构 [M]．郭文超，译．北京：人民邮电出版社，2017．

[10] 胡争，范欣欣．HBase 原理与实践 [M]．北京：机械工业出版社，2019．